21世纪普通高等院校规划教材——土木工程类

结构力学基础训练500题

赵明波　主编

西南交通大学出版社
·成　都·

图书在版编目（CIP）数据

结构力学基础训练 500 题 / 赵明波主编. —成都：
西南交通大学出版社，2010.2
21 世纪普通高等院校规划教材. 土木工程类
ISBN 978-7-5643-0544-4

Ⅰ.①结… Ⅱ.①赵… Ⅲ.①结构力学－高等学校－
习题 Ⅳ.①O342-44

中国版本图书馆 CIP 数据核字（2010）第 007700 号

---

21 世纪普通高等院校规划教材——土木工程类
结构力学基础训练 500 题
赵明波 主编

*

责任编辑 高 平
特邀编辑 唐 飞
封面设计 本格设计

西南交通大学出版社出版发行
（成都市二环路北一段 111 号 邮政编码：610031 发行部电话：028-87600564）
http://press.swjtu.edu.cn
四川森林印务有限责任公司印刷

*

成品尺寸：185 mm×260 mm 印张：13.375
字数：364 千字 印数：1—3 000 册
2010 年 2 月第 1 版 2010 年 2 月第 1 次印刷
ISBN 978-7-5643-0544-4
定价：22.00 元

图书如有印装质量问题 本社负责退换
版权所有 盗版必究 举报电话：028-87600562

前言

本书是学习"结构力学"课程的教学辅导用书，主要为配合龙驭球院士、包世华教授主编的《结构力学教程》（Ⅰ、Ⅱ）而编写的。

本书旨在帮助读者掌握"结构力学"的教学基本内容，抓住重点、突出难点；针对各章特点掌握学习方法和解题技巧；在学习理论知识的基础上拓展知识面，提高分析问题、解决问题、综合运用的能力。

本书由西南科技大学赵明波副教授主编。全书共分7章，主要内容包括：体系的几何构造分析、静定结构的内力分析、静定结构的位移计算、影响线及其应用、力法、位移法、力矩分配法。每章均包括：内容提要、学习提示、解题指导、基础训练与考研辅导四个部分，其中基础训练与考研辅导又包括判断题、选择题、填空题、计算题等四种题型。

各章例题、习题均精选而成，目的是既要保证对基础知识的理解、掌握，又要保证拓展知识面，掌握解题技巧，提高分析问题、解决问题的能力。

本书既可供各高等院校工程力学、土木、水利等专业的本科生、专科生学习《结构力学》时参考，也可以供成人教育、函授、自学考试等学生学习《结构力学》时参考，同时还可以作为报考相关专业研究生的复习资料，以及相关专业教师的教学参考书。

本书既可与主教程配合使用，也可以作为一本单独的学习资料，供学生及工程技术人员参考。

由于编者水平有限，不足之处在所难免，敬请读者批评指正。

编　者
2010年1月

目 录

第1章 体系的几何构造分析 ·· 1
  1.1 内容提要 ·· 1
  1.2 学习提示 ·· 6
  1.3 解题指导 ·· 6
  1.4 基础训练与考研辅导 ·· 10

第2章 静定结构的内力分析 ·· 17
  2.1 内容提要 ·· 17
  2.2 学习提示 ·· 27
  2.3 解题指导 ·· 28
  2.4 基础训练与考研辅导 ·· 39

第3章 静定结构的位移计算 ·· 49
  3.1 内容提要 ·· 49
  3.2 学习提示 ·· 52
  3.3 解题指导 ·· 53
  3.4 基础训练与考研辅导 ·· 63

第4章 影响线及其应用 ·· 72
  4.1 内容提要 ·· 72
  4.2 学习提示 ·· 77
  4.3 解题指导 ·· 78
  4.4 基础训练与考研辅导 ·· 90

第5章 力 法 ·· 99
  5.1 内容提要 ·· 99
  5.2 学习提示 ·· 102
  5.3 解题指导 ·· 103
  5.4 基础训练与考研辅导 ·· 114

第6章 位移法 ·· 125
  6.1 内容提要 ·· 125
  6.2 学习提示 ·· 127

  6.3 解题指导 ·· 128
  6.4 基础训练与考研辅导 ·· 148
第 7 章 力矩分配法 ·· 157
  7.1 内容提要 ·· 157
  7.2 学习提示 ·· 160
  7.3 例题分析 ·· 160
  7.4 基础训练与考研辅导 ·· 178
习题答案 ·· 187
参考文献 ·· 208

第1章 体系的几何构造分析

1.1 内容提要

一、基本概念

（一）几何不变体系与几何可变体系

在几何构造分析中不考虑材料的微小应变，将杆件看做刚片，在受到任意荷载的情况下，几何形状和位置固定不变的刚片称为几何不变体系[见图 1.1（a）]，几何形状和位置可以改变的刚片称为几何可变体系[见图 1.1（b）]。

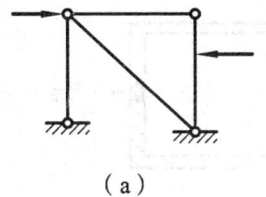
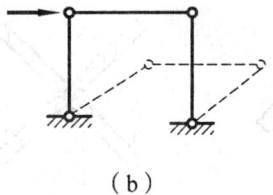

（a） （b）

图 1.1

（二）体系自由度

体系自由度等于体系运动时可以独立改变的坐标参数的数目，也就是完全确定体系的位置所需要的独立坐标数。

如在 xOy 平面上确定一点 A 的位置，需要用两个坐标 (x,y) 或 (r,θ)，因此一个点在平面内的自由度 $S=2$[见图 1.2（a）]，在空间 $S=3$；同理，一个刚片在平面内的自由度 $S=3$[如独立坐标 x、y、θ，见图 1.2（b）]，在空间 $S=6$。

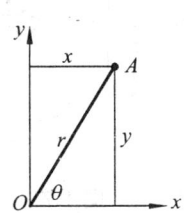
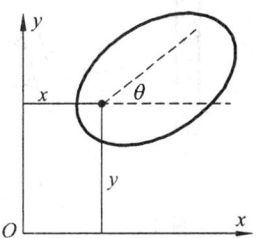

（a）平面内一个点有 2 个自由度　　（b）平面内一个刚片有 3 个自由度

图 1.2

（三）约束、多余约束与必要约束

限制体系运动的装置称为约束（或联系），不能减少体系自由度的约束称为多余约束，能有效减少体系自由度的约束称为必要约束（或非多余约束）。

连接两个刚片的一根单链杆（或支杆）相当于一根约束[见图1.3（a）、（b）]，在 n 个铰上分别连接 n 个刚片的复链杆相当于 $2n-3$ 个单链杆[见图1.3（c）]。

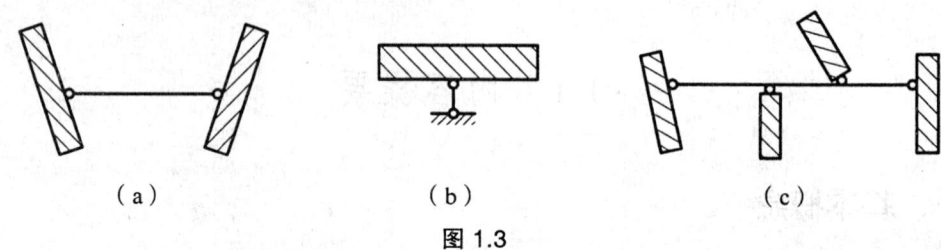

图1.3

连接两个刚片的简单铰相当于两个约束[见图1.4（a）]，连接 n 个刚片的一个复铰相当于 $n-1$ 个简单铰[见图1.4（b）]。

连接两个刚片的简单刚结相当于3个约束，连接 n 个刚片的复杂刚结相当于 $n-1$ 个简单刚结。一个无铰闭合框内存在一个多余简单刚结，即内部有3个多余约束（见图1.5）。

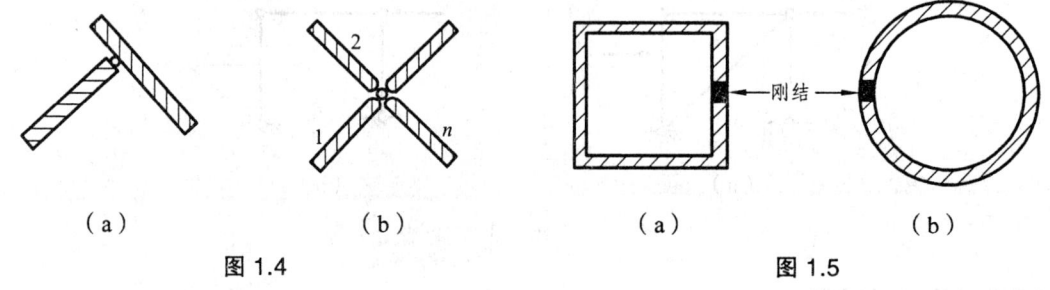

图1.4　　　　　　　　图1.5

（四）瞬　铰

两刚片由两根链杆连接，这两根链杆的约束作用等效于链杆交点（或延长线的交点）处一个简单铰的作用（见图1.6中的 O 点），这种等效约束称为瞬铰（或虚铰）。

注意：若连接两刚片的两链杆自相串联[见图1.7（a）]，或者两链杆的两端分别连接到3个刚片上[见图1.7（b）]，则链杆交点 A 不是瞬铰。

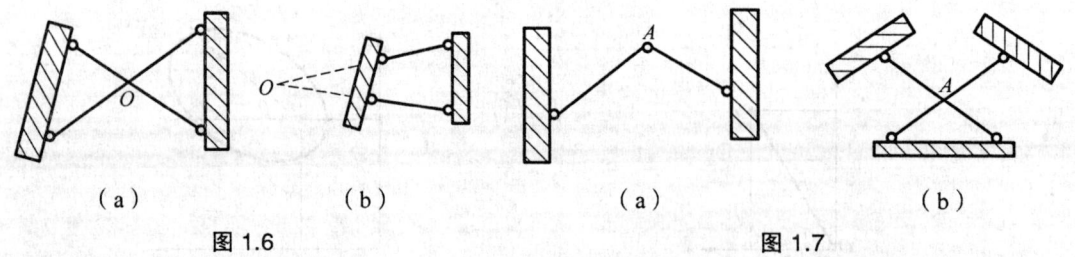

图1.6　　　　　　　　图1.7

（五）无穷远瞬铰

若连接两刚片的两根链杆相互平行，则两链杆的约束作用相当于无穷远处的一个瞬铰

（见图 1.8）。

关于∞点和∞线有下面几点结论：

（1）每个方向有一个∞点（该方向各平行线的交点），不同方向有不同的∞点。

（2）所有的∞点都在一条广义直线上，此广义直线称为∞线。

（3）所有的有限点都不在∞线上。

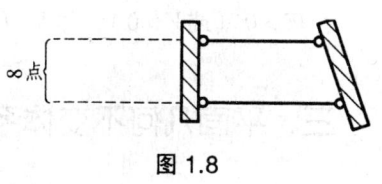

图 1.8

二、平面杆件体系的计算自由度

（一）体系的实际自由度 S、计算自由度 W 与多余约束数 n

设全部约束对象自由度总和为 a，非多余约束数为 c，全部约束总数为 d，则有

实际自由度　　$S = a - c$

计算自由度　　$W = a - d$

多余约束数　　$n = d - c = S - W$

因此
$$S \geqslant W, \quad n \geqslant 0$$

（二）平面体系计算自由度的公式

1. 桁　架
$$W = 2j - b \tag{1.1}$$

式中　j——结点数量；

　　　b——单链杆数。

2. 刚片系
$$W = 3m - (3g + 2h + b) \tag{1.2}$$

式中　m——内部无多余约束的刚片数；

　　　g——单刚结数（若刚片为图 1.5 所示的闭合框，内部有一刚结约束）；

　　　h——单铰数；

　　　b——单链杆数。

3. 内部可变度（内部计算自由度）V
$$V = W - 3 \tag{1.3}$$

4. 计算结果分析

若 $W \leqslant 0$（或 $V \leqslant 0$），体系（或内部）满足几何不变的必要条件，但不一定几何不变，还应进行几何构造分析，其中若 $W = 0$，则 $S = n$，当 $n = 0$，体系几何不变；当 $n > 0$，体系几何可变。若 $W < 0$，无论体系是否几何不变，均有多余约束。

若 $W>0$（或 $V>0$），体系（或内部）几何可变。

三、平面几何不变体系组成的基本规律

（一）二元体规律

如图 1.9（a）所示，一刚片（刚片Ⅰ）与一点（点 A）间用不在同一直线上的两根链杆（AB、AC）相连，组成无多余约束的几何不变体系。两根链杆在一端铰结，另一端连接一刚片，称为二元体。

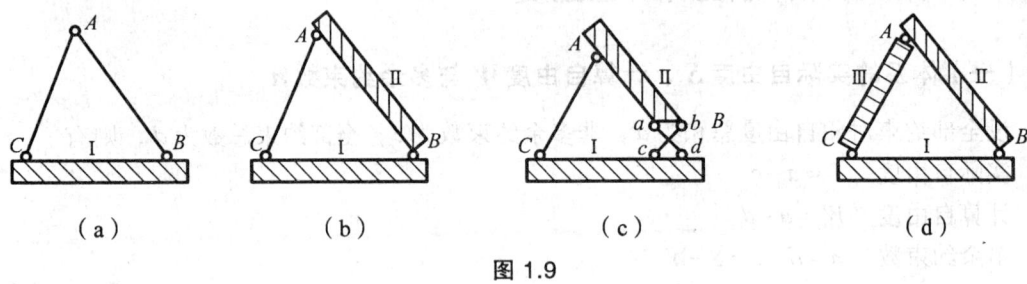

图 1.9

在一个体系上增加或拆除二元体，不改变原体系的几何组成性质。

（二）两刚片规律

（1）如图 1.9（b）所示，两刚片（刚片Ⅰ、刚片Ⅱ）用一铰（铰 B）和一根不通过此铰的链杆（AC）相连，组成无多余约束的几何不变体系。

（2）如图 1.9（c）所示，两刚片（刚片Ⅰ、刚片Ⅱ）用三根不共点且不相互平行的链杆（AC、ad、bc）相连，组成无多余约束的几何不变体系。其中 B 处的两根链杆（ad、bc）的约束作用等效于图 1.9（b）中的铰 B。

（三）三刚片规律

如图 1.9（d）所示，三刚片（刚片Ⅰ、刚片Ⅱ、刚片Ⅲ）用不在同一直线上的三个铰（铰 A、B、C）两两相连，组成无多余约束的几何不变体系。

比较图 1.9 中的四种情形可见：刚性链杆可以用刚片代换，单铰可以用两根链杆代换。这样，四种情形的分析方法便是相通的。

以上三条规律本质相同，可以归结为铰结三角形规律：三个刚片（或链杆）用三个铰（含瞬铰）两两相连，形成铰结三角形；若三个铰（含瞬铰）不在同一直线上，则铰结三角形几何不变，且无多余约束。

注意：三刚片规律中指明三刚片用三铰两两相连，是指三个铰都是单铰，每铰只连两个刚片。如图 1.10 所示的体系也是三刚片用不在同一直线上的三铰相连，但不是两两相连，复铰 A 同时连接三刚片，该体系虽为几何不变，但有多余约束。

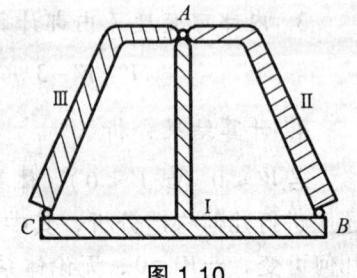

图 1.10

四、瞬变体系

本身是几何可变体系,但在发生微小位移后又变成几何不变体系的体系,称为瞬变体系。基本的瞬变体系有三铰共线[见图 1.11（a）]、三链杆共点[见图 1.11（b）]、不等长三链杆平行[见图 1.11（c）]等。

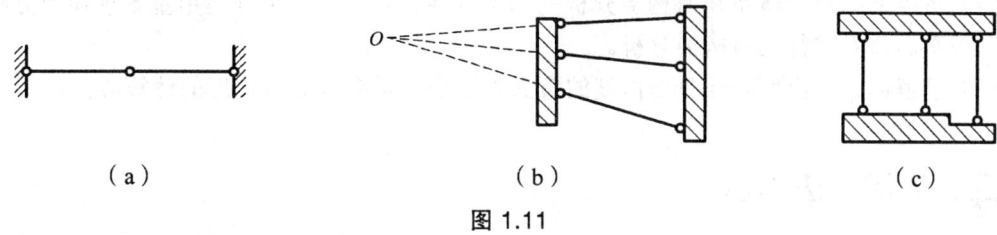

图 1.11

当 $W=0$ 时,瞬变体系在与瞬时相对运动不同方向上必有一个多余约束,而在运动方向上缺少一个约束,故称体系瞬变,有多余约束。

瞬变体系不能作为结构使用。

五、瞬铰在无穷远处时判断三铰共线的条件

以三刚片为约束对象,引入∞点瞬铰后,三铰在下列情况下必定共线:

(1) 两个实铰（或有限点瞬铰）的连线与组成∞点瞬铰的链杆相平行,则三铰共线,体系瞬变。如图 1.12（a）所示,A 为实铰,O_1 为有限点处的瞬铰,平行链杆 1、2 等效于∞点处的瞬铰 O_2,连线 O_1A 与链杆 1、2 平行,则 A、O_1、O_2 三铰共线,体系瞬变。反之,若 O_1A 与链杆 1、2 不平行,则体系几何不变。

(2) 一个实铰（或有限点瞬铰）和两个相同方向的无穷远瞬铰,则三铰共线。如图 1.12（b）所示,链杆 1、2、3、4 互相平行,即∞点瞬铰 O_1、O_2 合为一点,体系瞬变。若组成瞬铰 O_1、O_2 的两对平行链杆不全平行,则体系几何不变。

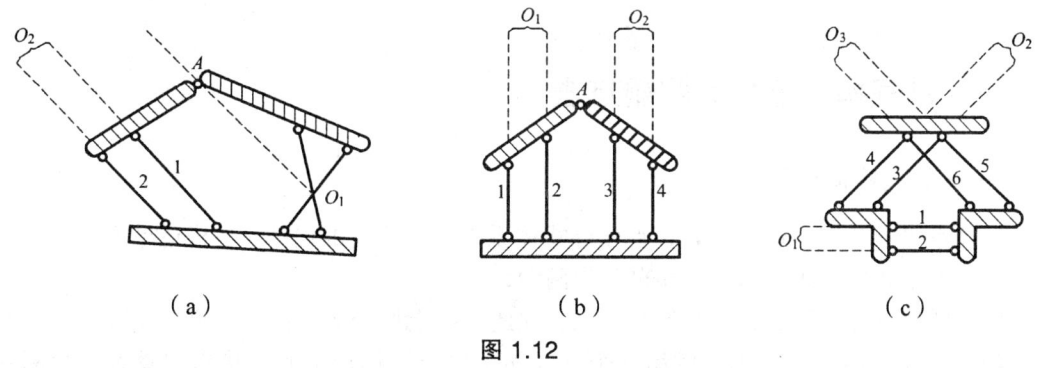

图 1.12

(3) 三个瞬铰均在无穷远,则三铰共线。如图 1.12（c）所示,平行链杆 1、2 组成瞬铰 O_1,平行链杆 3、4 组成瞬铰 O_2,平行链杆 5、6 组成瞬铰 O_3,而三瞬铰在不同方向的∞点,三铰共∞线,体系瞬变。

1.2 学习提示

一、学习要求

（1）重点掌握平面体系几何构造分析的基本规律，正确、灵活地运用基本规律及分析方法对一般平面体系进行几何构造分析。

（2）了解体系自由度与计算自由度的意义和区别，学会计算自由度的计算方法。

二、学习方法提示

（1）分析常规平面体系几何构造时，注意抓住问题的核心——三角形规律和它的不同表现形式，即二元体规律、两刚片规律、三刚片规律；在引入瞬铰（包含∞点瞬铰）后又推广到三刚片六链杆体系，要善于找到它们的内在联系和共同本质。

（2）分清约束的等效性，约束效果相同的不同约束可互相替换；注意灵活运用等效约束，特别是瞬铰的正确运用，同时注意约束对象的正确选择，使对象之间的约束成为有效约束。

（3）计算自由度 $W>0$，体系一定可变，不必作构造分析；$W \leqslant 0$，只是满足了几何不变的必要条件，是否几何不变，还应作构造分析。因此，计算 W 的数值只是一个辅助手段。在求 W 时，应将内部有多余约束的刚片变为无多余约束刚片，将复约束换算成单约束。

（4）在对体系进行几何构造分析时，不需考虑材料的微应变，因而假定杆件为刚性杆；但在分析体系是否为瞬变体系时，又要考虑材料的微应变。研究静定结构内力时，不计材料的微应变；但研究结构位移和超静定结构内力，以及结构振动和稳定问题时，又必须考虑材料的微应变。

1.3 解题指导

一、几何构造分析的解题方法

（一）寻找构造单元

对体系进行几何构造分析时，首先寻找体系中几何不变的局部——构造单元，由构造单元逐步扩展组装成整体。组装顺序可分为两种：

（1）从地基开始组成第一个构造单元，在此基础上按构造规律逐步组装成整体。

（2）从体系内部开始先组成第一个（或两个以上）构造单元，将它们看做一大刚片，再利用构造规律组成整体。当体系与地基的连接只有三根不共点的支杆时，一般都可以先分析内部。

当用以上两种方法都难以找到构造单元时，就应将地基也作为一个大刚片进行整体分析。

（二）利用约束等效代换简化体系

（1）复杂形状（曲杆、折杆）的链杆可用直杆代替，如图1.13（a）、（b）所示；图1.13（c）所示桁架几何不变，如果通过 A、B 两铰约束其他物体，其约束作用相当于直链杆 AB。

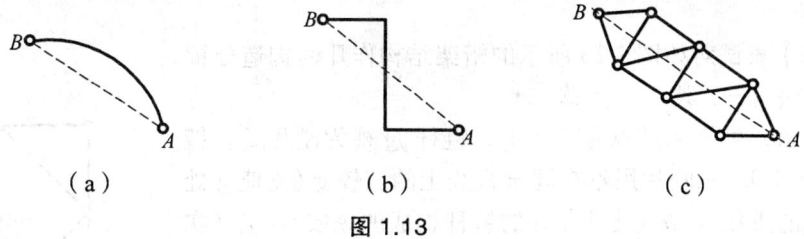

图1.13

（2）连接两刚片的两根链杆，等效于它们交点处的瞬铰，如图1.9（c）所示。
（3）用等效的多个单约束代替一个复约束，如用单链杆代替复链杆。
如图1.14（a）所示，复链杆通过铰 A、B、C 分别约束三个刚片，它等效于三个单链杆 AB、BC、AC [见图1.14（b）]。

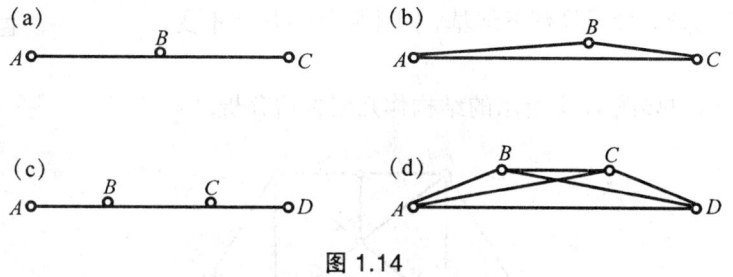

图1.14

注意：此时 A、B、C 三铰不共线；同理，连接4个结点的复链杆，等效于5根单链杆，且5根单链杆中任意两根均不共线，如图1.14（c）、（d）所示。

（三）去除二元体

采取与装配顺序相反的拆卸方法去除二元体。体系中如有不共线的两链杆（包括等效的直链杆）连一铰结点于主体，则此局部称为二元体，如图1.15（a）中的 bcf、$dabf$。可以依次去除二元体 bcf、$dabf$，直到无二元体可以去除时，分析剩余部分[见图1.15（b）]，如果剩余部分为几何不变，则原体系仍为几何不变，反之亦然。

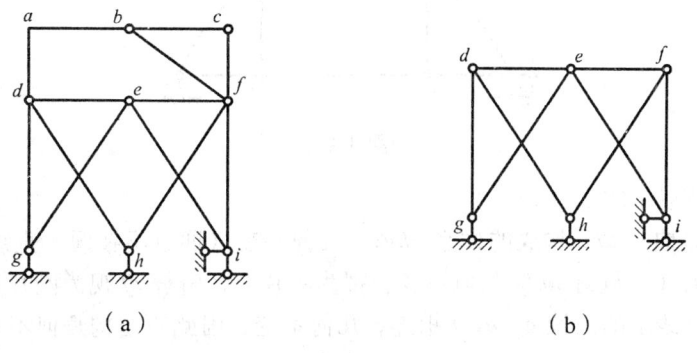

图1.15

在几何构造的分析过程中，一般需要声明体系是否有多余约束。

二、例题分析

【例 1.1】 试对如图 1.16 所示的桁架结构作几何构造分析。

解：方法（一）增加二元体：

如图所示，可将地基视为刚片Ⅰ，链杆 fg 视为刚片Ⅱ，链杆 fh 视为刚片Ⅲ，三刚片用不在同一直线上的三铰 g（支座 g 处的链杆构成的虚铰）、h（支座 h 处的链杆构成的虚铰）、f（实铰）相连，构成几何不变体系，依次增加二元体 gdf（以链杆 gd、df 以及铰 d 构成二元体 gdf，下同）、hef、dbe、dab、bce，因此原体系几何不变，且无多余约束。

方法（二）减去二元体：

与方法（一）的组装顺序相反，依次减去二元体 bce、dab、dbe、hef、gdf、gfh，最后只剩下地基，因此原体系几何不变，且无多余约束。

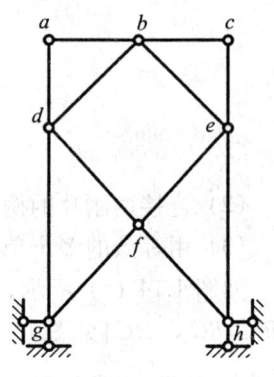

图 1.16

【例 1.2】 试对如图 1.17 所示的结构作几何构造分析。

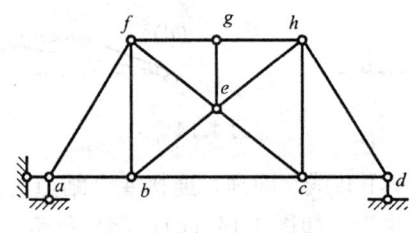

图 1.17

解：分析支座以上的部分。

△abf 几何不变，依次增加二元体 bef、fge、bce、ghe、hdc，ch 杆多余，因此，原体系为有一个多余约束的几何不变体系。

【例 1.3】 试对如图 1.18 所示的结构作几何构造分析。

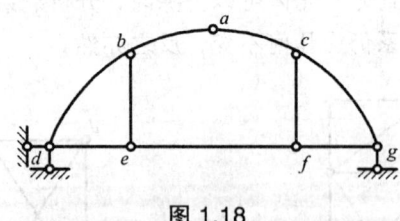

图 1.18

解：分析支座以上的部分。

链杆 de、be、曲杆 dba 构成的体系 $abed$，几何不变（通过不在同一直线上的三铰 d、b、e 相连），视为刚片Ⅰ；同理 $acfg$ 几何不变，视为刚片Ⅱ；链杆 ef 视为刚片Ⅲ，刚片Ⅰ、Ⅱ、Ⅲ通过不在同一直线上的三铰 a、e、f 相连，几何不变，因此原结构几何不变且无多余约束。

【例 1.4】 试对如图 1.19 所示的桁架结构作几何构造分析。

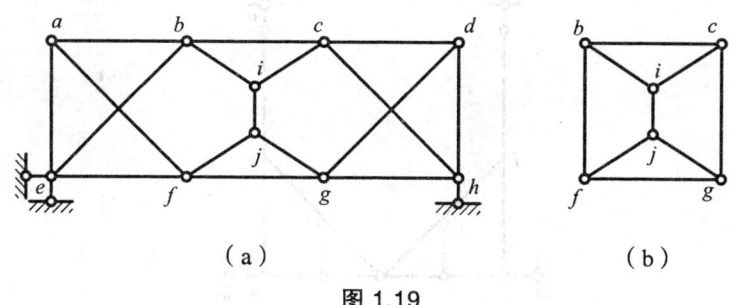

（a） （b）

图 1.19

解：分析支座以上的部分，采用杆件代换的方式。

△aef 几何不变，增加二元体 abe，仍然几何不变，因此可以用图 1.19（b）所示的虚拟杆件 bf 代替；同理几何不变体系 cdhg 可以用虚拟杆件 cg 代替；因此，对原图 1.19（a）所示结构作几何构造分析等价于对图 1.19（b）所示结构作几何构造分析。

在图 1.19（b）所示结构中，将△bic、△fjg 分别视为刚片Ⅰ、Ⅱ，则两刚片通过平行且不等长的三根链杆 bf、ij、cg 相连，几何瞬变。

因此，原体系几何瞬变，且无多余约束。

【**例 1.5**】 试对如图 1.20（a）所示的桁架结构作几何构造分析。

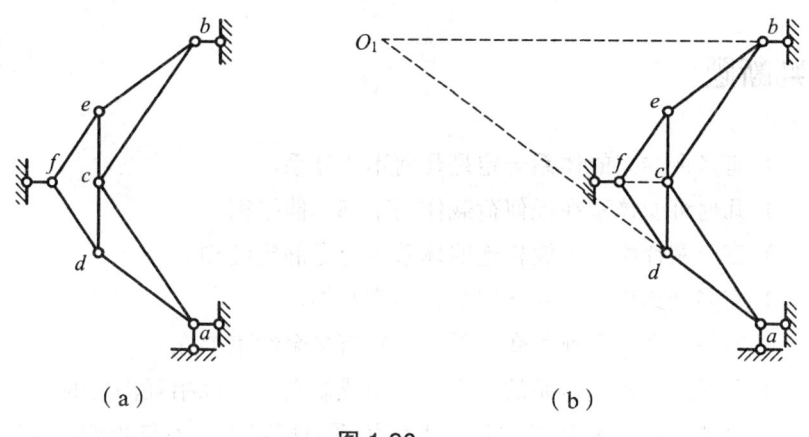

（a） （b）

图 1.20

解：与基础相连接的杆件有四根（铰 a、b、f 处），因此须将基础当成一个整体，视为刚片Ⅰ；将△bce 视为刚片Ⅱ；链杆 df 视为刚片Ⅲ。

刚片Ⅱ、Ⅲ由链杆 cd、ef 构成的虚铰 e 相连；刚片Ⅰ、Ⅲ由链杆 ac 与 f 处的支座链杆构成的虚铰 c 相连；刚片Ⅰ、Ⅱ由链杆 ad 与 b 处的支座链杆构成的虚铰 O_1 相连；三刚片Ⅰ、Ⅱ、Ⅲ通过不在同一直线上的三铰 c、e、O_1 相连[见图 1.20（b）]，几何不变。

因此，原结构几何不变且无多余约束。

【**例 1.6**】 试对如图 1.21 所示的桁架结构作几何构造分析。

解：bdki 为几何不变体系，增加二元体 kjf，依然几何不变，多余链杆 ij，因此 bdkjifd 为具有一个多余约束的几何不变体系，视为刚片Ⅰ；同理 acghiec 视为刚片Ⅱ，基础视为刚片Ⅲ。

刚片Ⅰ、Ⅱ通过实铰 i 相连，刚片Ⅰ、Ⅲ通过铰 k 与铰 b 处的链杆构成的虚铰 k 相连；

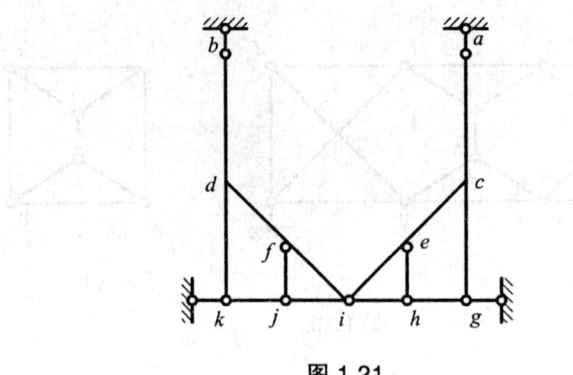

图 1.21

刚片Ⅱ、Ⅲ通过铰 g 与铰 a 处的链杆构成的虚铰 g 相连；三铰 k、i、g 在同一直线上，几何瞬变。

因此，原体系为具有两个多余约束的几何瞬变体系。

1.4 基础训练与考研辅导

一、判断题

1.（　　）有多余约束的体系一定是几何不变体系。

2.（　　）几何可变体系在任何荷载作用下都不能平衡。

3.（　　）三个刚片由三个铰相连的体系一定是静定结构。

4.（　　）有多余约束的体系一定是超静定结构。

5.（　　）有些体系为几何可变体系，但却有多余约束存在。

6.（　　）平面几何不变体系的三个基本组成规则是可以相互沟通的。

7.（　　）两刚片或三刚片组成几何不变体系的规则中，不仅指明了必需的约束数目，而且指明了这些约束必须满足的条件。

8.（　　）在任意荷载下，仅用静力平衡方程即可确定全部支座反力和内力的体系是几何不变体系。

9.（　　）几何瞬变体系产生的运动非常微小并很快就转变成几何不变体系，因而可以用做工程结构。

10.（　　）几何瞬变体系的计算自由度一定等于零。

11.（　　）几何不变体系的计算自由度一定等于零。

12.（　　）若体系计算自由度 $W<0$，则它一定是几何可变体系。

13.（　　）三刚片由三个单铰或任意六根链杆两两相连，体系必为几何不变。

14.（　　）两刚片用汇交于一点的三根链杆相连，可组成几何不变体系。

15.（　　）计算自由度 $W\leq 0$ 是体系几何不变的充要条件。

二、选择题

1. 三个刚片用三个铰两两相互连接而成的体系为_____。
   A. 几何不变体系
   B. 几何常变体系
   C. 几何瞬变体系
   D. 几何不变体系、几何常变体系或几何瞬变体系
2. 两个刚片用三根链杆连接而成的体系为_____。
   A. 几何常变体系
   B. 几何不变体系
   C. 几何瞬变体系
   D. 几何不变体系、几何常变体系或几何瞬变体系
3. 连接三个刚片的铰结点，相当的约束个数为_____个。
   A. 2   B. 3   C. 4   D. 5
4. 作为结构的体系应是_____。
   A. 几何不变体系   B. 几何可变体系
   C. 几何瞬变体系   D. 几何不变体系或几何瞬变体系
5. 图 1.22 所示体系的几何构造为_____。
   A. 几何不变体系，无多余约束   B. 几何不变体系，有多余约束
   C. 几何常变体系   D. 几何瞬变体系
6. 图 1.23 所示体系的几何构造为_____。
   A. 几何不变体系，无多余约束   B. 几何不变体系，有多余约束
   C. 几何瞬变体系   D. 几何常变体系

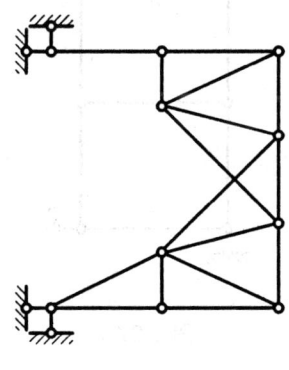
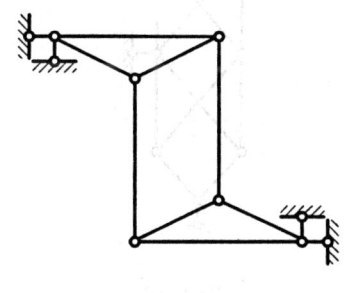

图 1.22   图 1.23

7. 图 1.24 所示体系的几何构造为_____。
   A. 几何不变体系，无多余约束   B. 几何不变体系，有多余约束
   C. 几何常变体系   D. 几何瞬变体系
8. 图 1.25 所示体系的几何构造为_____。

A. 几何不变体系，无多余约束   B. 几何不变体系，有多余约束
C. 几何瞬变体系   D. 几何常变体系

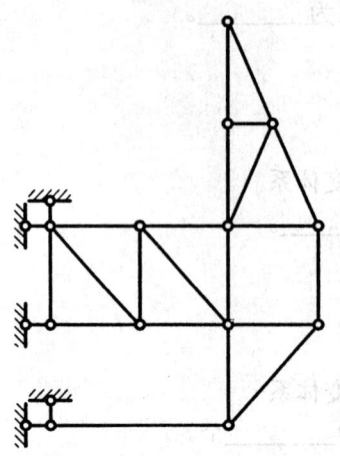

图 1.24   图 1.25

9. 图 1.26 所示体系的几何构造为_____。
   A. 几何不变体系，无多余约束   B. 几何不变体系，有多余约束
   C. 几何瞬变体系   D. 几何常变体系
10. 图 1.27 所示体系的几何构造为_____。
    A. 几何不变体系，无多余约束   B. 几何不变体系，有多余约束
    C. 几何瞬变体系   D. 几何常变体系

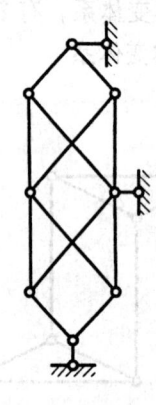 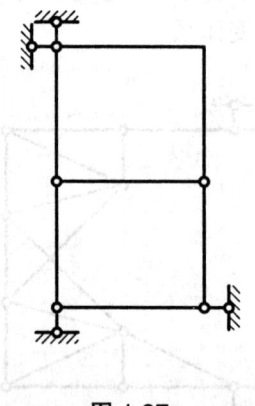

图 1.26   图 1.27

11. 图 1.28 所示体系的几何构造为_____。
    A. 几何不变体系，无多余约束   B. 几何不变体系，有多余约束
    C. 几何常变体系   D. 几何瞬变体系
12. 图 1.29 所示体系的几何构造为_____。
    A. 几何不变体系，无多余约束   B. 几何不变体系，有多余约束
    C. 几何常变体系   D. 几何瞬变体系

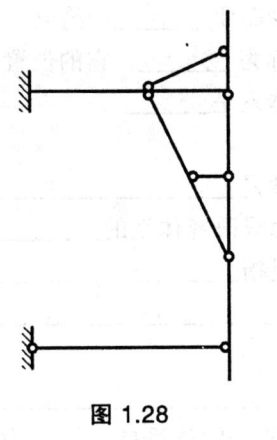
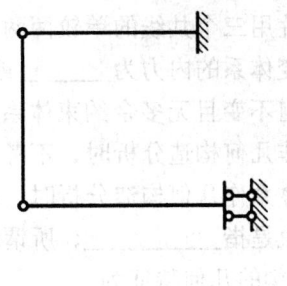

图 1.28　　　　　　　　　　　图 1.29

13. 图 1.30 所示体系的几何构造为_____。
    A. 几何不变体系，无多余约束　　B. 几何不变体系，有多余约束
    C. 几何瞬变体系　　　　　　　　D. 几何常变体系

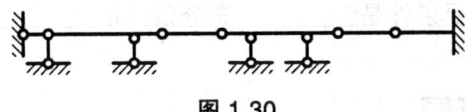

图 1.30

14. 图 1.31 所示体系的几何构造为_____。
    A. 几何不变体系，无多余约束　　B. 几何不变体系，有多余约束
    C. 几何瞬变体系　　　　　　　　D. 几何常变体系
15. 图 1.32 所示体系的几何构造为_____。
    A. 几何不变体系，无多余约束　　B. 几何不变体系，有多余约束
    C. 几何常变体系　　　　　　　　D. 几何瞬变体系

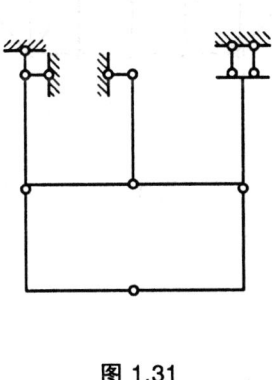
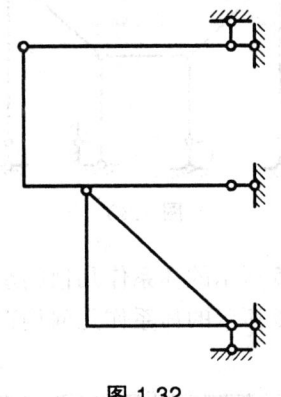

图 1.31　　　　　　　　　　　图 1.32

三、填空题

1. 在不考虑材料____的条件下，在受到任意荷载的情况下，几何形状和位置固定不变的体系称为几何____体系。

2. 几何组成分析中，在平面内固定一个点，至少需要_____个约束。
3. 连接两个刚片的任意两根链杆的延长线交点称为_____，它的位置是_____定的。
4. 三个刚片用三个共线的单铰两两相连，则该体系是_____。
5. 几何瞬变体系的内力为_____或_____。
6. 组成几何不变且无多余约束体系的两刚片规律是_____。
7. 对体系作几何构造分析时，不考虑杆件变形而只研究体系的_____。
8. 对平面体系作几何构造分析时，所谓自由度是指_____。
9. 所谓约束是指_____；所谓刚片是指_____。
10. 静定结构的几何特征为_____，_____。
11. 所谓虚铰是指_____，所谓复铰是指_____。
12. 仅根据平面体系计算自由度即可判定其几何不变的体系是_____体系。
13. 平面内一根链杆自由运动时的自由度等于_____。
14. 从几何构造上讲，静定和超静定结构都是_____体系，前者_____多余约束，而后者_____多余约束。
15. 体系几何不变的必要条件是_____，充分条件是_____。

四、几何构造分析题

1. 对图 1.33 所示的体系作几何构造分析。
2. 对图 1.34 所示的体系作几何构造分析。

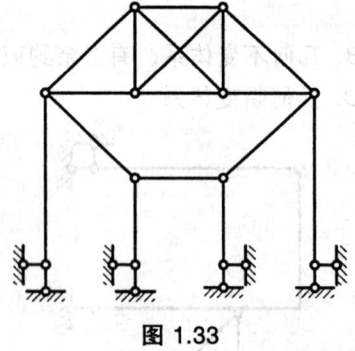

图 1.33

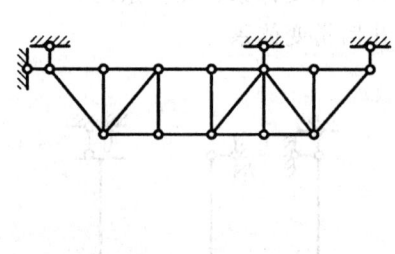

图 1.34

3. 对图 1.35 所示的体系作几何构造分析。
4. 对图 1.36 所示的体系作几何构造分析。

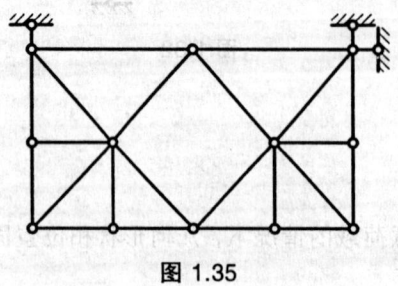

图 1.35

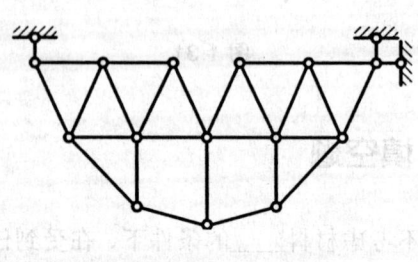

图 1.36

5. 对图 1.37 所示的体系作几何构造分析。
6. 对图 1.38 所示的体系作几何构造分析。

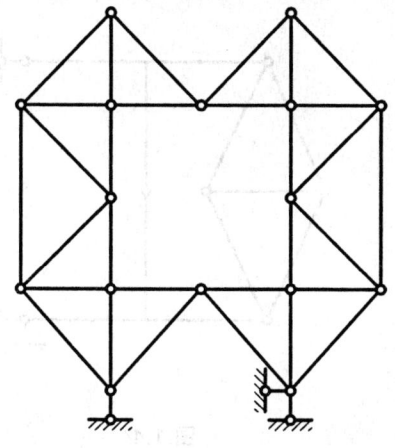 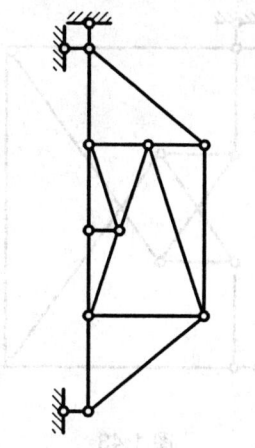

图 1.37　　　　　　　　图 1.38

7. 对图 1.39 所示的体系作几何构造分析。
8. 对图 1.40 所示的体系作几何构造分析。

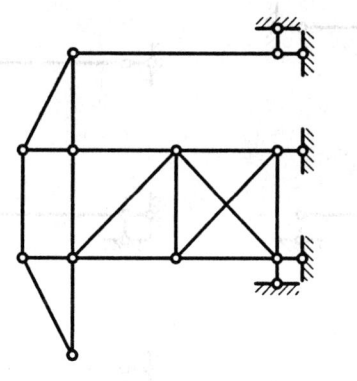 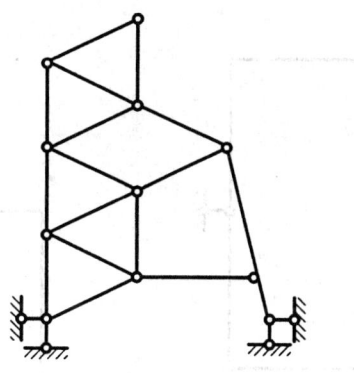

图 1.39　　　　　　　　图 1.40

9. 对图 1.41 所示的体系作几何构造分析。
10. 对图 1.42 所示的体系作几何构造分析。

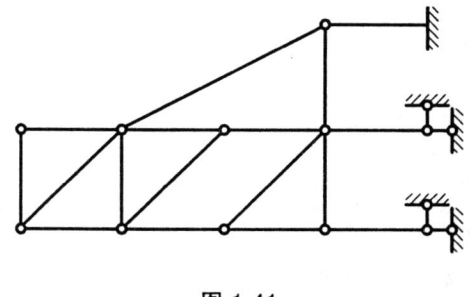 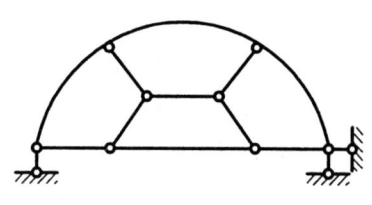

图 1.41　　　　　　　　图 1.42

11. 对图 1.43 所示的体系作几何构造分析。
12. 对图 1.44 所示的体系作几何构造分析。

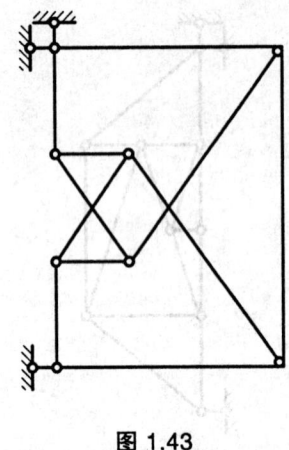
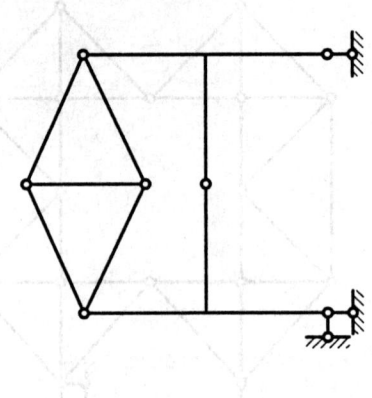

图 1.43   图 1.44

13. 对图 1.45 所示的体系作几何构造分析。
14. 对图 1.46 所示的体系作几何构造分析。
15. 对图 1.47 所示的体系作几何构造分析。

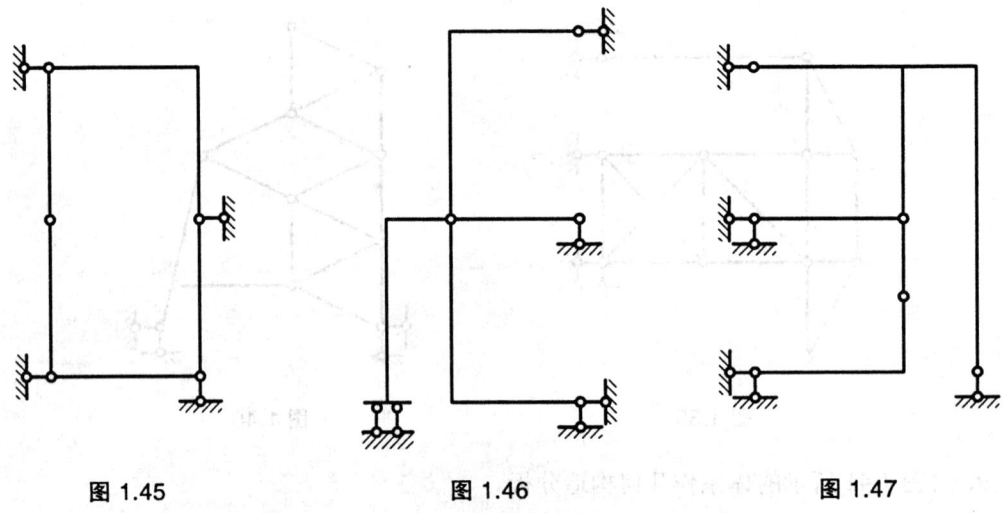

图 1.45   图 1.46   图 1.47

第 2 章　静定结构的内力分析

2.1　内容提要

一、杆件的受力分析

（一）截面法求内力

(1) 列平衡方程计算的方法。取出隔离体，在平面内，作用在隔离体上的所有外力最多构成平面一般力系，因此可以根据隔离体列三个静力平衡方程，即

一矩式：
$$\begin{cases} \sum F_x = 0 \\ \sum F_y = 0 \\ \sum M_A(F) = 0 \end{cases} \tag{2.1a}$$

二矩式：
$$\begin{cases} \sum F_x = 0 \\ \sum M_A(F) = 0 \\ \sum M_B(F) = 0 \end{cases} \tag{2.1b}$$

其中，x 轴不得垂直与 A、B 两点的连接。

三矩式：
$$\begin{cases} \sum M_A(F) = 0 \\ \sum M_B(F) = 0 \\ \sum M_C(F) = 0 \end{cases} \tag{2.1c}$$

其中，A、B、C 三点不能共线。

求出三个未知支座反力或任意截面上的三个未知内力。

(2) 直接计算法。不必单独取出隔离体，截面上的内力可直接求出，方法如下：

轴力——截面一侧所有外力沿杆轴切线方向投影的代数和；

剪力——截面一侧所有外力沿杆轴法线方向投影的代数和；

弯矩——截面一侧所有外力对截面形心之矩的代数和。

（二）内力正负号规定

如图 2.1 所示，轴力 F_N 以使微段受拉为正；剪力 F_S 使微段绕作用面形心顺时针方向转动为正；弯矩 M，对水平杆以下侧受拉为正。

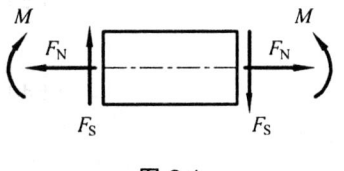

图 2.1

在画轴力图、剪力图的时候应注明正负号,而画弯矩图时一般不注明正负号,而画在杆受拉一侧。

(三)荷载与内力的关系

1. 微分关系

如图 2.2 所示,设分布荷载集度 q 均以指向坐标轴 y 的正向时为正,则有

$$\frac{dF_S}{dx} = q, \quad \frac{dM}{dx} = F_S$$

因此

$$\frac{d^2 M}{dx^2} = q \qquad (2.2)$$

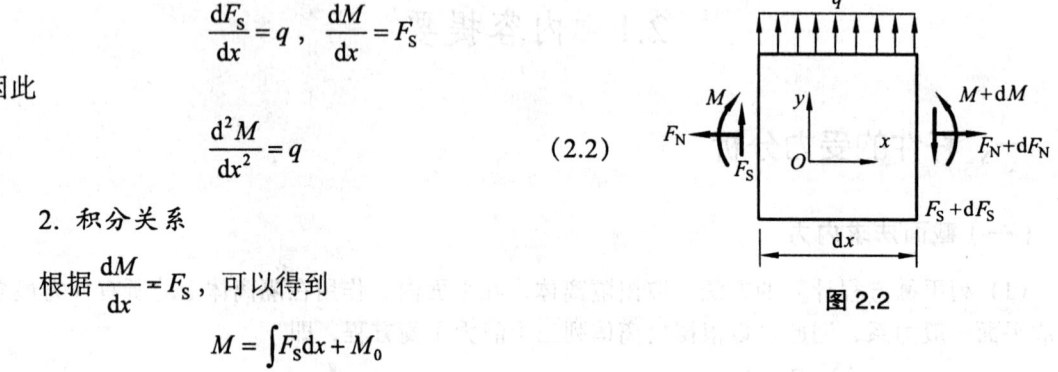

图 2.2

2. 积分关系

根据 $\frac{dM}{dx} = F_S$,可以得到

$$M = \int F_S dx + M_0$$

即任意截面上的弯矩等于剪力图的面积再加上(或减去)该段内的外力偶矩的代数和。

(四)叠加法画弯矩图

如图 2.3 (a) 所示,从结构中任取一直杆段 AB 进行分析,其上作用有已知分布荷载 q 及两端截面的内力(轴力 F_{NA}、F_{NB},剪力 F_{SA}、F_{SB},弯矩 M_A、M_B),其弯矩图与简支梁 AB 上作用相同跨间分布荷载 q,并将 M_A、M_B 作为主动力分别加于 A 端和 B 端时所得弯矩图相同。因此,如图 2.3 (b) 所示,直杆段 AB 的弯矩图作法如下:先画两端弯矩 M_A、M_B 竖标并连虚直线得 $\overline{M}$ 图,如图 2.3 (c) 所示;再以虚直线为基线,叠加相应简支梁 AB 在跨间分布载荷 q 作用下的弯矩图,如图 2.3 (d) 所示,即得总弯矩图。应注意,"叠加"的含义是指弯矩竖标的叠加。

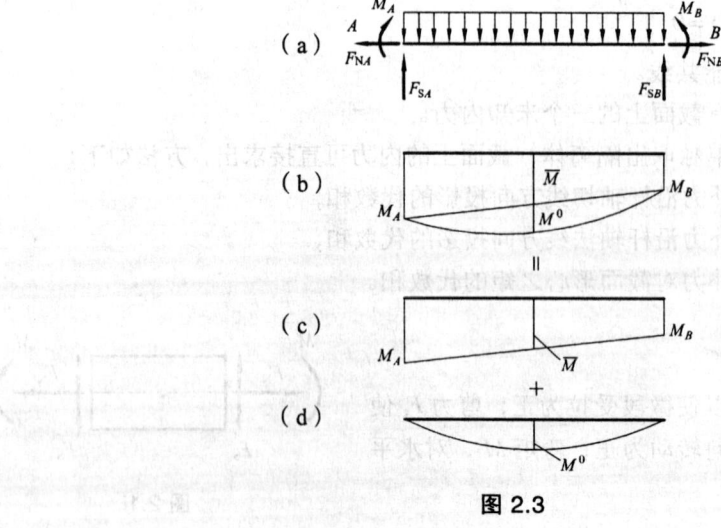

图 2.3

（五）斜梁受力分析

如图 2.4（a）、（b）所示的简支斜梁，以及与此对应的水平简支梁在竖向荷载 F_P、q 共同作用下，支座反力、对应截面 K 的内力之间的关系，见表 2.1。

表 2.1　简支斜梁与水平简支梁的支座反力、对应截面 K 的内力之间的关系

项　目	水平简支梁	简支斜梁	它们之间的关系	备注
支座反力	F_{yA}^0	F_{yA}	$F_{yA} = F_{yA}^0$	相等
	F_{yB}^0	F_{yB}	$F_{yB} = F_{yB}^0$	相等
剪　力	F_S^0	F_S	$F_S = F_S^0 \cos\varphi$	余弦关系
轴　力	0	F_N	$F_N = F_S^0 \sin\varphi$	正弦关系
弯　矩	M^0	M	$M = M^0$	相等

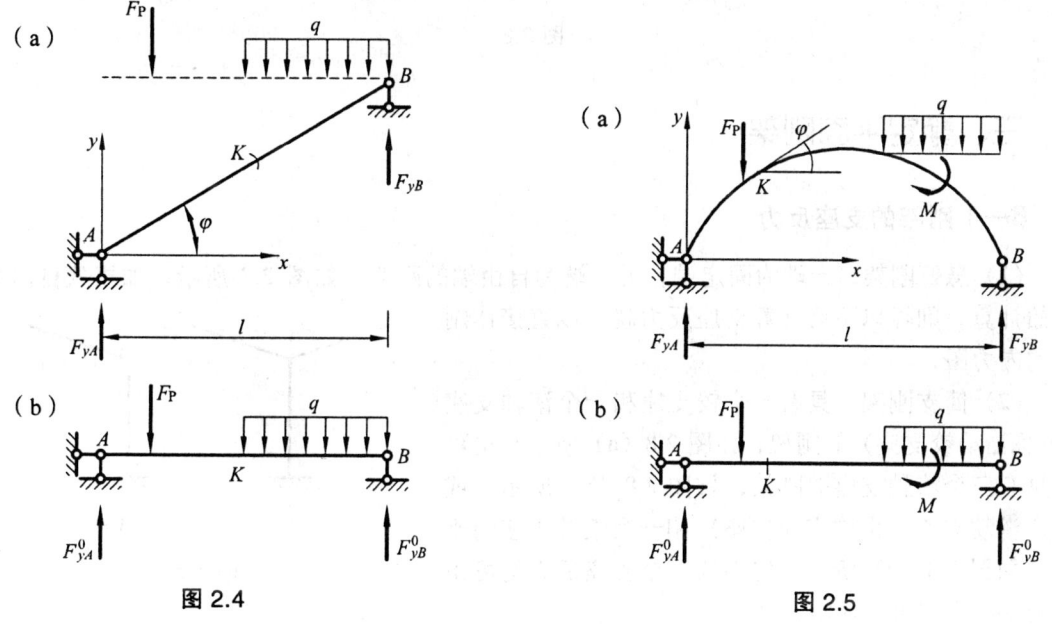

图 2.4　　　　　　　　　　　　图 2.5

（六）曲梁受力分析

如图 2.5（a）所示，简支曲梁在竖向荷载 F_P、q 与力偶矩 M 共同作用下的支座反力、内力计算与斜梁相同，不同点是曲梁在各点处切线的倾角 φ 是 x 的函数，而斜梁的倾角 φ 是一常数，在曲梁左半部 φ 取正值，在曲梁右半部 φ 取负值。

在水平荷载作用下，曲梁与斜梁都不能使用上述公式来计算，而应直接用截面法求支座反力与内力。

二、静定多跨梁

如图 2.6（a）所示的静定多跨梁包括基本部分与附属部分，各部分断开后均成为单跨梁。计算支座反力与内力时，首先要分清基本部分、附属部分以及各部分间的传力关系。计算的

原则是：先计算附属部分，再计算基本部分；在附属部分与基本部分连接铰处，后者为前者提供支承反力；这个反力在反向后就成为加于基本部分的一个"荷载"，将各段（单跨梁）的内力图连在一起，就是静定多跨梁的内力图。

特别注意：附属部分是指梁上某段的支座反力可以直接计算出来的部分，即该段属于静定梁，如图 2.6（b）中 CD、GH 是附属部分，ABC、DEFG 是基本部分。

画出图 2.6（b）所示的层叠图，计算顺序就清楚了。

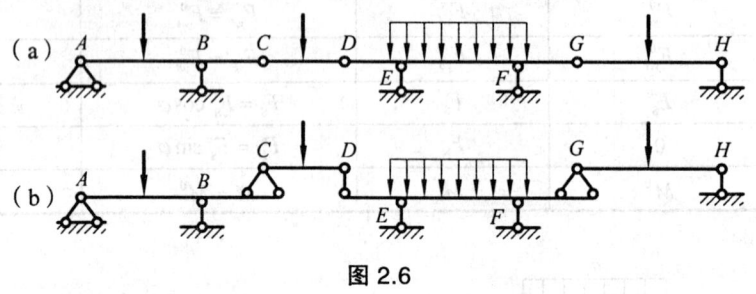

图 2.6

三、静定平面刚架

（一）刚架的支座反力

（1）悬臂刚架：一端为固定端，另一端为自由端的刚架。如图 2.7 所示，如果从自由端开始计算，则可以不必计算支座反力就可以直接作刚架的内力图。

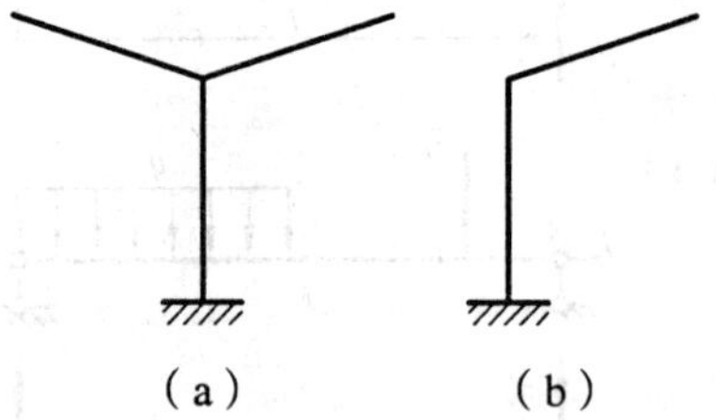

（2）简支刚架：具有一个铰支座和一个滚轴支座（也称活动铰支座）的刚架，如图 2.8（a）所示；也可以是有三个滚轴支座的刚架，如图 2.8（b）所示；或一个滑动支座（也称定向支座）和一个滚轴支座的刚架，如图 2.8（c）所示。它们的三个支座反力均可由静力平衡方程唯一求出。

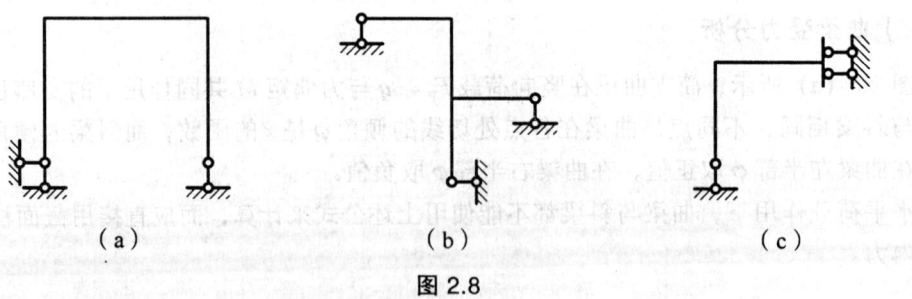

图 2.7

图 2.8

（3）三铰刚架：具有两个铰支座和一个顶铰（中间铰、定向支座）的刚架，它们有四个支座反力。除根据整体平衡的三个静力平衡方程以外，还需补充顶铰 C 处的力矩为零的条件，既可求解出 A、B 处的四个支座反力，也可以计算出顶铰 C 处的支座反力，如图 2.9 所示。

（4）复合刚架：由上述三种基本类型的刚架组合而成，是具有基本部分和附属部分的多跨或多层静定刚架。与求解"静定多跨梁"相似，应先求附属部分的支座反力。在连接铰处，基本部分提供支承反力，该反力反向作用即成为基本部分荷载之一，如图 2.10 所示。

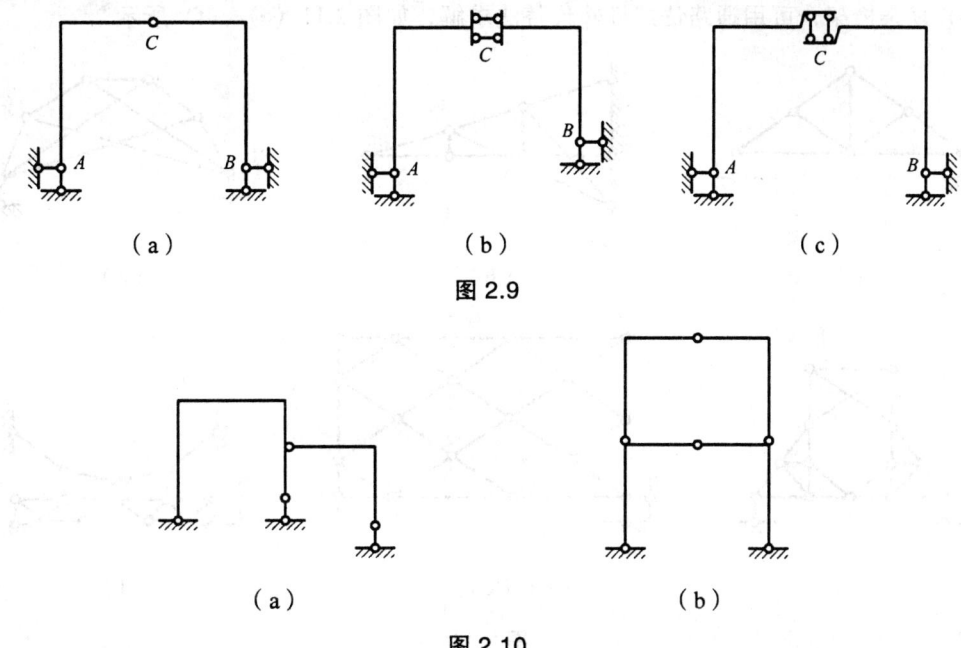

图 2.9

图 2.10

（二）刚架内力图

一般情况下先求刚架的支座反力，然后作其内力图。

用截面法求出各杆端弯矩，然后用分段叠加法画出各杆弯矩图，弯矩图画在杆受拉一侧。求出各杆端剪力、轴力后，再画出各杆剪力、轴力图，并注明正负号。

对于不与支座相连的杆件，用下述方法求剪力、轴力更方便：在画出弯矩图后利用各杆的力矩平衡方程，可由杆端弯矩及杆上荷载求得杆端剪力，利用结点投影平衡方程可由剪力求得杆端轴力。

如无特殊说明，一般需要画出刚架的轴力图、剪力图、弯矩图。

（三）内力图的校核

内力图的校核包括以下三个方面：
（1）利用结点力矩平衡方程校核弯矩图；
（2）利用结点或刚架局部平衡方程校核剪力、轴力图；
（3）利用微分关系校核弯矩、剪力图与荷载之间的关系。

四、静定平面桁架

（一）桁架的分类

（1）简单桁架：宜用结点法或截面法求解，如图 2.11（a）、（b）所示。

(2) 联合桁架：先用截面法求出连接杆内力，再用结点法求其他杆的内力，如图2.11（c）、(d) 所示。

(3) 复杂桁架：可用通路法或杆件代替法求解，如图2.11（e）、(f) 所示。

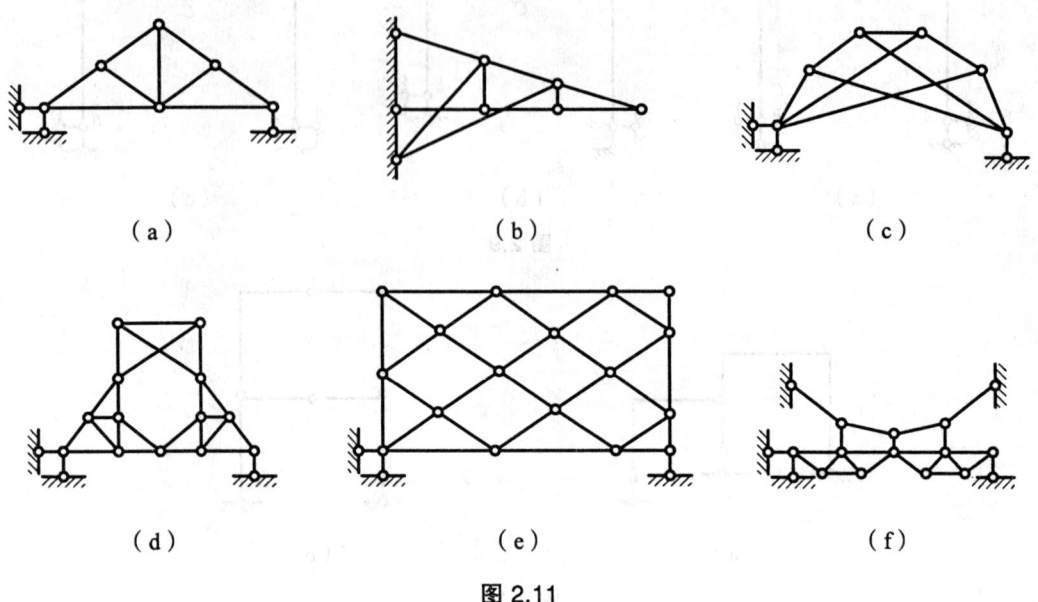

图 2.11

（二）结点法

从桁架中任取一个结点进行分析，作用在该结点上的所有外力（包含荷载、支座反力、轴力）组成平面汇交力系，根据平面汇交力系的两个独立平衡方程，最多可解出两个未知力，依次循环，则可以计算出静定平面桁架各杆的轴力。

对于静定平面桁架有：2×结点数量＝杆件数量＋支座链杆数量

如图2.12（a）所示，桁架中斜杆 AC 的轴力 F_N 可取其分力 F_{Nx}、F_{Ny}。如图2.12（b）所示，它们与斜杆杆长 l 及其在 x、y 两个方向的投影长度 l_x、l_y 成正比例关系，即

$$\frac{F_N}{l} = \frac{F_{Nx}}{l_x} = \frac{F_{Ny}}{l_y} \tag{2.4}$$

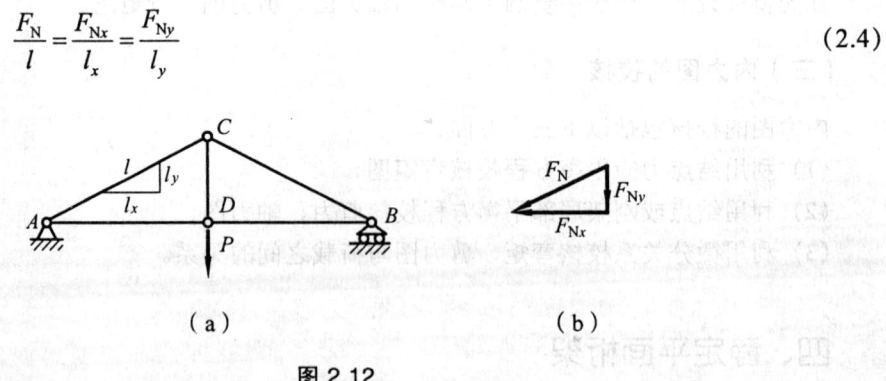

图 2.12

因此，在对桁架进行计算的时候，可以采用上述比例关系（或三角形相似的关系）来简化计算。

1. 结点单杆

结点上除一杆外,其余各杆共线,则该杆称为结点单杆。结点单杆有两种情况:

(1) 结点上只有不共线的两个未知力杆,则两杆都是结点单杆,如图2.13(a)所示。

(2) 结点上有三个未知力杆,其中两杆共线,则第三杆是结点单杆,如图2.13(b)所示。

结点单杆的内力,可由该结点平衡方程求出;非结点单杆内力还需由相邻结点的平衡方程求得。无荷载结点中的单杆,其内力等于零。

图 2.13

2. 零杆的判定方法

零杆的判定在桁架内力的计算中非常重要,若能尽可能多地判定出零杆,则可以简化计算,节省时间。分两种情况来判定零杆:

两杆结点:不受荷载的作用,各杆均为零杆,如图2.13(a)所示,$F_{N1} = F_{N2} = 0$。

三杆结点:有两杆在一条直线上,第三杆不在这条直线上,则第三杆必定是零杆,如图2.13(b)所示,$F_{N3} = 0$。

在实际应用中,要特别注意,在静力分析的过程中当从结构中"去掉"零杆后,有可能出现新的两杆结点和三杆结点,因此可以反复使用上述方法,直到完全判定出所有的零杆。

3. 特殊情况

(1) 四杆结点:如图2.14(a)所示,有两杆在一条直线上,另两杆与其夹角相等,则 $F_{N2} = -F_{N1}$;如图2.14(b)所示,$F_{N1} = F_{N2}$、$F_{N4} = F_{N3}$。

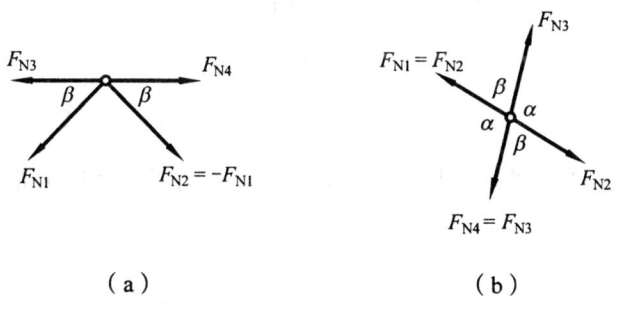

图 2.14

(2) 对称桁架的"K"形结点:如图2.15所示的对称桁架,受对称荷载的作用,则各杆的轴力也对称。在具有"K"形结点的结点 D 处(该点本身无外力作用):① 根据对称性1、2杆的内力相等 $F_{N1} = F_{N2}$;② 根据结点 D 处竖直方向的平衡有 $F_{N1} + F_{N2} = 0$,要满足这两个方程,只有 $F_{N1} = F_{N2} = 0$,此时1、2杆均是零杆。利用"二杆结点"、"三杆结点"的方法,可以判定出图2.15(a)所示桁架结构有6根零杆,图2.15(b)所示桁架有9根零杆。

如图 2.16 所示的对称桁架受反对称荷载的作用，则各杆的受力也反对称。
(1) 与对称轴垂直贯穿的杆轴力为零；
(2) 与对称轴重合的杆轴力为零。

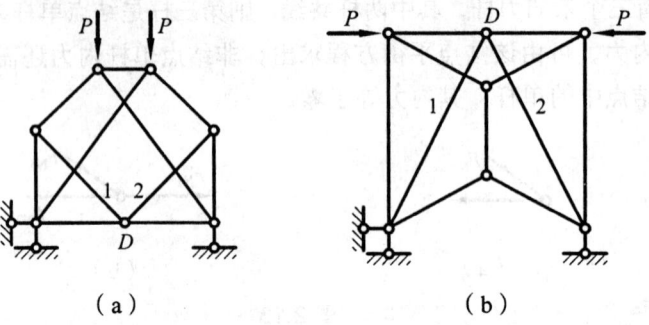

图 2.15

因此图 2.16（a）中的杆 1 为零杆，图 2.16（b）中的杆 1 也是零杆，最后求得图 2.16（b）中有 3 根零杆。

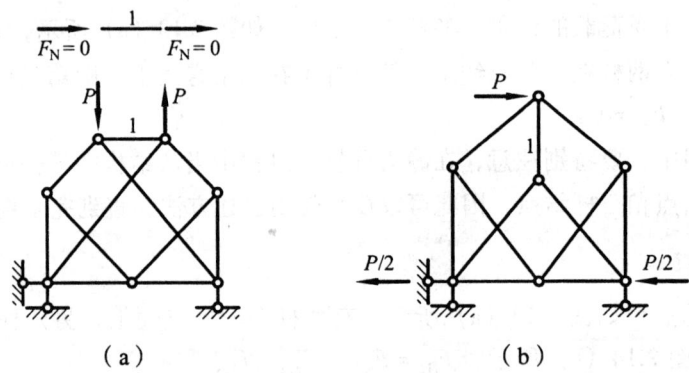

图 2.16

（三）截面法

1. 取隔离体

截取两个以上结点为隔离体，其上作用有平面一般力系，根据平面一般力系的三个静力平衡方程可解出三个未知力。

2. 截面单杆

截面上除一杆外，其余各杆共点或相互平行，则该杆称为截面单杆，截面单杆有两种情况：

(1) 截面上只截断三根杆，且三根杆不共点也不相互平行，则每一杆均为截面单杆，如图 2.17（a）所示，根据平面一般力系的三个静力平衡方程可以求出 F_1、F_2、F_3。

(2) 截面上截断杆多余三根，但除一杆外，其余各杆共点或互相平行，则此杆为截面单杆，如图 2.17（b）中除杆（4）外，其余 4 杆共点[所有外力对结点 1 取矩可以求得杆（4）的轴力]；如图 2.17（c）所示，除杆（12）外，其余 4 杆相互平行[列水平方向的平衡方程可以求得杆（12）的轴力]。

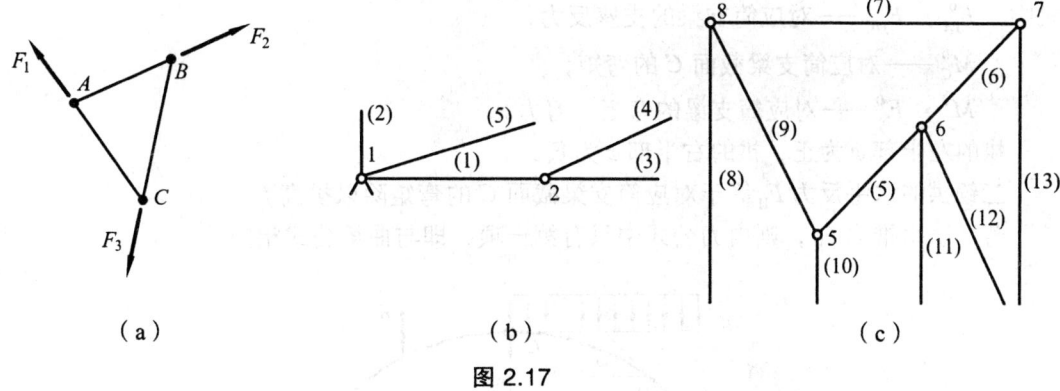

图 2.17

截面单杆的内力可由截面平衡方程直接求出,非截面单杆内力还须由其他截面(或结点)的平衡方程求出。

结点法适用于计算简单桁架,要计算出桁架中每杆的轴力,则需要列出多个平衡方程。

截面法适用于:① 计算联合桁架;② 计算桁架中指定杆的轴力。

结点法与截面法也可联合应用,可以用于求解一些特殊桁架。

五、组合结构

如图 2.18 所示,组合结构是指由链杆和梁式杆组成的结构。链杆中只有轴力,梁式杆截面上有弯矩、剪力和轴力。一般情况下,宜先用截面法或结点法求出链杆轴力,再取梁式杆为隔离体,求出其内力。

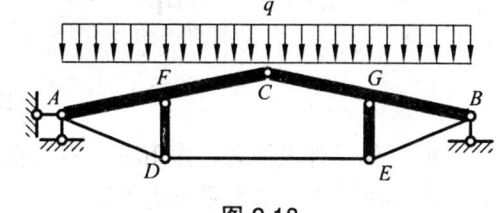

图 2.18

六、三铰拱

(一)支座等高的三铰拱

如图 2.19 所示,支座等高的三铰拱与对应简支梁的支座反力、对应截面 K 的内力之间的关系见表 2.2。

表 2.2 支座等高的三铰拱与对应简支梁的支座反力、对应截面 K 的内力之间的关系

项 目	水平简支梁	支座等高的三铰拱	它们之间的关系	备注
垂直反力	F_{yA}^0	F_{yA}	$F_{yA} = F_{yA}^0$	相等
	F_{yB}^0	F_{yB}	$F_{yB} = F_{yB}^0$	相等
水平反力	0	F_H	$F_H = \dfrac{M_C^0}{f}$	
剪 力	F_S^0	F_S	$F_S = F_S^0 \cos\varphi - F_H \sin\varphi$	
轴 力	0	F_N	$F_N = -F_S^0 \sin\varphi - F_H \cos\varphi$	
弯 矩	M^0	M	$M = M^0 - F_H \times y$	

式中　F_{yA}^0，F_{yB}^0——对应简支梁的支座反力；
　　　　M_C^0——对应简支梁截面 C 的弯矩；
　　　　M^0，F_S^0——对应简支梁的弯矩、剪力。

拱的左半部 φ 为正，拱的右半部 φ 为负。

三铰拱的水平反力 F_H 等于对应简支梁截面 C 的弯矩除以拱高 f。

若无水平推力 F_H，则内力公式中只有第一项，即与曲梁公式相同。

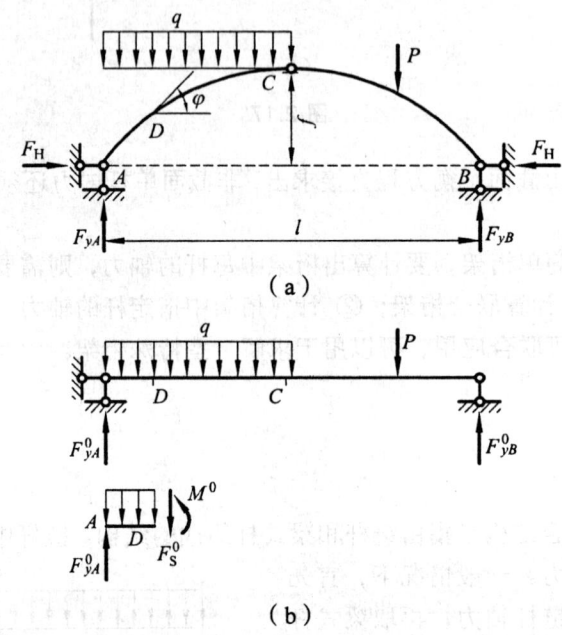

图 2.19

一般荷载（含水平力）作用下，不能套用上述公式，而应直接用截面法求出支座反力和内力，此时两个支座的水平反力不同。

（二）支座不等高的三铰拱

按理论力学静力学的方法求解支座反力，求出支座反力后的计算与支座等高的三铰拱相同。

（三）三铰拱的合理轴线（合理拱轴）

在一定荷载作用下使三铰拱各截面弯矩处处为零的轴线称为合理轴线。

竖向荷载（含力偶）作用下三铰拱合理拱轴方程为

$$y(x) = \frac{M^0(x)}{F_H} \tag{2.5}$$

式中　$M^0(x)$——对应简支梁的弯矩方程；
　　　　F_H——三铰拱的水平反力。

如图 2.20（a）所示，在沿水平方向分布的满跨均布垂直荷载作用下，对称三铰拱的合理轴线为二次抛物线，即

$$y = \frac{4f}{l^2} x(l-x) \tag{2.6}$$

式中　l——拱跨长；

　　　f——拱高，设坐标原点在左支座处。

如图 2.20（b）所示，对称三铰拱在均匀水压力作用下，合理轴线为圆弧曲线。

如图 2.20（c）所示，对称三铰拱在拱上填料重力作用下，合理轴线为悬链线。

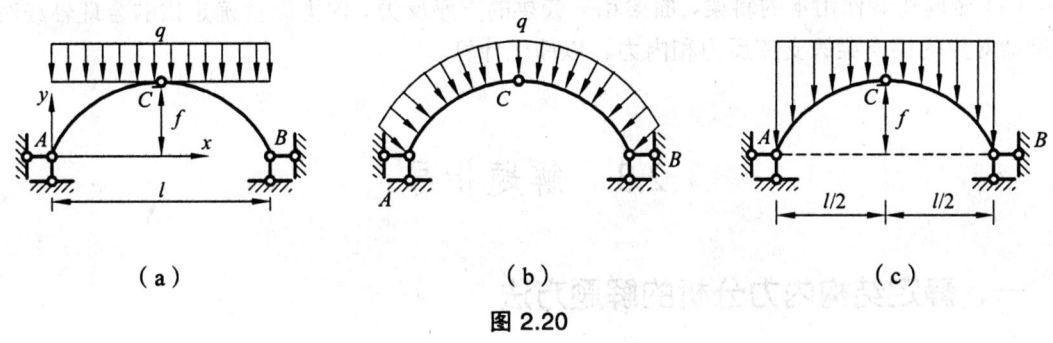

图 2.20

2.2　学习提示

一、学习要求

（1）正确应用截面法求解各种静定平面结构在已知荷载作用下的支座反力和内力，了解各类静定结构的受力特性。

（2）熟练掌握静定多跨梁和平面刚架弯矩图的作法，并掌握剪力图、轴力图的绘制方法，能对内力图进行校核。

（3）熟练掌握计算静定平面桁架的结点法和截面法，并能灵活应用；能正确判别零杆；能正确区分组合结构中的链杆和梁式杆，作出相应的内力图。

（4）掌握三铰拱支座反力、内力的计算方法，了解合理轴线的概念及竖向荷载下合理拱轴的计算方法。

二、学习方法提示

（1）静定结构虽有各种不同类型，但其共同点是仅用静力平衡方程即可求出全部支座反力和内力。求解方法都是截面法。其一般步骤为：① 截取隔离体，画出相应的受力图；② 列隔离体的静力平衡方程。因是静定结构，未知力数目和静力平衡方程的数目相等，因此根据静力平衡方程总能求出支座反力或内力，并且它们总有唯一确定解。如三铰刚架和三铰拱都有四个未知支座反力，除了三个整体平衡方程外，还有一个顶铰处弯矩为零的补充方程，从而可求出四个支座反力。静定桁架有 n 个结点就可列出 $2n$ 个静力平衡方程，因此可以求出 $2n$

个未知力（包括各杆轴力和支座反力）。静定多跨梁可以列出三个整体平衡方程，加上连接铰处弯矩为零的条件，可以联立解出全部支座反力。

（2）分析计算具体静定结构问题时，应注意恰当地选择隔离体和适当地列出平衡方程，最好能做到每列一个平衡方程求一个未知力，尽量避免解联立方程。同时注意分析几何构造之间的联系，即截取隔离体的顺序与几何构造的组成顺序相反。弄清结构的几何组成顺序后，再决定求解方法，往往可以收到较好的效果。

（3）竖向荷载作用下的斜梁、曲梁和三铰拱的支座反力、内力以及确定拱的合理轴线时，可借助对应的简支梁的支座反力和内力，以简化计算。

2.3 解题指导

一、静定结构内力分析的解题方法

求解静定结构内力的基本方法为截面法，其一般步骤是：① 取隔离体；② 列静力平衡方程；③ 求解支座反力和结构内力，特殊情况下也可以不用求支座反力，而直接计算杆件内力，如悬臂刚架等。

求解静定结构时应注意以下几点：

（1）截取隔离体的顺序与结构几何组成的顺序相反。对静定多跨梁、静定多跨刚架，先计算附属部分，然后计算基本部分。对简单桁架，取结点的顺序与组成桁架时按二元体规律添加结点的顺序相反，对联合桁架，先截断连接链杆，求出其内力，再计算其他杆；对组合结构，一般情况下先求链杆轴力，再求梁式杆的内力。

（2）求不同截面内力时，为了简化计算，不必每次都画出隔离体的受力图，只需计算截面一侧所有外力对截面形心的力矩，以及各力在切向、法向方向投影的代数和，即可得到该截面的弯矩、剪力、轴力。

（3）为了快速准确地画出静定刚架和多跨梁的弯矩图，可以采用分段叠加法。

（4）利用荷载与内力之间的微分关系（或积分关系）画内力图。没有荷载作用的梁段，剪力图为平行直线，弯矩图为斜直线（如果该段的剪力为零，则弯矩图为平行直线）；均布荷载作用的梁段，剪力图为斜直线，弯矩图为抛物线，因此可以只求控制截面处的内力，然后根据微分关系连线即可；集中荷载作用点处，剪力图发生突变，弯矩图出现转折；力偶矩作用处，弯矩图发生突变，剪力图无突变。

（5）计算桁架内力时，通常先判定零杆，以简化计算。如果能找到结点单杆或截面单杆，对利用截面法来计算桁架内力有帮助。计算过程中尽可能地列一个方程求解一个未知力。未知力最好假设为受拉方向（即离开结点的方向），则计算结果的正负号就可以反应出杆件的拉压性质。

（6）对称结构在对称和反对称荷载作用下，通常只需计算半边结构，并将荷载分解为对称荷载和反对称荷载分别计算。对称结构受对称荷载作用，其内力也对称；反对称结构受反对称荷载作用，其内力也反对称。轴力、弯矩是对称内力，剪力是反对称内力。

（7）校核支座反力和内力时，要用在求解过程中未曾使用过的平衡方程。校核刚架内力图时，通常采用结点平衡条件，以及荷载与内力之间的微分关系。

二、例题分析

【例 2.1】 作如图 2.21（a）所示静定多跨梁的弯矩图。

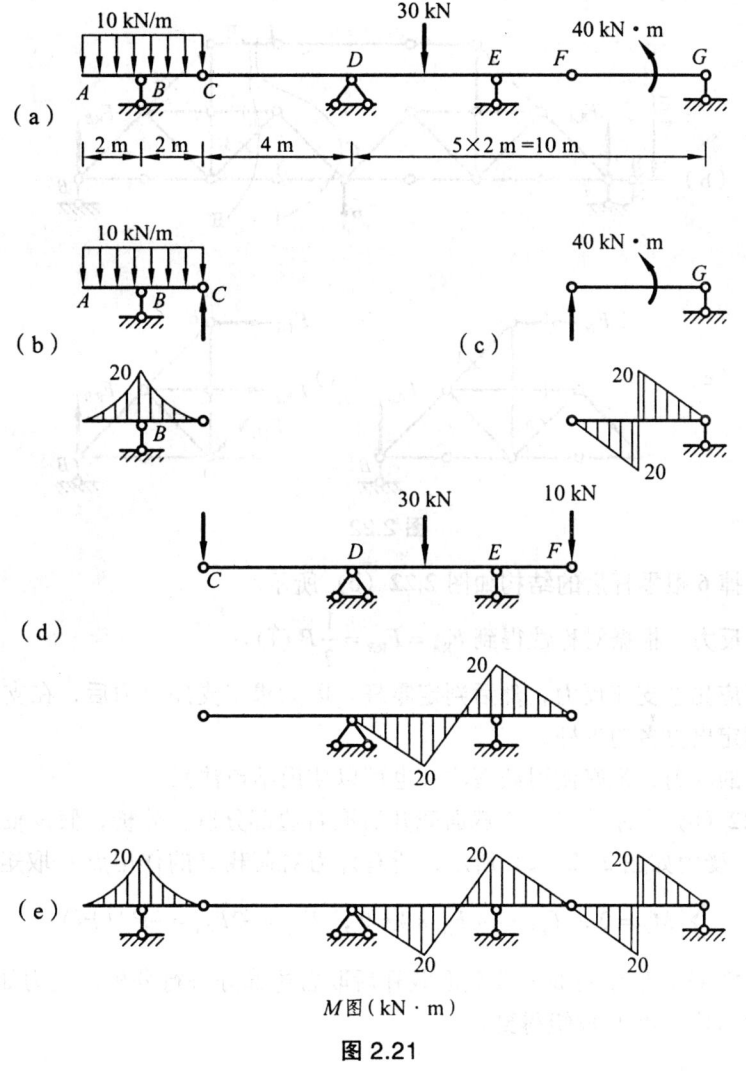

图 2.21

解：（1）根据对该梁进行几何构造分析，杆 ABC 与 B 处的支座构成二元体，杆 FG 与 G 处的支座构成二元体，因此 ABC 部分、FG 部分是附属部分，先计算其支座反力，作弯矩图。

（2）附属部分 ABC、FG 的弯矩图如图 2.21（b）、(c) 所示，基本部分 CDEF 的弯矩图如图 2.21（d）所示，将上述三部分的弯矩图连接起来就得到结构的最终弯矩图，如图 2.21（e）所示。

【例 2.2】 求图 2.22（a）所示桁架杆 1、2、3、4 的内力。

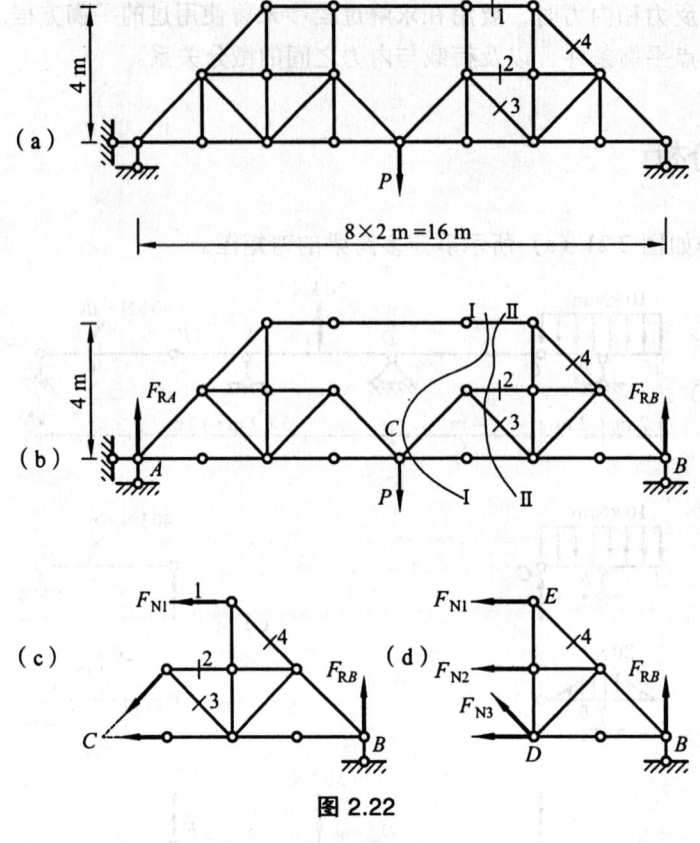

图 2.22

解：(1) 去掉 6 根零杆后的结构如图 2.22 (b) 所示。

(2) 求支座反力：根据对称性得到 $F_{RA} = F_{RB} = \frac{1}{2}P(\uparrow)$。

一般情况下应先求支座反力，然后判定零杆。因为求出支座反力后，在支座作用处可能有零杆，从而判定出更多的零杆。

求指定杆件的内力，最好使用截面法（也可以使用结点法）。

① 按图 2.22 (b) 所示用 Ⅰ—Ⅰ 截面截开后取右边部分进行分析，假设轴力为拉力（离开结点的方向），受力如图 2.22 (c) 所示，所有外力对荷载 P 的作用点 C 取矩得到：

$$\sum M_C = 0, \quad F_{RB} \times 8 + F_{N1} \times 4 = 0, \quad F_{N1} = -2F_{RB} = -P \text{（压）}$$

② 按图 2.22 (b) 所示用 Ⅱ—Ⅱ 截面截开后取右边部分进行分析，受力如图 2.22 (d) 所示，所有外力对作用点 D 取矩得到：

$$\sum M_D = 0, \quad F_{RB} \times 4 + F_{N1} \times 4 + F_{N2} \times 2 = 0, \quad F_{N2} = P \text{（拉）}$$

$$\sum F_y = 0, \quad F_{RB} + F_{N3} \times \frac{\sqrt{2}}{2} = 0, \quad F_{N3} = -\frac{\sqrt{2}}{2}P \text{（压）}$$

③ 杆 4 的内力的计算，除使用截面法外，也可以使用结点法求解。根据杆 1、杆 4 的交点 E 在水平方向的平衡方程，可求得：

$$F_{N4} = -\sqrt{2}P \text{（压）}$$

故

$$F_{N1} = -P, \quad F_{N2} = P, \quad F_{N3} = -\frac{\sqrt{2}}{2}P, \quad F_{N4} = -\sqrt{2}P$$

【例 2.3】 求如图 2.23（a）所示桁架中杆 1 的内力 F_{N1}。

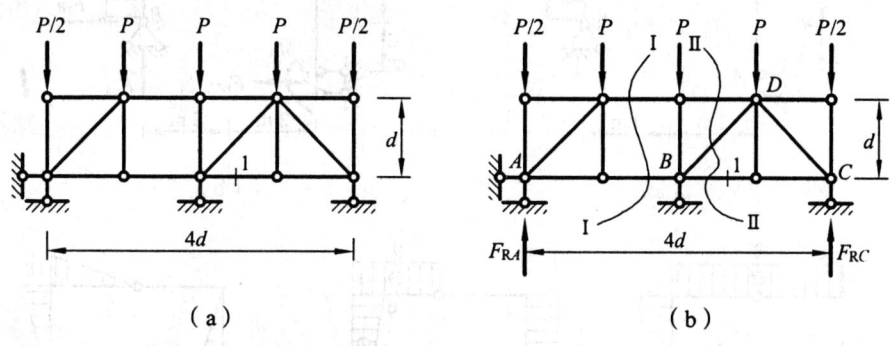

图 2.23

解：（1）如图 2.23（a）所示桁架的支座链杆数量为 4，仅取整体平衡方程不能计算出所有支座反力（但是可以得到支座 A 处的水平反力为零），因此可以考虑取部分结构先计算支座反力。

（2）按图 2.23（b）所示用Ⅰ—Ⅰ截面截开后取左边部分进行分析，列竖直方向的平衡方程得到：

$$\sum F_y = 0, \quad F_{RA} = \frac{3}{2}P (\uparrow)$$

列整体平衡方程（或根据对称性计算）得到：

$$F_{RC} = F_{RA} = \frac{3}{2}P (\uparrow)$$

（3）按图 2.23（b）所示用Ⅱ—Ⅱ截面截开后取右边部分进行分析，所有外力对结点 D 取矩得到：

$$\sum M_D = 0, \quad F_{RC} \times d - \frac{P}{2} \times d - F_{N1} \times d = 0, \quad F_{N1} = P \text{（拉）}$$

【例 2.4】 作图 2.24（a）所示结构的内力图。

解：（1）求支座反力，受力如图 2.24（b）所示。

① 取整体分析，由 $\sum F_y = 0$，得 $F_{yB} = 9$ kN (↑)。

② 取 BEC 部分分析，由 $\sum M_C = 0$，得 $F_{xB} = 3$ kN (←)。

③ 取整体分析，由 $\sum F_x = 0$，得 $F_{xA} = 9$ kN (→)。

④ 取整体分析，由 $\sum M_A = 0$，得 $M_A = 36$ kN·m (↵)。

（2）作轴力图、剪力图、弯矩图。

用微分关系作内力图，只需求出各控制截面 A、D、C、E、B 处的轴力、剪力、弯矩即可作出内力图。在截面弯矩的计算中，设逆时针方向转动的力矩为正。

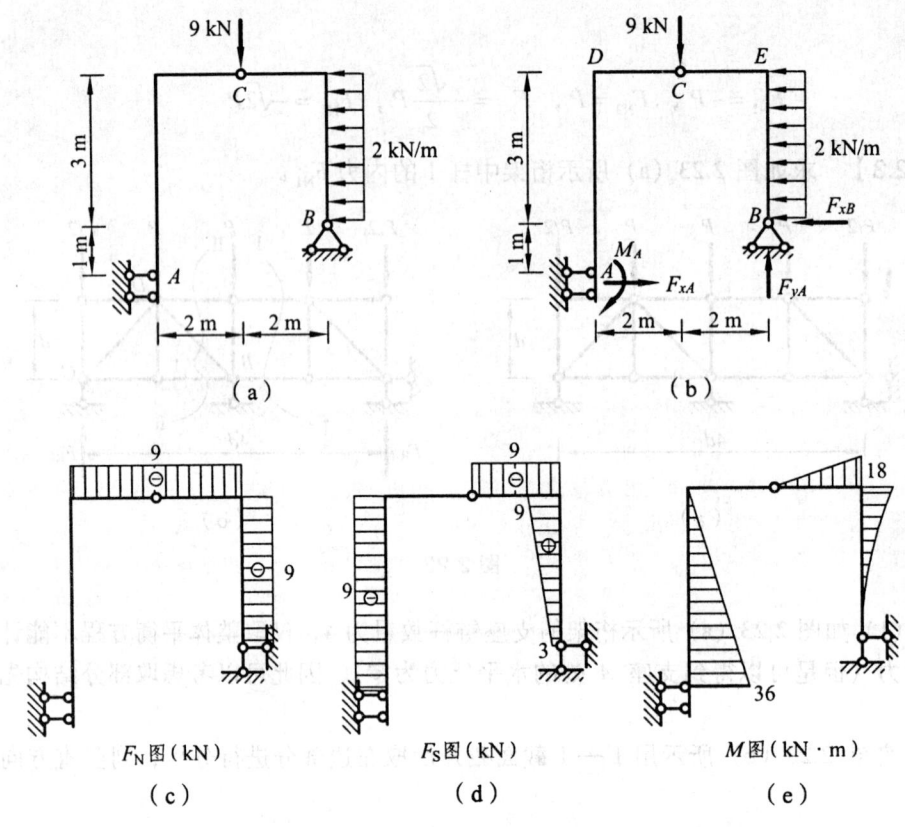

图 2.24

$$AD \text{ 段}: \begin{cases} F_{NAD} = 0 \\ F_{SAD} = -F_{xA} = -9 \text{ kN} \\ M_{AD} = -36 \text{ kN} \cdot \text{m} \end{cases} \qquad DA \text{ 段}: \begin{cases} F_{NDA} = 0 \\ F_{SDA} = -F_{xA} = -9 \text{ kN} \\ M_{DA} = F_{xA} \times 4 - 36 = 0 \end{cases}$$

$$DC \text{ 段}: \begin{cases} F_{NDC} = -F_{xA} = -9 \text{ kN} \\ F_{SDC} = 0 \\ M_{DC} = F_{xA} \times 4 - 36 = 0 \end{cases} \qquad CD \text{ 段}: \begin{cases} F_{NDC} = -F_{xA} = -9 \text{ kN} \\ F_{SDC} = 0 \\ M_{AD} = F_{xA} \times 4 - 36 = 0 \end{cases}$$

$$CE \text{ 段}: \begin{cases} F_{NCE} = -F_{xA} = -9 \text{ kN} \\ F_{SCE} = -9 \text{ kN} \\ M_{CE} = F_{xA} \times 4 - 36 = 0 \end{cases} \qquad EC \text{ 段}: \begin{cases} F_{NEC} = -F_{xA} = -9 \text{ kN} \\ F_{SEC} = -9 \text{ kN} \\ M_{EC} = -18 \text{ kN} \cdot \text{m} \end{cases}$$

$$EB \text{ 段}: \begin{cases} F_{NEB} = -F_{yB} = -9 \text{ kN} \\ F_{SEB} = F_{xB} + 2 \times 3 = 9 \text{ kN} \\ M_{EB} = M_{EC} = -18 \text{ kN} \cdot \text{m} \end{cases} \qquad BE \text{ 段}: \begin{cases} F_{NBE} = -F_{yB} = -9 \text{ kN} \\ F_{SBE} = +F_{xB} = 3 \text{ kN} \\ M_{BE} = 0 \end{cases}$$

最终的内力图如图 2.24（c）、（d）、（e）所示。

【例 2.5】 作图 2.25（a）所示结构的剪力图、弯矩图。

解：(1) 求支座反力，受力如图 2.25（b）所示。

① 取 ABC 部分分析，由 $\sum F_y = 0$，得 $F_{yB} = P (\uparrow)$。

② 取 $ABCDE$ 部分分析，由 $\sum M_E = 0$，得 $F_{yD} = P (\uparrow)$。

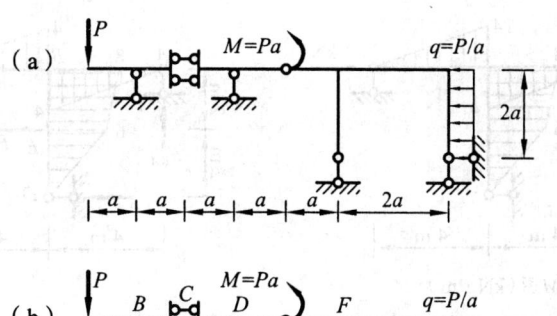

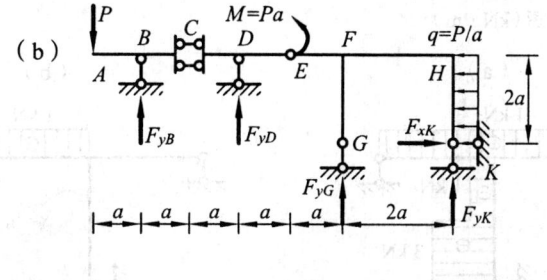

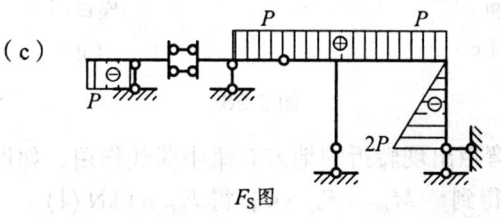

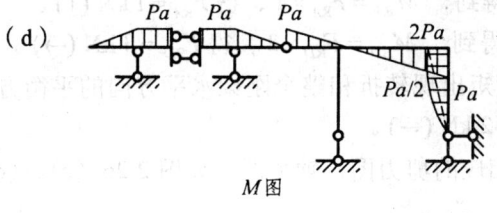

图 2.25

③ 取 $ABCDEFGHK$ 整体分析：

由 $\sum F_x = 0$，得 $F_{xK} = 2P$ （→）。

由 $\sum M_K = 0$，得 $F_{yG} = 0$。

由 $\sum F_y = 0$，得 $F_{yK} = -P$ （↓）。

（2）作剪力图、弯矩图。

只需求出各控制截面 A、B、C、D、E、F、G、H、K 处的剪力、弯矩，以及 HK 段弯矩的极值，即可作出剪力图、弯矩图，如图 2.25（c）、（d）所示。

从以上的两个例题可以看出，作内力图的关键是计算支座反力。只要能够求出各支座处的支座反力，就可以用求指定截面内力的方法求出各控制截面的内力，进而作出内力图。

【例 2.6】 根据图 2.26（a）所示结构的弯矩图，作相应的剪力图、轴力图。

解：（1）如果能求出各支座处的支座反力及梁上的受力情况，则可以很方便地作出结构的剪力图、轴力图。

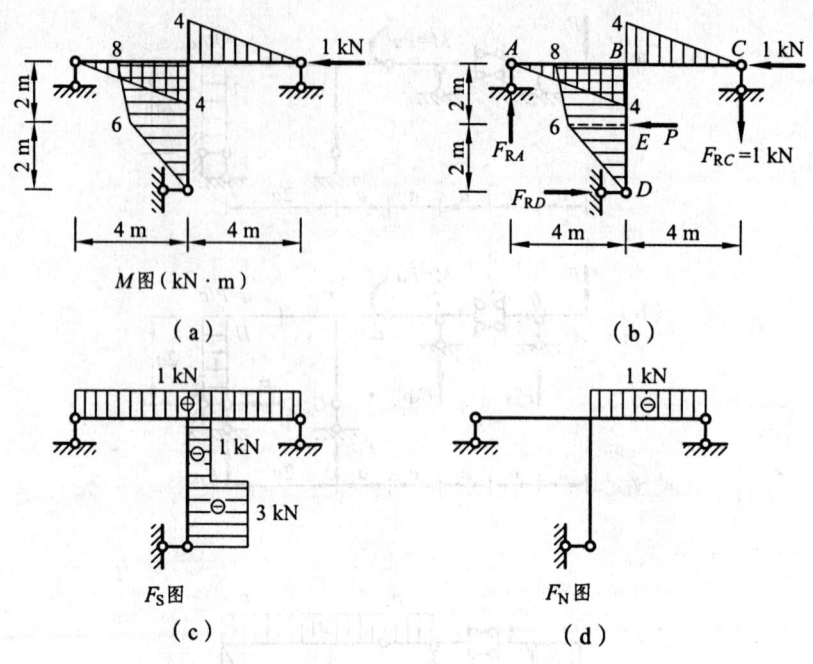

图 2.26

(2) 在各支座处以及弯矩出现转折的地方有集中荷载作用,如图 2.26 (b) 所示。
① 取 BC 段进行分析得到:$M_{BC}=F_{RC}\times 4$,得 $F_{RC}=1$ kN (↓)。
② 取 AB 段进行分析得到:$M_{BA}=F_{RA}\times 4$,得 $F_{RA}=1$ kN (↑)。
③ 取 DE 段进行分析得到:$M_{ED}=F_{RD}\times 2$,得 $F_{RD}=3$ kN (→)。
④ 根据结点 E 处的弯矩出现转折和整个刚架水平方向的平衡方程,得到结点 E 处作用有水平向左的集中力,$P=2$ kN (←)。

(3) 按常规方法作出相应的剪力图、轴力图,如图 2.26 (c)、(d) 所示。

【例 2.7】 图 2.27 (a) 所示抛物线三铰拱的拱轴线方程为 $y=\dfrac{1}{8}x(16-x)$,$P=8$ kN,$q=2$ kN/m,求 $x=12$ 所在的 K 截面的内力。

解:(1) 求三铰拱的支座反力。
① 与三铰拱对应的简支梁,如图 2.27 (b) 所示,则简支梁的支座反力为

$$\sum M_B=0, \quad F_{yA}=10 \text{ kN}(\uparrow)$$
$$\sum F_y=0, \quad F_{yB}=14 \text{ kN}(\uparrow)$$

② 简支梁 C 截面的弯矩为

$$M_C=F_{yA}\times 8-P\times 4=48 \text{ kN}\cdot\text{m}$$

③ 三铰拱的水平推力为

$$F_H=\dfrac{M_C}{f}=6 \text{ kN}$$

(2) 计算与三铰拱 K 截面对应的简支梁 K 截面的弯矩、剪力。

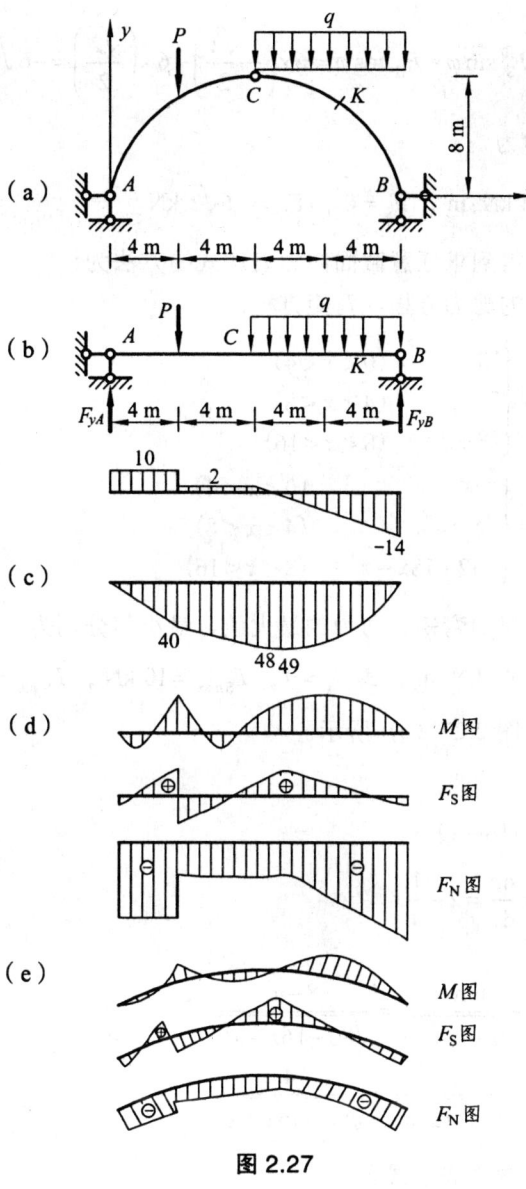

图 2.27

$$M^0 = F_{yA} \times 12 - P \times 8 - q \times 4 \times 2 = 40 \text{ kN·m}$$
$$F_S^0 = F_{yA} - P - q \times 4 = -6 \text{ kN}$$

(3) 根据前面的计算公式，计算三铰拱 K 截面的内力。

由拱轴线方程 $y = \dfrac{1}{8}x(16-x)$，求得 $\tan\varphi = \dfrac{dy}{dx} = 2 - \dfrac{x}{4}$。当 $x = 12$ 时，$y = 6$，$\tan\varphi = -1$，$\sin\varphi = -\dfrac{\sqrt{2}}{2}$，$\cos\varphi = \dfrac{\sqrt{2}}{2}$，因此有

$$M_K = M^0 - F_H \times y = 40 - 6 \times 6 = 4 \text{ kN·m}$$
$$F_S = F_S^0 \cos\varphi - F_H \sin\varphi = -6 \times \dfrac{\sqrt{2}}{2} - 6 \times \left(-\dfrac{\sqrt{2}}{2}\right) = 0$$

$$F_N = -F_S^0 \sin\varphi - F_H \cos\varphi = 6 \times \left(-\frac{\sqrt{2}}{2}\right) - 6 \times \left(\frac{\sqrt{2}}{2}\right) = -6\sqrt{2} \text{ kN}$$

因此，指定 K 截面的内力为

$$M_K = 4 \text{ kN·m}, \quad F_S = 0, \quad F_N = -6\sqrt{2} \text{ kN}$$

根据该题的计算步骤得到求任意截面内力表达式的方法为：

(1) 写出对应简支梁的剪力方程、弯矩方程。

$$F_S(x) = \begin{cases} 10 & (0 < x < 4) \\ 2 & (4 < x < 8) \\ 18 - 2x & (8 < x < 16) \end{cases}$$

$$M(x) = \begin{cases} 10x & (0 < x < 4) \\ 2x + 32 & (4 < x < 8) \\ -32 + 18x - x^2 & (8 < x < 16) \end{cases}$$

计算三铰拱对应简支梁的弯矩、剪力的最大值、最小值分别为

$$M_{\max} = 49 \text{ kN·m}, \quad M_{\min} = 0, \quad F_{S\max} = 10 \text{ kN}, \quad F_{S\min} = -14 \text{ kN}$$

相应的剪力图、弯矩图如图 2.27（c）所示。

(2) 计算截面方位。

由
$$y = \frac{1}{8} x(16 - x)$$

得
$$\tan\varphi = \frac{dy}{dx} = 2 - \frac{1}{4}x$$

因此
$$\sin\varphi = \frac{\tan\varphi}{\sqrt{1+\tan^2\varphi}} = \frac{8-x}{\sqrt{80-16x+x^2}}$$

$$\cos\varphi = \frac{1}{\sqrt{1+\tan^2\varphi}} = \frac{4}{\sqrt{80-16x+x^2}}$$

(3) 计算任意截面的内力表达式。

$$M_K = M^0 - F_H \times y = \begin{cases} 10x & (0 < x < 4) \\ 2x + 32 & (4 < x < 8) \\ -32 + 18x - x^2 & (8 < x < 16) \end{cases} - 6 \times \frac{1}{8} x(16 - x)$$

$$F_S = F_S^0 \cos\varphi - F_H \sin\varphi$$
$$= \begin{cases} 10 & (0 < x < 4) \\ 2 & (4 < x < 8) \\ 18 - 2x & (8 < x < 16) \end{cases} \times \frac{4}{\sqrt{80-16x+x^2}} - 6 \times \frac{8-x}{\sqrt{80-16x+x^2}}$$

$$F_N = -F_S^0 \sin\varphi - F_H \cos\varphi$$
$$= \begin{cases} 10 & (0 < x < 4) \\ 2 & (4 < x < 8) \\ 18 - 2x & (8 < x < 16) \end{cases} \times \frac{8-x}{\sqrt{80-16x+x^2}} - 6 \times \frac{4}{\sqrt{80-16x+x^2}}$$

化简得到：

$$M_K = \begin{cases} \dfrac{3}{4}x^2 - 2x & (0 < x < 4) \\ \dfrac{3}{4}x^2 - 10x + 32 & (4 < x < 8) \\ -\dfrac{1}{4}x^2 + 6x - 32 & (8 < x < 16) \end{cases}$$

$$F_S = \begin{cases} \dfrac{6x-8}{\sqrt{80-16x+x^2}} & (0 < x < 4) \\ \dfrac{6x-40}{\sqrt{80-16x+x^2}} & (4 < x < 8) \\ \dfrac{24-2x}{\sqrt{80-16x+x^2}} & (8 < x < 16) \end{cases}$$

$$F_N = \begin{cases} \dfrac{10x-104}{\sqrt{80-16x+x^2}} & (0 < x < 4) \\ \dfrac{2x-40}{\sqrt{80-16x+x^2}} & (4 < x < 8) \\ \dfrac{-168+34x-2x^2}{\sqrt{80-16x+x^2}} & (8 < x < 16) \end{cases}$$

计算三铰拱弯矩、剪力、轴力的最大值、最小值分别为

$$M_{\max} = 4 \text{ kN}\cdot\text{m}, \quad M_{\min} = -\dfrac{4}{3} \text{ kN}\cdot\text{m}$$

$$F_{S\max} = 2\sqrt{2} \approx 2.828 \text{ kN}, \quad F_{S\min} = -2\sqrt{2} \approx -2.828 \text{ kN},$$

$$F_{N\max} = -4\sqrt{2} \approx -5.656 \text{ kN}, \quad F_{N\min} = -\dfrac{34}{5}\sqrt{5} \approx -15.21 \text{ kN},$$

从上述结果可以看出，三铰拱的内力比相应简支梁要小，特别是弯矩更小。

代入各控制点的 x、y 坐标可得对应点的弯矩、剪力、轴力，见表2.3。

表2.3 图2.27（a）所示三铰拱各截面的内力

x 坐标/m	y 坐标/m	弯矩 M/kN·m	剪力 F_S/kN	轴力 F_N/kN
1	1.875 0	-1.25	-0.248 1	-11.660 0
2	3.500 0	-1	0.554 7	-11.649 0
3	4.875 0	0.750 0	1.561 7	-11.557 0
4	6	4	-2.828 4	-5.656 9
5	6.875 0	0.750 0	-2.000 0	-6.000 0
6	7.500 0	-1	-0.894 4	-6.260 9
7	7.875 0	-1.250 0	-0.485 1	-6.305 9
8	8	0	2.000 0	-6.000 0
9	7.875 0	1.750 0	1.455 2	-5.821 0

续表 2.3

x 坐标/m	y 坐标/m	弯矩 M/kN·m	剪力 F_S/kN	轴力 F_N/kN
10	7.500 0	3	0.894 4	−6.260 9
11	6.875 0	3.750 0	0.400 0	−7.200 0
12	6	4	0	−8.485 4
13	4.875 0	3.750 0	−0.312 3	−9.995 2
14	3.500 0	3	−0.554 7	−11.649 0
15	1.875 0	1.750 0	−0.744 2	−13.396 0
16	0	0	5.366 6	−2.683 3

根据表 2.3 作三铰拱对应的弯矩图、剪力图、轴力图,如图 2.27(d)、(e)所示。

【例 2.8】 作图 2.28(a)所示组合结构的内力图。

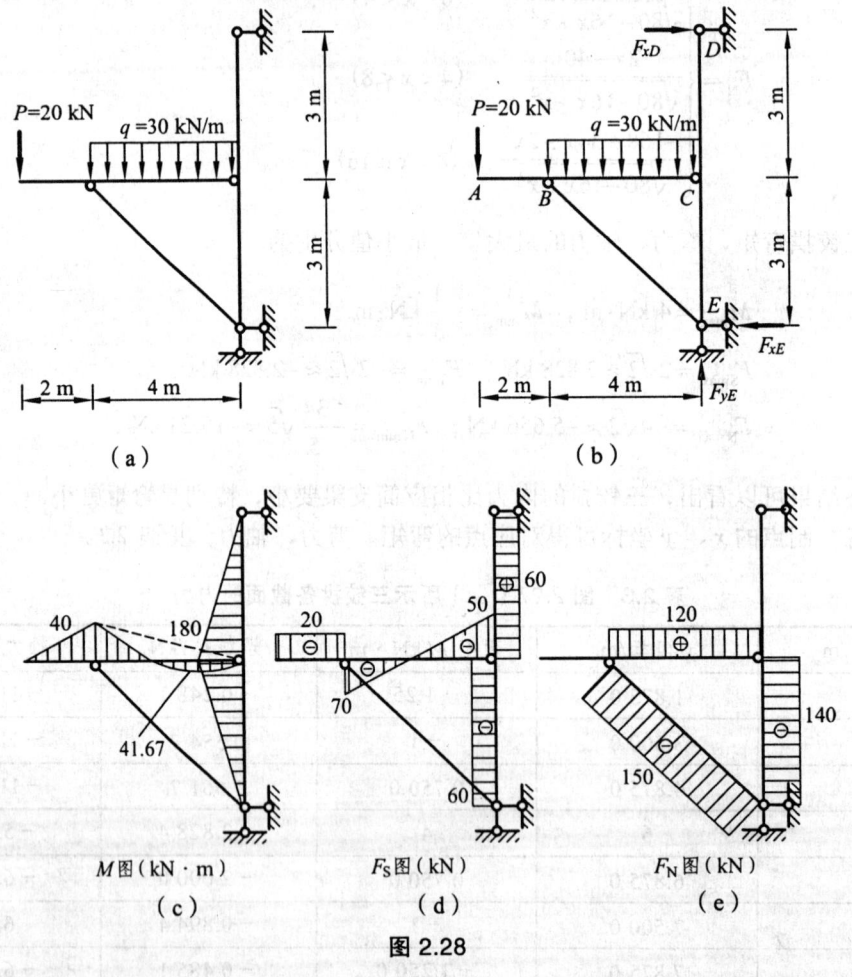

图 2.28

解:(1)求支座反力,受力如图 2.28(b)所示,取整体分析。

① 由 $\sum M_E = 0$,得 $F_{xD} = 60$ kN(→)。

② 由 $\sum F_x = 0$，得 $F_{xE} = 60$ kN (←)。

③ 由 $\sum F_y = 0$，得 $F_{yE} = 140$ kN (↑)。

(3) 取 ABC 分析，计算 BE 杆的轴力。

由 $\sum M_C = 0$， $20 \times 6 + 30 \times 4 \times 2 = F_{NBE} \times \frac{3}{5} \times 4$

得 $F_{NBE} = 150$ kN

(3) 作内力图。

按例 2.4 所述方法，作出相应的弯矩图、剪力图、轴力图，如图 2.28 (c)、(d)、(e) 所示。

2.4 基础训练与考研辅导

一、判断题

1. ( ) 静定结构的全部内力及支座反力，只根据平衡方程求得，且解答是唯一的。
2. ( ) 静定结构受外界因素影响均产生内力，大小与杆件截面尺寸无关。
3. ( ) 静定结构的内力计算，可不考虑变形条件。
4. ( ) 静定结构的"解答的唯一性"是指无论支座反力、内力、变形都只用静平衡方程即可确定。
5. ( ) 在静定结构中，当荷载作用在基本部分时，附属部分将引起内力。
6. ( ) 如图 2.29 所示的结构，M 图的形状是正确的。
7. ( ) 如图 2.30 所示的静定结构，在水平荷载作用下，BC 是基本部分，AB 是附属部分。

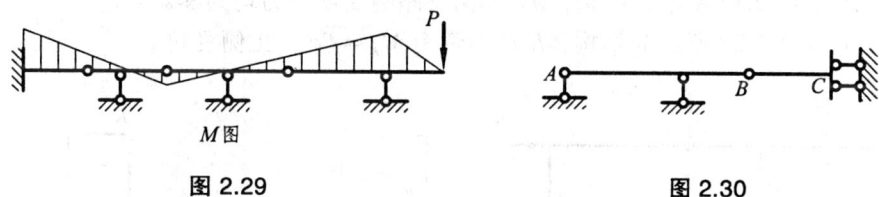

图 2.29　　　　　　　　　图 2.30

8. ( ) 如图 2.31 所示的桁架，共有 9 根零杆。
9. ( ) 如图 2.32 所示的结构，CD 杆的内力 $F_{NCD} = P$。

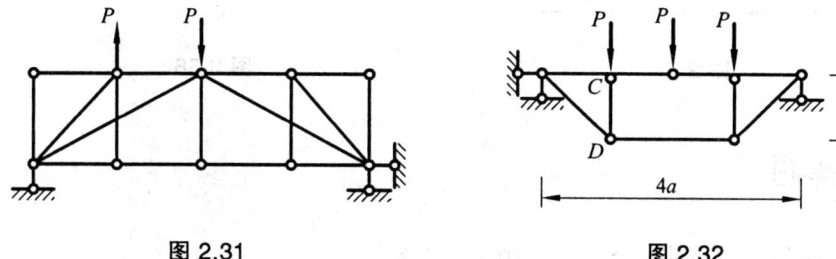

图 2.31　　　　　　　　　图 2.32

10. (　　) 如图 2.33 所示的桁架，$F_{N1}=F_{N2}=F_{N3}=0$。

11. (　　) 如图 2.34 所示的桁架，杆 1 的轴力 $F_{N1}=0$。

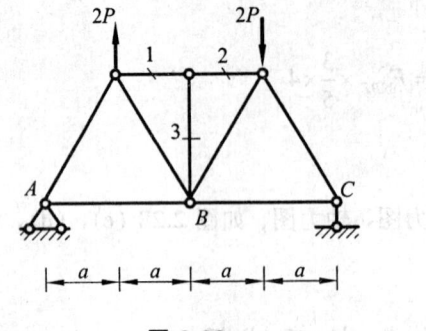

图 2.33　　　　　　　图 2.34

12. (　　) 如图 2.35 所示的桁架，杆 1 的内力 $F_{N1}=-3P$。

13. (　　) 如图 2.36 所示的结构，$M_K=\dfrac{1}{2}ql^2$，内侧受拉。

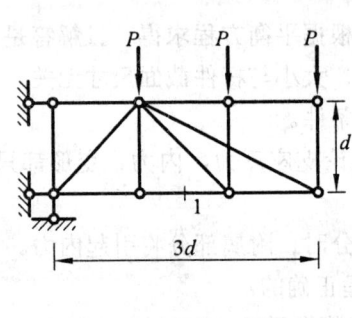 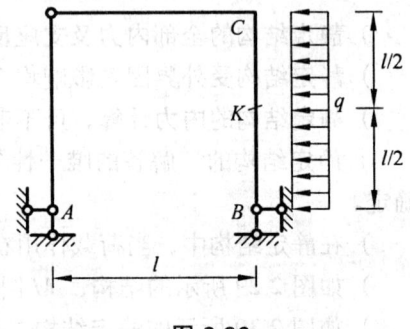

图 2.35　　　　　　　图 2.36

14. (　　) 如图 2.37 所示的结构，A、B 两支座的支座反力均为零。

15. (　　) 如图 2.38 所示的结构，K 截面弯矩 $M_K=Pd$，上侧受拉。

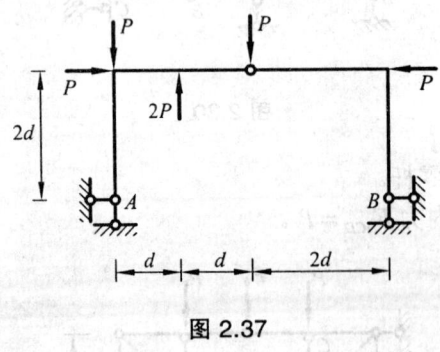 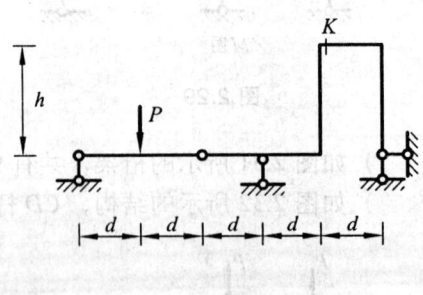

图 2.37　　　　　　　图 2.38

二、选择题

1. 如图 2.39 所示的结构，_____ 内力。

A. *CDE* 段无　　　　B. *ABC* 段无　　　　C. *CDE* 段有　　　　D. 全梁无

2. 如图 2.40 所示的梁，*A* 截面的弯矩值 M_A = _____、_____ 侧受拉。

A. Pl，上　　　B. Pl，下　　　C. $\frac{1}{2}Pl$，下　　　D. $\frac{1}{2}Pl$，上

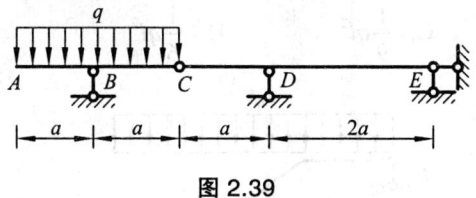

图 2.39

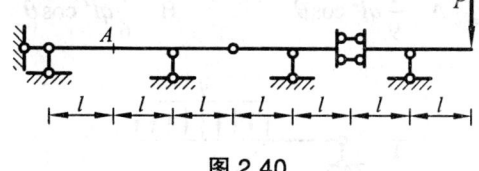

图 2.40

3. 如图 2.41 所示的梁，要使弯矩 $|M_B|=|M_C|$，则 *A* 点的位置坐标 *x* = _____ m。

A. 1　　　B. 2　　　C. 3　　　D. 4.5

4. 如图 2.42 所示的桁架，*B* 支座的支座反力 F_{RB} = _____。

A. $5P$　　　B. $3.5P$　　　C. $-3P$　　　D. 0

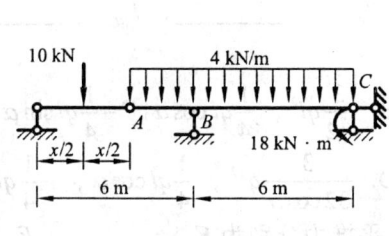

图 2.41

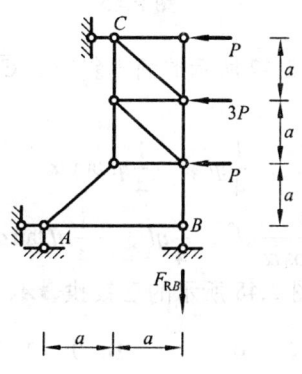

图 2.42

5. 如图 2.43 所示的结构，当高度 *h* 增加时，杆 1 的轴力 _____。

A. 增大　　　B. 减小　　　C. 不变　　　D. 不确定

6. 如图 2.44 所示的结构，*A* 截面的剪力 F_{SA} = _____。

A. $-P$　　　B. $\frac{1}{2}P$　　　C. $-\frac{1}{2}P$　　　D. P

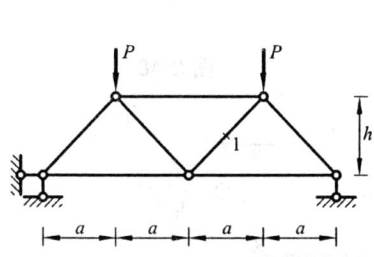

图 2.43

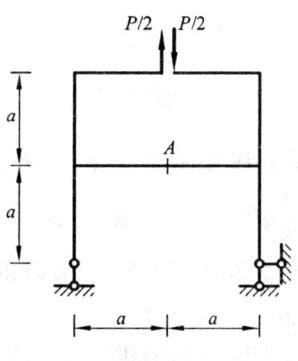

图 2.44

7. 如图 2.45 所示的结构，K 截面的弯矩 $M_K =$ _____（设下面受拉为正）。

   A. $2qa^2$　　　B. $\dfrac{3}{2}qa^2$　　　C. $\dfrac{1}{2}qa^2$　　　D. $-\dfrac{1}{2}qa^2$

8. 如图 2.46 所示的结构，D 截面的弯矩 $M_D =$ _____。

   A. $\dfrac{1}{9}ql^2\cos\theta$　　B. $\dfrac{1}{6}ql^2\cos\theta$　　C. $\dfrac{1}{9}ql^2$　　D. $\dfrac{1}{6}ql^2$

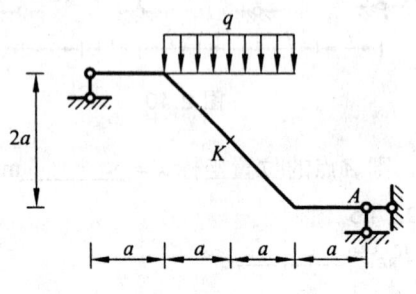
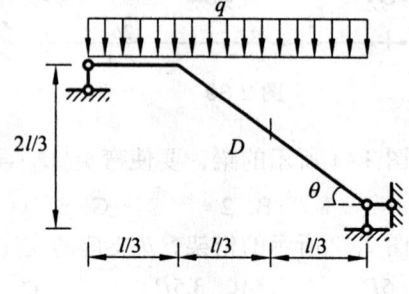

图 2.45　　　　　　　　　　图 2.46

9. 如图 2.47 所示的简支斜梁，C 截面的内力为 $M_C =$ _____、$F_{SC} =$ _____、$F_{NC} =$ _____。

   A. $\dfrac{3}{32}ql^2$，$\dfrac{1}{4}ql$，$-\dfrac{1}{4}ql\tan\alpha$　　　　B. $\dfrac{3}{32}ql^2$，$\dfrac{1}{4}ql\cos\alpha$，$-\dfrac{1}{4}ql\sin\alpha$

   C. $\dfrac{3}{32\cos\alpha}ql^2$，$\dfrac{1}{4}ql$，$-\dfrac{1}{4}ql\tan\alpha$　　　D. $\dfrac{3}{32\cos\alpha}ql^2$，$\dfrac{1}{4}ql\cos\alpha$，$-\dfrac{1}{4}ql\sin\alpha$

10. 如图 2.48 所示的三铰拱，A、B 支座的水平推力分别为 $F_{HA} =$ _____、$F_{HB} =$ _____。

    A. P，0　　　B. 0，P　　　C. $\dfrac{1}{2}P$，$\dfrac{1}{2}P$　　　D. 以上都不对

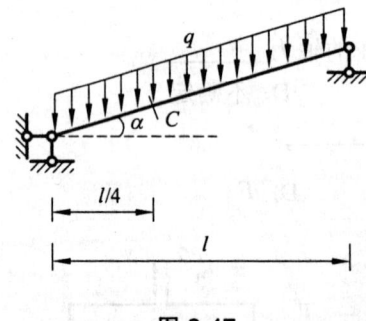
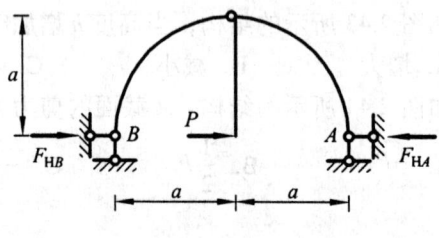

图 2.47　　　　　　　　　　图 2.48

11. 如图 2.49 所示的三铰拱，K 截面的弯矩 $M_K =$ _____。

    A. $\dfrac{1}{8}ql^2$　　　B. $\dfrac{3}{8}ql^2$　　　C. $\dfrac{1}{2}ql^2$　　　D. $\dfrac{7}{8}ql^2$

12. 如图 2.50 所示的拱，AB 杆的轴力 $F_{NAB} =$ _____ kN。

    A. 20　　　B. 8　　　C. 4　　　D. 0

13. 如图 2.51 所示的拱结构，D 截面的弯矩 $M_D =$ _____ kN·m（设拱内侧受拉为正）。

    A. 64　　　B. -64　　　C. 34　　　D. -34

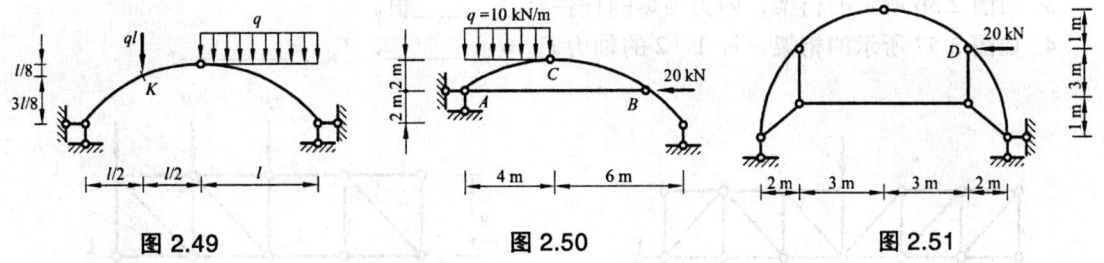

图 2.49　　　　　　　　　图 2.50　　　　　　　　　图 2.51

14. 如图 2.52 所示的结构，当荷载及 h 保持不变而 h_1 增大、h_2 减小时，链杆 DE 与 DF 的内力绝对值的变化为 $|F_{NDE}|$ _____、$|F_{NDF}|$ _____。

　　A. 不变，减小　　　B. 不变，增大　　　C. 减小，不变　　　D. 增大，增大

15. 如图 2.53 所示的结构，CD 杆的内力 F_{NCD} = _____。

　　A. $-\dfrac{1}{2}P$　　　B. 0　　　C. $\dfrac{1}{2}P$　　　D. P

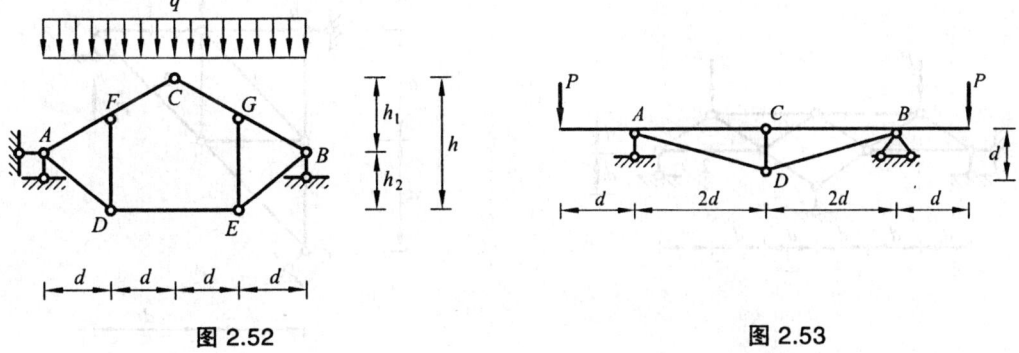

图 2.52　　　　　　　　　　　　　　　　图 2.53

三、填空题

1. 如图 2.54 所示的多跨静定梁，$l = 3\ \text{m}$，K 截面的弯矩 M_K = _____ kN·m，_____ 侧受拉。

2. 如图 2.55 所示，已知多跨静定梁的剪力图及结构图，则其支座反力 F_{RB} = _____ kN，方向 _____；支座反力 F_{RC} = _____ kN，方向 _____。

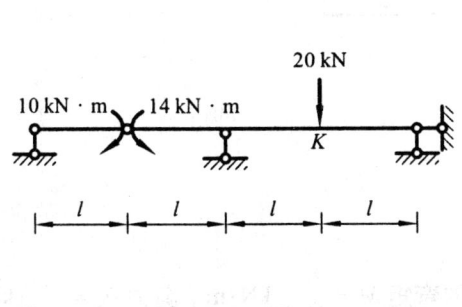
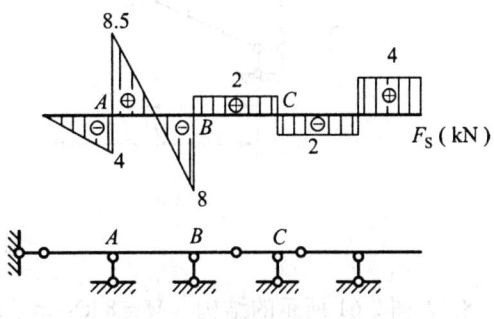

图 2.54　　　　　　　　　　　　　　　　图 2.55

3. 如图 2.56 所示的桁架，内力为零的杆件有_____根。

4. 如图 2.57 所示的桁架，杆 1、2 的轴力 $F_{N1}=$ _____、$F_{N2}=$ _____。

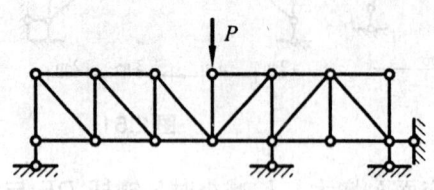

图 2.56

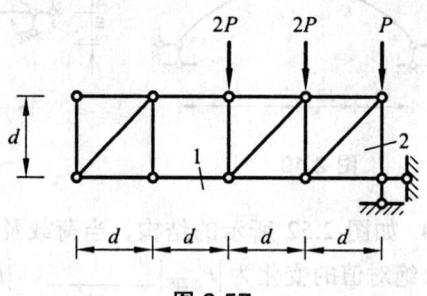

图 2.57

5. 如图 2.58 所示的对称桁架，内力 $F_{N1}=$ _____、$F_{N2}=$ _____。

6. 如图 2.59 所示的桁架，$F_{RA}=$ _____、$F_{N1}=$ _____、$F_{N2}=$ _____。

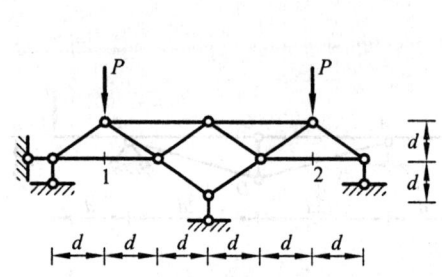

图 2.58

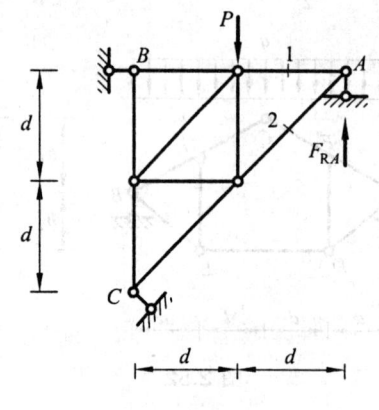

图 2.59

7. 图 2.60（a）所示的斜梁在水平方向的投影长度为 l，图 2.60（b）所示的水平梁跨度为 l，两者 K 截面的内力间的关系为：弯矩_____，剪力_____，轴力_____（填"相同"或"不同"）。

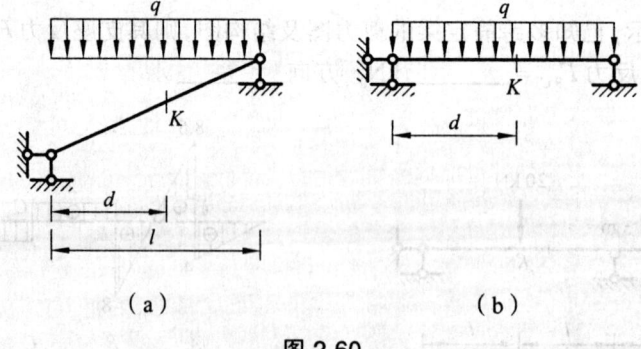

（a） （b）

图 2.60

8. 如图 2.61 所示的结构，$M=8\ \text{kN}\cdot\text{m}$，$BC$ 杆的弯矩 $M=$ ____ $\text{kN}\cdot\text{m}$，剪力 $F_S=$ ____ kN，轴力 $F_N=$ _____ kN。

9. 如图 2.62 所示的结构，$M_K = $ _____ kN·m，_____ 侧受拉。

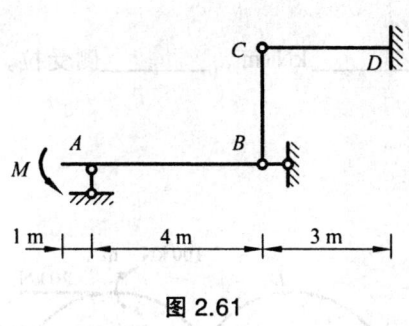

图 2.61

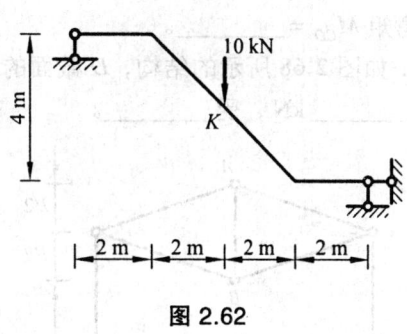

图 2.62

10. 设有如图 2.63 所示结构的弯矩图，其相应的荷载情况为在结点 ____ 处，作用 ____ 和 ____。

11. 如图 2.64 所示的拱轴线方程为 $y = \dfrac{4f}{l^2}x(l-x)$，则 K 截面的弯矩 $M_K = $ _____ kN·m，_____ 侧受拉。

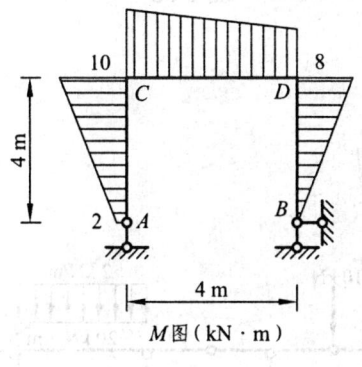

图 2.63

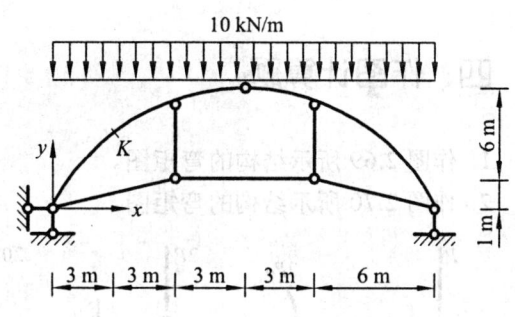

图 2.64

12. 如图 2.65 所示的结构，A 截面的弯矩 = _____ kN·m，_____ 侧受拉，B 截面的弯矩 = _____ kN·m，_____ 侧受拉。

13. 如图 2.66 所示的半圆三铰拱，杆 1 的轴力 $F_{N1} = $ _____，杆 2 的轴力 $F_{N2} = $ _____。

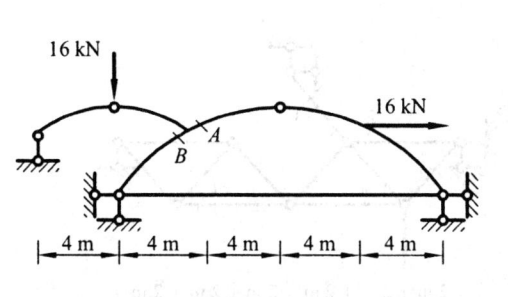

图 2.65

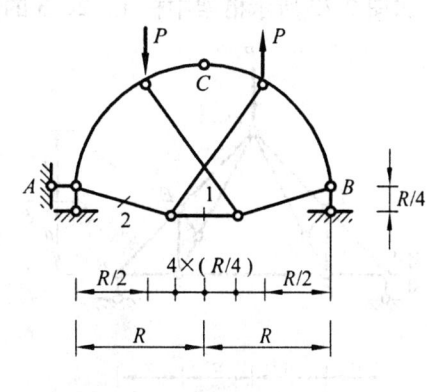

图 2.66

14. 如图 2.67 所示的组合结构，在荷载作用下链杆 AB 的内力 $F_{NAB} =$ _____，梁式杆 CD 的弯矩 $M_{CD} =$ _____。

15. 如图 2.68 所示的结构，D 截面的弯矩 $M_D =$ _____ kN·m，_____ 侧受拉，轴力 $F_{ND} =$ _____ kN，受 _____。

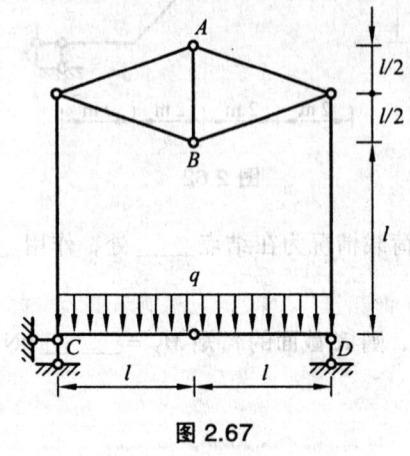

图 2.67

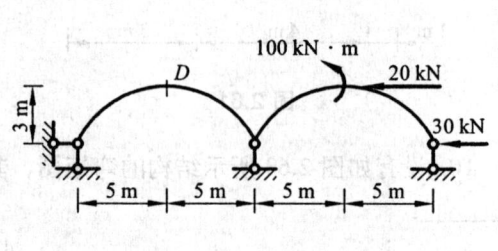

图 2.68

四、作图计算题

1. 作图 2.69 所示结构的弯矩图。
2. 作图 2.70 所示结构的弯矩图。

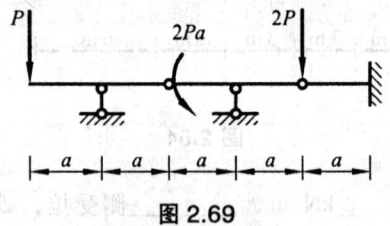

图 2.69

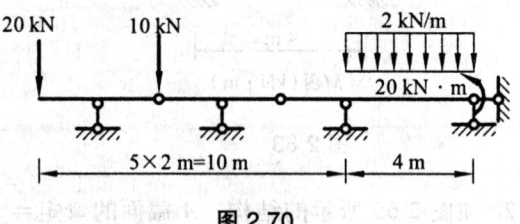

图 2.70

3. 求图 2.71 所示桁架中各杆的内力。
4. 求图 2.72 所示桁架中杆 1、2、3 的内力。

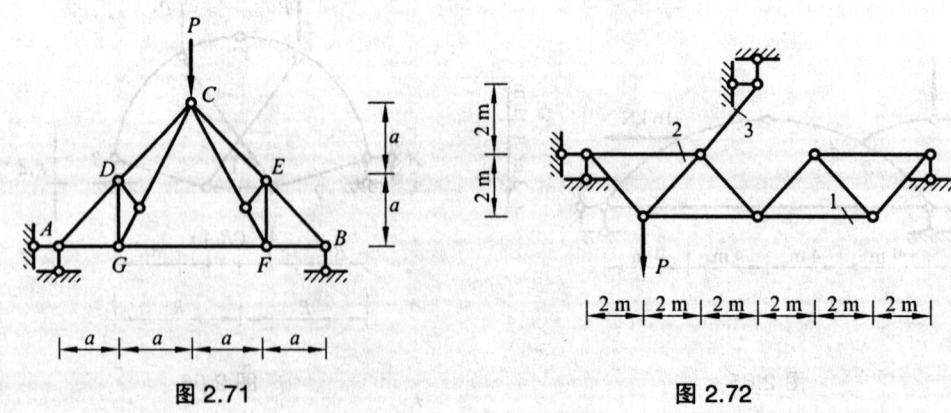

图 2.71   图 2.72

5. 求图 2.73 所示桁架中杆 1、2 的内力。
6. 作图 2.74 所示结构的弯矩图。

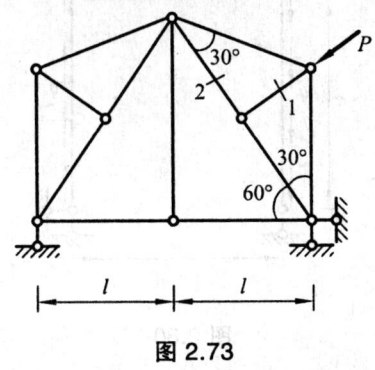

图 2.73

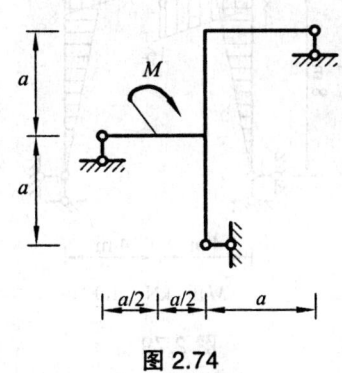

图 2.74

7. 作图 2.75 所示结构的弯矩图。
8. 改正图 2.76 所示结构的弯矩图。

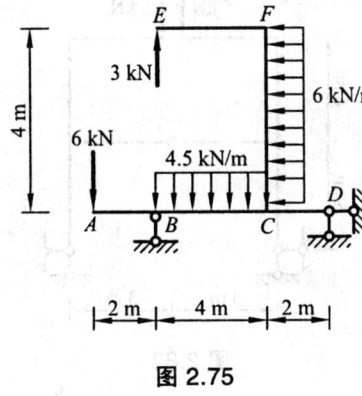

图 2.75

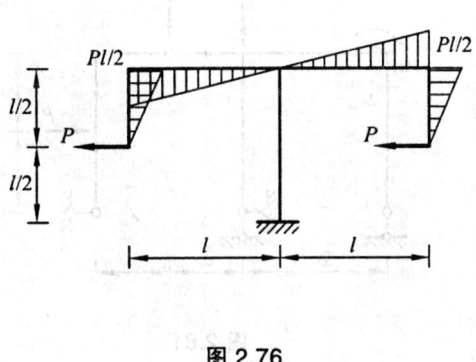

图 2.76

9. 改正图 2.77 所示结构的弯矩图。
10. 已知图 2.78 所示结构的弯矩图，作其 F_S 图。$P = 10\ \text{kN}$，$q = 10\ \text{kN/m}$。

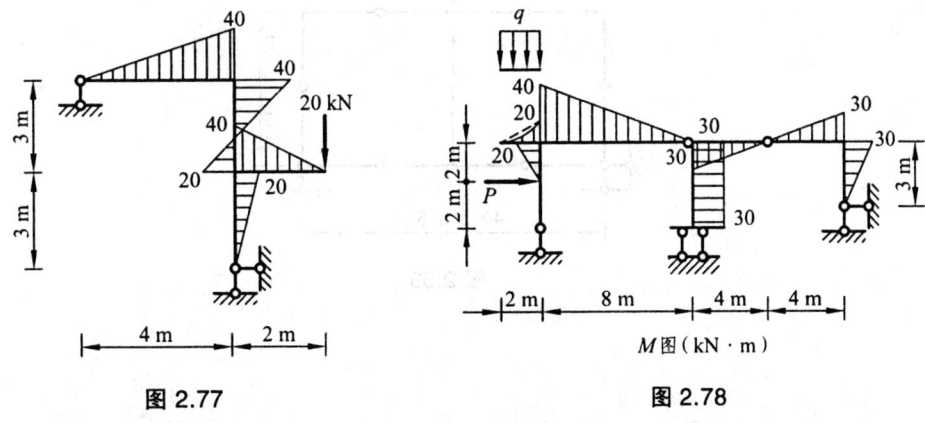

图 2.77 　　　　　　　　图 2.78

11. 已知图 2.79 所示结构弯矩图，作其 F_S、F_N 图。
12. 作图 2.80 所示结构的弯矩图。

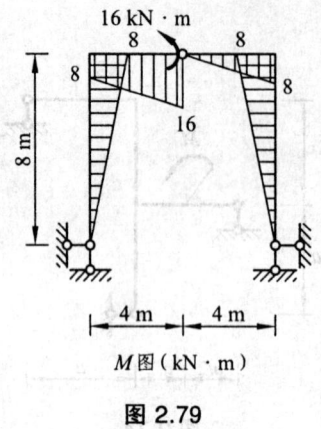

图 2.79

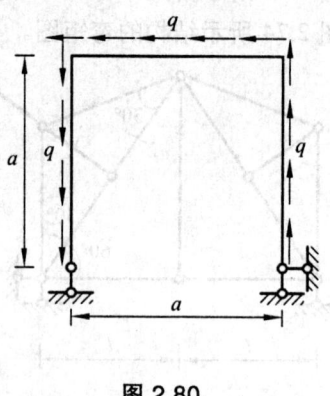

图 2.80

13. 作图 2.81 所示结构的弯矩图。
14. 作图 2.82 所示结构的弯矩图。

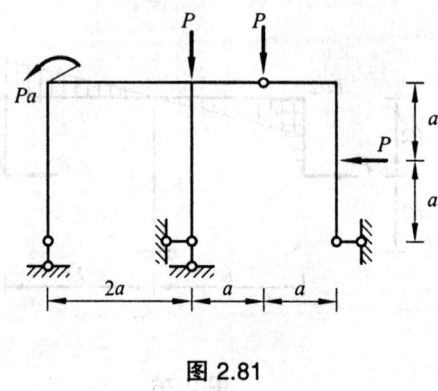

图 2.81

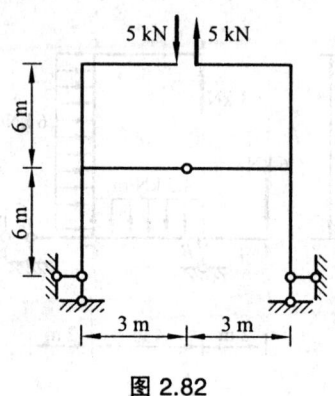

图 2.82

15. 作图 2.83 所示结构的弯矩图。

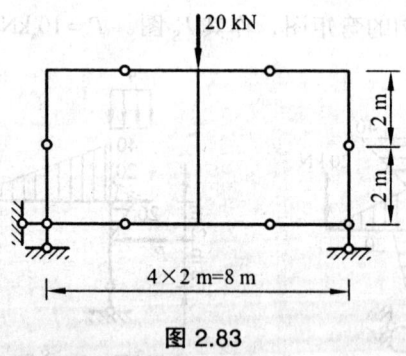

图 2.83

第 3 章 静定结构的位移计算

3.1 内容提要

一、静定结构位移计算的基本理论

静定结构位移计算的理论基础是虚功原理,而虚功原理又可以分为虚力原理和虚位移原理。
(1) 虚功:力在由其他原因产生的位移上所做的功。
(2) 虚力原理:位移是真实的,力可以是虚设的,应用虚力原理可以求在虚设力作用下的真实位移。
(3) 虚位移原理:力是真实的,位移是虚设的,应用虚位移原理可以用虚设的位移来求真实的力。

静定结构的位移计算采用虚力原理,虚力原理又分为刚体体系的虚力原理和变形体虚力原理。

刚体体系的虚力原理:所有外力所做的虚功之和为零,即

$$W_{外} = 0$$

变形体虚力原理:所有外力所做的虚功等于所有内力所做的虚功,即

$$W_{外} = W_{内}$$

二、静定结构位移计算的分类

(一)支座移动产生的位移

对静定结构,只产生刚体位移,没有变形,用刚体体系的虚力原理来计算,其计算公式为

$$\Delta = -\sum \overline{F}_{RK} \times c_K \tag{3.1}$$

式中　c_K——支座位移;
　　　$\overline{F}_{RK}$——由虚设力产生的支座位移处的支座反力。
Δ 正负号的规定:$\overline{F}_{RK}$ 与 c_K 方向一致时为正,与 c_K 方向相反时为负。

(二)制造误差产生的位移

对静定结构,只产生刚体位移,没有变形,用刚体体系的虚力原理来计算,计算公式为

$$\Delta = \sum \bar{M}\theta + \sum \bar{F}_N \lambda + \sum \bar{F}_S \eta \tag{3.2}$$

式中　$\bar{M}$，$\bar{F}_N$，$\bar{F}_S$——称为虚内力，也即在结构上沿待求位移方向虚设单位荷载时，根据平衡关系求得的弯矩、轴力、剪力；

　　　θ，λ，η——制造时产生的转角、轴向、剪切误差。

　　　Δ 正负号的规定：虚内力与误差方向一致时为正，与误差方向相反时为负。

（三）温度变化产生的位移

温度变化不引起静定结构内力，但对静定结构不仅产生生刚体位移，也要产生变形，因此是变形体位移，需要用变形体的虚力原理来计算。

假设平面静定结构杆件的截面是对称截面，杆件截面高度为 h，杆件两侧温度分别变化 t_1 和 t_2，设温度变化沿杆截面厚度线性分布，则杆件轴线温度改变值 t_0 与杆件两侧温度变化之差 Δt 分别为：

平均温度：　　$t_0 = \dfrac{1}{2}(t_2 + t_1)$

温差：　　$\Delta t = t_2 - t_1$

由温度变化引起静定结构的位移计算公式为

$$\Delta = \sum \alpha t_0 \omega_{\bar{F}_N} + \sum \frac{\alpha \Delta t}{h} \omega_{\bar{M}} \tag{3.3}$$

式中　α——材料的温度膨胀系数；

　　　$\omega_{\bar{F}_N}$——杆件在虚设力作用下产生的轴力图的面积；

　　　$\omega_{\bar{M}}$——杆件在虚设力作用下产生的弯矩图的面积。

轴力 $\bar{F}_N$ 以拉伸为正，t_0 以升高为正；弯矩 $\bar{M}$ 和温差 Δt 引起的弯曲为同一方向时，其乘积取正值，否则取负值。

（四）荷载作用下产生的位移

1. 积分法

设结构所用的材料为线弹性材料，且满足小变形条件，设各杆件的变形由荷载产生，荷载作用下结构位移计算的一般公式为

$$\Delta = \sum \int \frac{\bar{M}M}{EI} ds + \sum \int \frac{\bar{F}_N F_N}{EA} ds + \sum \int k \frac{\bar{F}_S F_S}{GA} ds \tag{3.4}$$

式中　M_P，F_N，F_S——实际荷载作用下所引起杆件的弯矩、轴力和剪力；

　　　$\bar{M}$，$\bar{F}_N$，$\bar{F}_S$——虚设单位力作用下所引起杆件的弯矩、轴力和剪力；

　　　EI，EA，GA——杆件截面的抗弯、抗拉压、抗剪刚度；

　　　k——与截面形状有关的系数，只有考虑剪切时才用到。

为简化计算，各种静定结构的位移计算公式如下：

（1）梁和刚架。

由于梁和刚架这类结构的变形是以受弯为主，在计算过程中忽略轴力、剪力的影响，因此位移计算公式近似取式（3.4）的第一项，即

$$\Delta = \sum \int \frac{\overline{M}M}{EI} ds \tag{3.5}$$

(2) 桁架。

桁架结构各杆为直杆,且均为二力杆,变形仅有杆的轴向变形,因此位移计算公式近似取式(3.4)的第二项,即

$$\Delta = \sum \int \frac{\overline{F}_N F_N}{EA} ds = \sum \frac{\overline{F}_N F_N}{EA} l \tag{3.6}$$

(3) 桁梁组合结构。

桁梁组合结构的杆件包含了梁式杆(主要考虑弯曲变形)和桁架杆(主要考虑轴向拉压变形),因此位移公式近似取式(3.4)的第一、二项,即

$$\Delta = \sum \int \frac{\overline{M}M}{EI} ds + \sum \frac{\overline{F}_N F_N}{EA} l \tag{3.7}$$

除特殊说明以外,一般情况下,均不考虑剪切变形的影响。

2. 图乘法

静定结构位移计算的方法,除了积分法以外,也可以使用图乘法来计算。当满足以下条件时,可以用图乘法计算位移。

(1) 杆件是直杆;
(2) 杆件的 EI 为常数;
(3) M、$\overline{M}$ 的图形中至少有一个为直线图形。

图乘法的计算公式为

$$\Delta = \sum \frac{\omega y^*}{EI} \tag{3.8}$$

式中 ω——$\overline{M}$ 或 M 图的面积;

y^*——另一弯矩图中对应面积 ω 形心处的竖标(弯矩值)。

在利用图乘法计算的过程中,如果是两直线图形相乘,如图 3.1(a)、(b)所示,应该熟记下列公式。

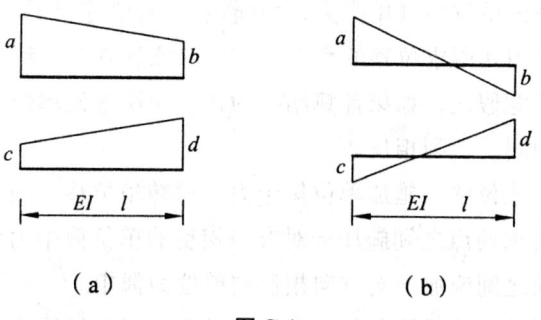

(a)   (b)

图 3.1

$$\Delta = \frac{l}{6EI}(2ac + 2bd + ad + bc) \tag{3.9}$$

括号中,同左(或右)相乘的 2 倍,交叉相乘的 1 倍;如果 a、b、c、d 在同侧相乘取正,异侧相乘取负。

三、广义位移和广义单位荷载

在结构位移计算式中,Δ 可以是求某点沿某方向线位移或者某截面的角位移,也可以是求某两个截面的相对线位移和相对角位移,这些通称为广义位移。对应于广义位移施加的虚拟单位荷载称为广义单位荷载。在应用虚力原理求广义位移时,广义位移与广义单位荷载的乘积的量纲相同。

3.2 学习提示

一、学习要求

(1) 掌握刚体体系的虚功原理与变形体体系虚功原理的内容及其应用。
(2) 掌握广义位移与广义荷载的概念。
(3) 掌握结构位移计算一般公式,并能正确应用于各类静定结构受荷载作用、支座移动、温度变化等引起的位移计算。
(4) 熟练掌握梁和刚架位移计算的图乘法。
(5) 了解曲杆和拱的位移计算及温度变化时的位移计算。
(6) 了解四个互等定理。

二、学习方法提示

(1) 力的大小:虚设单位力(集中力、力偶矩),其值等于 1。
(2) 力的方向:作用在所求位移的点上,与所求位移方向一致(相同或相反)。
(3) 力的方向:任意假设,如果计算结果为正,说明虚设单位力作正功,所求位移方向与虚设单位力的方向相同,否则相反。
(4) 力的性质:求线位移,施加单位集中力;求转角位移,施加单位力偶矩;求两点之间的相对线位移,在所求两点之间施加一对方向相反的单位集中力;求两截面之间的相对转角位移,在所求两截面之间施加一对方向相反的单位力偶矩。
(5) 特别注意,图乘法的适用条件及其计算过程中正负号的确定方法。

3.3 解题指导

一、解题方法

(一) 位移计算公式的选项

计算线弹性静定结构时，根据不同的结构类型，选取下列公式中的不同项：

$$\Delta = \underbrace{\sum \int \frac{\overline{M}M}{EI}\mathrm{d}s}_{\text{刚架和梁}} + \underbrace{\sum \frac{\overline{F}_N F_N}{EA}l}_{\text{桁架}} - \underbrace{\sum \overline{F}_{RK} \times c_K}_{\text{支座移动}} + \underbrace{\sum \alpha t_0 \omega_{\overline{F}_N} + \sum \frac{\alpha \Delta}{h}\omega_{\overline{M}}}_{\text{温度变化}} \quad (3.10)$$

$\underbrace{\qquad\qquad\qquad\qquad\qquad}_{\text{组合结构}}$

一般情况下，均不考虑剪切变形的影响。

(二) 虚力原理 (单位荷载法) 求位移的步骤

(1) 计算实际荷载作用下结构的内力 M、F_N (或作其相应的内力图)。
(2) 沿所求位移方向施加广义单位力。
(3) 计算广义单位力作用下结构的内力 $\overline{M}$、$\overline{F}_N$ (或作其相应的内力图) 及其支座反力 $\overline{F}_{RK}$。
(4) 按式 (3.10) 进行计算 (或用图乘法进行计算)。

(三) 应用图乘法时需要特别说明的事项

(1) 荷载叠加、弯矩图叠加。

如图 3.2 (a) 所示的悬臂梁，在求自由端 B 的挠度时，实际荷载作用下的弯矩图是由集中荷载和均布荷载共同作用所引起的，如图 3.2 (b) 所示。因此在利用图乘法进行计算时，应把弯矩图分成两部分，分别图乘，如图 3.2 (c)、(d) 所示。

单位荷载作用下的弯矩图，如图 3.2 (e) 所示，根据图乘法计算公式 (3.8) 得到：

$$\Delta = \sum \frac{\omega y^*}{EI} = \frac{\omega_1 y_1^* + \omega_2 y_2^*}{EI}$$
$$= \frac{1}{EI}\left(\frac{1}{3} \times l \times \frac{1}{2}ql^2 \times \frac{3}{4} \times l + \frac{1}{2} \times l \times \frac{1}{2}ql^2 \times \frac{2}{3} \times l\right) = \frac{7}{24} \times \frac{ql^4}{EI}$$

计算结果为正，说明挠度的方向与所施加的单位荷载的方向相同。

因此在计算弯矩图的面积的时候，应该是由图 3.2 (c)、(d) 两部分的面积叠加。

如果利用积分法来计算，设 x 坐标的起点在自由端 B 处，则：

① 实际荷载作用下的弯矩方程为

$$M(x) = -\frac{1}{2}qx^2 - \frac{1}{2}ql \times x \quad (0 \leqslant x \leqslant l)$$

② 单位荷载作用下的弯矩方程为

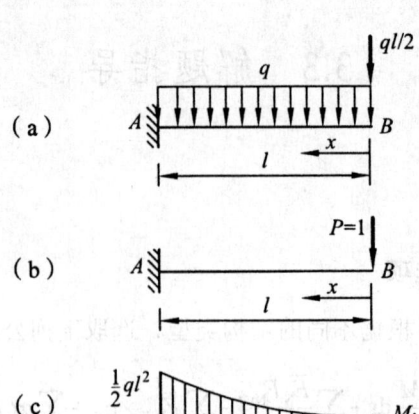

图 3.2

$$\overline{M}(x) = -x \quad (0 \leqslant x \leqslant l)$$

③ 代入积分法方程式（3.5）得到：

$$\Delta = \sum \int \frac{\overline{M}M}{EI} ds = \int_0^l \frac{\left(-\frac{1}{2}qx^2 - \frac{1}{2}qlx\right)(-x)}{EI} dx$$

$$= \int_0^l \frac{\frac{1}{2}qx^2 \times (x)}{EI} dx + \int_0^l \frac{\frac{1}{2}qlx \times x}{EI} dx = \frac{ql^4}{8EI} + \frac{ql^4}{6EI}$$

$$= \frac{7}{24} \times \frac{ql^4}{EI}$$

在上式中，$\frac{ql^4}{8EI}$、$\frac{ql^4}{6EI}$ 分别是由均布荷载和集中荷载作用所产生的挠度。

刚度 EI 发生变化时，应分段计算。

二、例题分析

【例 3.1】 求图 3.3（a）所示简支梁 C 截面的竖向位移，已知梁的抗弯刚度为 EI，弹簧刚度为 k。

解：由于有弹性支座的作用，因此此题的求解可以分为两部分来进行。

（1）单独考虑荷载作用下 C 截面的挠度，作实际荷载和单位荷载作用下的弯矩图如图 3.3（b）、（c）所示，利用图乘法公式得到：

$$\Delta_1 = \sum \frac{\omega y^*}{EI} = \frac{1}{EI}\left(\frac{1}{2} \times \frac{ab}{a+b}P \times a \times \frac{ab}{a+b} \times \frac{2}{3} + \frac{1}{2} \times \frac{ab}{a+b}P \times b \times \frac{ab}{a+b} \times \frac{2}{3}\right)$$

$$= \frac{1}{3EI} \times \frac{a^2 b^2}{(a+b)}P$$

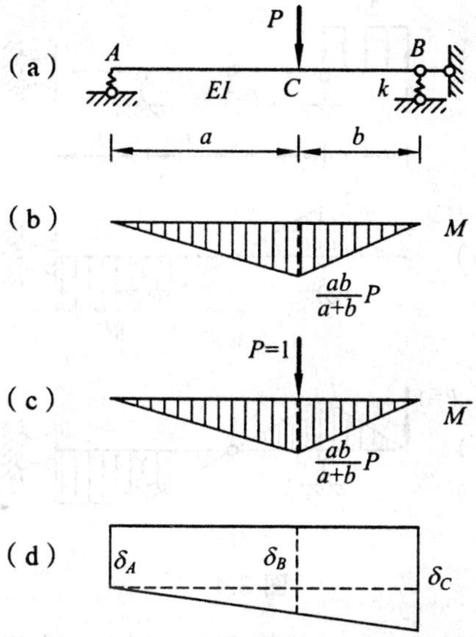

图 3.3

（2）单独考虑弹性支座作用下的挠度。如图 3.3（d）所示，此时可将梁视为刚体，计算两端的支座反力分别为：$F_{yA} = \frac{b}{a+b}P$，$F_{yB} = \frac{a}{a+b}P$。产生的弹性变形分别为：$\delta_A = \frac{F_{yA}}{k} = \frac{b}{a+b}\frac{P}{k}$，$\delta_B = \frac{F_{yB}}{k} = \frac{a}{a+b}\frac{P}{k}$。

根据比例关系得到：

$$\frac{\delta_C - \delta_A}{\delta_B - \delta_A} = \frac{a}{a+b}, \quad \delta_C = \frac{a}{a+b}(\delta_B - \delta_A) + \delta_A$$

δ_C 即为弹簧变形所引起的 C 截面的竖向位移。

（3）在荷载与弹性支座共同作用下 C 截面的竖向位移为

$$\Delta_{Cy} = \Delta_1 + \delta_C = \frac{1}{3EI} \times \frac{a^2 b^2}{(a+b)}P + \frac{a}{a+b}(\delta_B - \delta_A) + \delta_A$$

$$= \frac{1}{3EI} \times \frac{a^2 b^2}{(a+b)}P + \frac{a^2 + b^2}{(a+b)^2 k}P(\downarrow)$$

【例 3.2】 求图 3.4（a）所示梁截面 A 的竖向位移 Δ_{Ay}。

解：求指定 A 截面的挠度，既可以采用积分法，也可以采用图乘法，相比之下图乘法要方便一些。因此，本题采用图乘法来计算。

（1）实际荷载作用下的弯矩图如图 3.4（b）所示。
（2）在 A 截面沿铅垂方向施加单位力 $P = 1$，相应的弯矩图如图 3.4（c）所示。
（3）根据图乘法公式得到：

$$\Delta_{Ay} = \sum \frac{\omega y^*}{EI} = \frac{1}{EI}\left(\frac{1}{3} \times ql^2 \times l \times \frac{3}{4} + \frac{1}{2} \times ql^2 \times l \times \frac{2}{3} \times 2 + ql^2 \times l \times l\right)$$

$$= \frac{23}{12} \times \frac{ql^3}{EI}$$

图 3.4

【例 3.3】 求图 3.5（a）所示桁架荷载作用点的竖向、水平位移，设各杆 EA = 常数。

解：对桁架结构指定结点的位移的计算，最好同时采用图形与图表进行计算的方法。

（1）对桁架各杆编号，计算实际荷载作用下各杆的轴力，如图 3.5（b）所示，列于表 3.1 的第 3 列。

（2）在所求位移方向分别施加竖向、水平方向的单位荷载，如图 3.5（c）、（d）所示，列于表 3.1 的第 4、5 列。

（3）分别计算 $F_{NP} \times \overline{F}_{Ny} \times l$、$F_{NP} \times \overline{F}_{Nx} \times l$，列于表 3.1 的第 6、7 列。

（4）代入式（3.6）计算得到：

$$\Delta_y = \sum \frac{\overline{F}_N F_{Ny}}{EA}l = 2\sqrt{2} \times \frac{Pd}{EA}(\uparrow), \quad \Delta_x = \sum \frac{\overline{F}_N F_{Nx}}{EA}l = 0$$

因此，荷载作用点的竖向、水平位移分别为 $\Delta_y = 2\sqrt{2} \times \frac{Pd}{EA}(\uparrow)$、$\Delta_x = 0$。

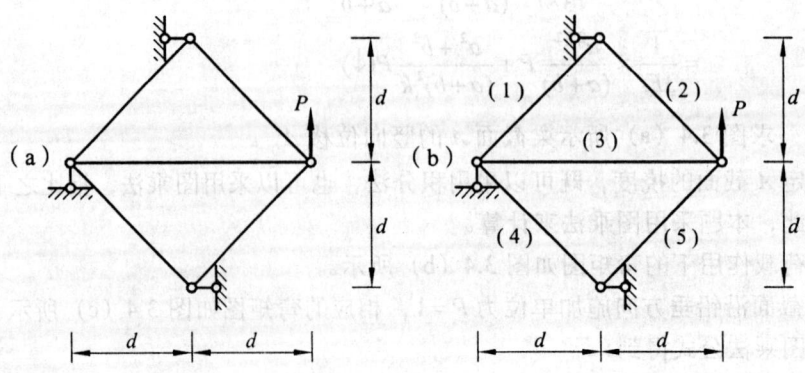

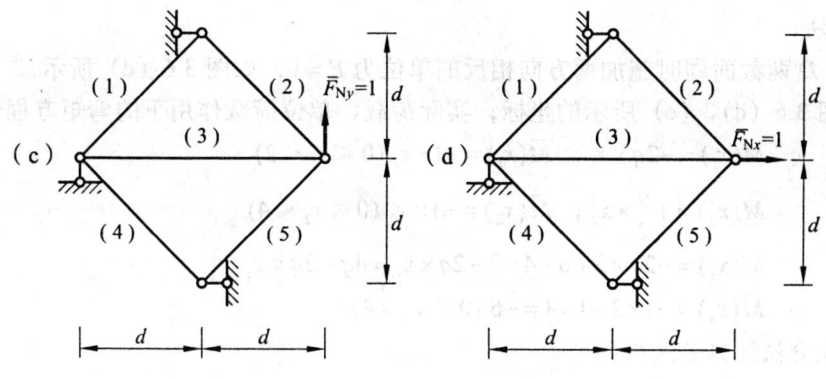

图 3.5

表 3.1 例 3.3 题计算用表格

1	2	3	4	5	6	7
杆件编号	杆件长度 l	轴力 F_{NP}	$\bar{F}_{Ny}(\uparrow)$	$\bar{F}_{Nx}(\rightarrow)$	$F_{NP}\bar{F}_{Ny}l$	$F_{NP}\bar{F}_{Nx}l$
(1)	$\sqrt{2}d$	$+\dfrac{\sqrt{2}}{2}P$	$+\dfrac{\sqrt{2}}{2}$	$-\dfrac{\sqrt{2}}{4}$	$\dfrac{\sqrt{2}}{2}Pd$	$-\dfrac{\sqrt{2}}{4}Pd$
(2)	$\sqrt{2}d$	$-\dfrac{\sqrt{2}}{2}P$	$-\dfrac{\sqrt{2}}{2}$	$+\dfrac{\sqrt{2}}{4}$	$\dfrac{\sqrt{2}}{2}Pd$	$-\dfrac{\sqrt{2}}{4}Pd$
(3)	$2d$	0	0	$+1/2$	0	0
(4)	$\sqrt{2}d$	$-\dfrac{\sqrt{2}}{2}P$	$-\dfrac{\sqrt{2}}{2}$	$-\dfrac{\sqrt{2}}{4}$	$\dfrac{\sqrt{2}}{2}Pd$	$+\dfrac{\sqrt{2}}{4}Pd$
(5)	$\sqrt{2}d$	$+\dfrac{\sqrt{2}}{2}P$	$+\dfrac{\sqrt{2}}{2}$	$+\dfrac{\sqrt{2}}{4}$	$\dfrac{\sqrt{2}}{2}Pd$	$+\dfrac{\sqrt{2}}{4}Pd$
∑					$2\sqrt{2}Pd$	0

【例 3.4】 如图 3.6（a）所示结构，试求 C、D 两点的相对水平位移。

解：（1）图乘法。

相对位移的计算，应同时施加一对单位集中荷载，本题宜采用图乘法来计算。

① 实际荷载作用下的弯矩图如图 3.6（b）所示。

② 在 C、D 两截面同时施加两方向相反的单位力 $P=1$，弯矩图如图 3.6（c）所示。

③ 根据图乘法公式得到：

$$\Delta_{CD} = \sum \frac{\omega y^*}{EI} = \frac{1}{EI}\left(\frac{1}{2}\times 4q\times 2\times \frac{2}{3} - \frac{1}{3}\times 8q\times 4\times \frac{3}{4}\right) + \frac{1}{2EI}\times 0$$

$$= -\frac{80}{3}\times \frac{q}{EI}(\rightleftarrows)$$

计算结果为负，说明相对位移的方向与图中施加单位集中力的方向相反。

计算过程中要注意：抛物线图形与直线图形图乘时，面积取自抛物线图形；同侧相乘为正，异侧相乘为负。

(2) 积分法。

① 在 C、D 两截面同时施加两方向相反的单位力 $P=1$，如图 3.6（d）所示。

② 建立图 3.6（d）、（e）所示的坐标，实际荷载、单位荷载作用下的弯矩方程分别为

CB 段： $M(x_1) = -2q \times x_1$， $\bar{M}(x_1) = -1 \times x_1 \ (0 \leqslant x_1 \leqslant 2)$

DB 段： $M(x_2) = +\dfrac{q}{2} \times x_2^2$， $\bar{M}(x_2) = -1 \times x_2 \ (0 \leqslant x_2 \leqslant 4)$

BA 段： $M(x_3) = -2q \times 2 + q \times 4 \times 2 - 2q \times x_3 = 4q - 2q \times x_3$，

$\bar{M}(x_3) = -1 \times 2 - 1 \times 4 = -6 \ (0 \leqslant x_3 \leqslant 4)$

③ 根据积分法计算公式得到：

$$\Delta_{CD} = \sum \int \dfrac{\bar{M}M}{EI} ds$$

$$= \int_0^2 \dfrac{M(x_1)\bar{M}(x_1)}{EI} dx_1 + \int_0^4 \dfrac{M(x_2)\bar{M}(x_2)}{EI} dx_2 + \int_0^4 \dfrac{M(x_3)\bar{M}(x_3)}{2EI} dx_3$$

$$= \dfrac{16}{3} \dfrac{q}{EI} - 32 \dfrac{q}{EI} + 0 = -\dfrac{80}{3} \times \dfrac{q}{EI} (\rightleftarrows)$$

究竟用图乘法还是积分法进行计算，视其方便性和习惯而定。

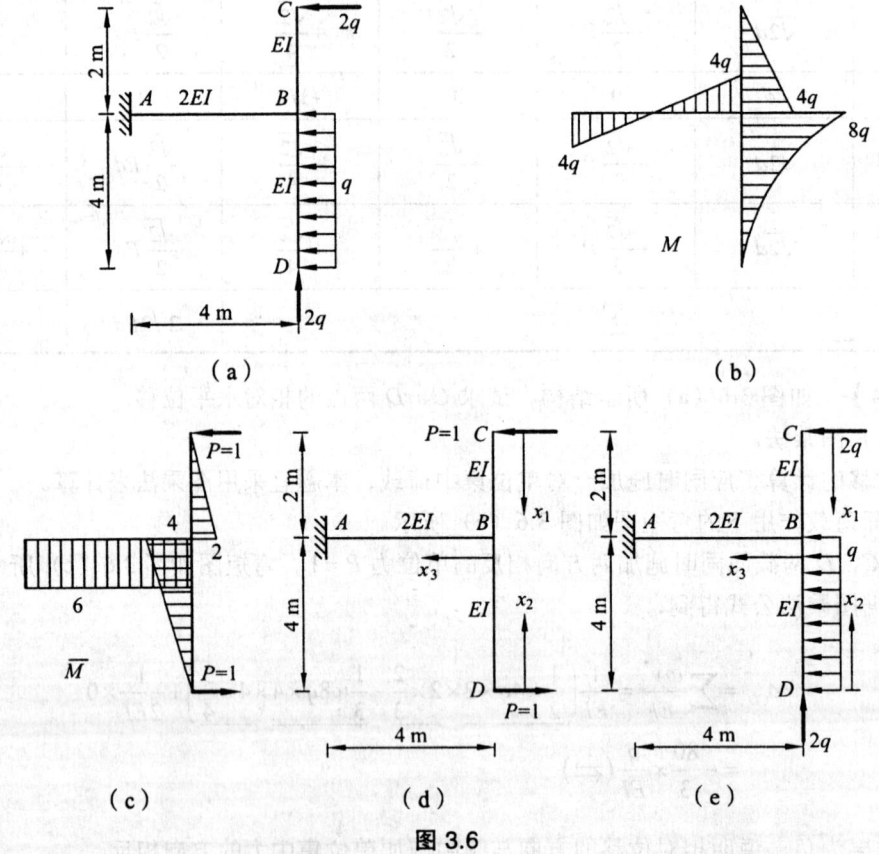

图 3.6

【例 3.5】 如图 3.7（a）所示结构，$EI =$ 常数，只考虑弯曲变形且忽略曲率的影响，试求 A 截面的角位移。

解：由于结构中包含圆弧形构件，因此应采用积分法计算。

（1）对 *AB*、*BC* 段分别建立图示坐标，如图 3.7（b）所示，实际荷载作用下的弯矩方程为

$$\sum M_B = 0, \quad q \times r \times \frac{1}{2}r = F_{yA} \times r, \quad F_{yA} = \frac{1}{2}qr \quad \text{（假设以顺时针方向的矩为正，下同）}$$

AB 段： $M(\theta) = F_{yA} \times (r - r\cos\theta) - \frac{1}{2}q \times (r - r\cos\theta)^2 \left(0 \leqslant \theta \leqslant \frac{\pi}{2}\right)$

BC 段： $M(x) = F_{yA} \times (r + x) - \frac{1}{2}q \times (r + x)^2 \; (0 \leqslant x \leqslant r)$

（2）在 *A* 截面处施加单位力偶矩 $M = 1$，如图 3.7（c）所示，其弯矩方程为

$$\sum M_B = 0, \quad 1 = \overline{F}_{yA} \times r, \quad \overline{F}_{yA} = \frac{1}{r}$$

AB 段： $\overline{M}(\theta) = 1 - \overline{F}_{yA} \times (r - r\cos\theta) \left(0 \leqslant \theta \leqslant \frac{\pi}{2}\right)$

BC 段： $\overline{M}(x) = 1 - \overline{F}_{yA} \times (r + x) \; (0 \leqslant x \leqslant r)$

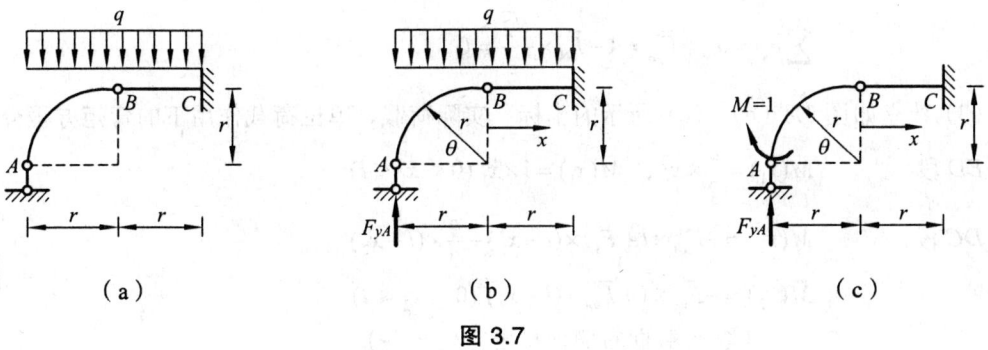

图 3.7

（3）根据式（3.5）得到：

$$\Delta_A = \sum \int \frac{\overline{M}M}{EI} ds = \int_0^{\frac{\pi}{2}} \frac{M(\theta)\overline{M}(\theta)}{EI} \times r d\theta + \int_0^r \frac{M(x)\overline{M}(x)}{EI} dx$$

$$= \frac{3\pi - 1}{24} \times \frac{qr^3}{EI} (\downarrow)$$

计算结果为正表明转角的方向与施加单位力偶矩的转动方向相同。

注意：上式积分中的第一项应该是 $rd\theta$，而不是 $d\theta$。

【例 3.6】 如图 3.8（a）所示的结构，试求 *E* 点的竖向位移。

解：由于结构中包含弯曲变形杆件和轴向拉压杆件，因此可以用积分法计算。

（1）计算实际荷载作用下的支座反力，受力如图 3.8（b）所示。

$$\sum M_A = 0, \quad F_N \times \sqrt{2} \times l = q \times 2l \times l, \quad F_N = \sqrt{2}ql$$

$$\sum F_x = 0, \quad F_{xA} = F_N \times \frac{\sqrt{2}}{2} = ql$$

$$\sum F_y = 0, \quad F_{yA} = q \times 2l - F_N \times \frac{\sqrt{2}}{2} = ql$$

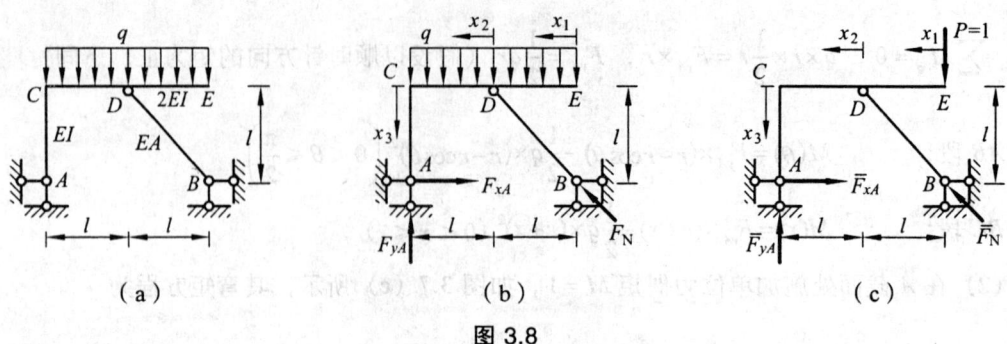

图 3.8

(2) 计算单位荷载作用下的支座反力,受力如图 3.8（c）所示。

$$\sum M_A = 0, \quad \bar{F}_N \times \sqrt{2} \times l = 1 \times 2l, \quad \bar{F}_N = \sqrt{2}$$

$$\sum F_x = 0, \quad \bar{F}_{xA} = \bar{F}_N \times \frac{\sqrt{2}}{2} = 1$$

$$\sum F_y = 0, \quad \bar{F}_{yA} = 1 - \bar{F}_N \times \frac{\sqrt{2}}{2} = 0$$

(3) 建立如图 3.8（b）、(c) 所示的坐标,实际荷载、单位荷载作用下的弯矩方程分别为

ED 段: $M(x_1) = \frac{q}{2} \times x_1^2, \quad \bar{M}(x_1) = 1 \times x_1 \ (0 \leqslant x_1 \leqslant l)$

DC 段: $M(x_2) = -F_{xA} \times l + F_{yA} \times (l - x_2) - \frac{q}{2} \times (l - x_2)^2,$

$\bar{M}(x_2) = -\bar{F}_{xA} \times l + \bar{F}_{yA} \times (l - x_2) \ (0 \leqslant x_2 \leqslant l)$

（取 x_2 截面右侧计算要方便一些）

CA 段: $M(x_3) = -F_{xA} \times (l - x_3), \quad \bar{M}(x_3) = -\bar{F}_{xA} \times (l - x_3) \ (0 \leqslant x_3 \leqslant l)$

（取 x_3 截面下侧计算要方便一些）

(4) 根据积分法计算公式得到:

$$\Delta_{Ey} = \sum \int \frac{\bar{M}M}{EI} ds + \sum \frac{\bar{F}_N F_N}{EA} l$$

$$= \int_0^l \frac{M(x_1)\bar{M}(x_1)}{2EI} dx_1 + \int_0^l \frac{M(x_2)\bar{M}(x_2)}{2EI} dx_2 + \int_0^l \frac{M(x_3)\bar{M}(x_3)}{EI} dx_3 + \sum \frac{\bar{F}_N F_N}{EA} l$$

$$= \left(\frac{1}{16} \times \frac{ql^4}{EI} + \frac{1}{3} \times \frac{ql^4}{EI} + \frac{1}{3} \times \frac{ql^4}{EI} \right) + \frac{\sqrt{2} ql \times \sqrt{2}}{EA} \times \sqrt{2} l$$

$$= \frac{35}{48} \times \frac{ql^4}{EI} + 2\sqrt{2} \times \frac{ql^2}{EA} (\downarrow)$$

注意: 如果令上式中的 $EA \to \infty$, 得 $\Delta_{Ey} = \frac{35}{48} \times \frac{ql^4}{EI} (\downarrow)$, 即为不考虑 DB 杆的轴向变形时, 结点 E 的竖向位移; 如果令上式的 $EI \to \infty$, 得 $\Delta_{Ey} = 2\sqrt{2} \times \frac{ql^2}{EA} (\downarrow)$, 即为不考虑 AC、CD、DE

杆的弯曲变形时，结点 E 的竖向位移。

如果用图乘法去计算要方便一些，留给读者去完成。

【例 3.7】 图 3.9 所示结构中 CD 为高度是 h 的矩形截面梁，其温度膨胀系数为 α，设除 CD 梁下侧温度升高 t ℃外，其余温度均不改变，试求由此引起的 AB 两点间的相对水平位移。

解：由于结构中包含弯曲变形杆件和轴向拉压杆件，宜采用图乘法计算。

（1）沿 A、B 方向施加一对等值、反向的单位集中力 $P=1$，相应的弯矩图、轴力图如图 3.9（b）、（c）所示。

（2）按式（3.3）计算温度变形。

平均温度：$t_0 = \dfrac{1}{2}t$；温差：$\Delta t = t$

$$\Delta_{AB} = \sum \alpha t_0 \omega_{\bar{F}_N} + \sum \dfrac{\alpha \Delta t}{h} \omega_{\bar{M}}$$
$$= -\alpha \dfrac{t}{2} \times 1 \times l + \dfrac{\alpha t}{h} \times \left(\dfrac{1}{2} \times \dfrac{l}{3} \times \dfrac{\sqrt{3}}{9}l \times 2 + \dfrac{\sqrt{3}}{9}l \times \dfrac{l}{3} \right)$$
$$= -\dfrac{\alpha t l}{2} + \dfrac{2\sqrt{3}}{27} \times \dfrac{\alpha t}{h} l^2$$

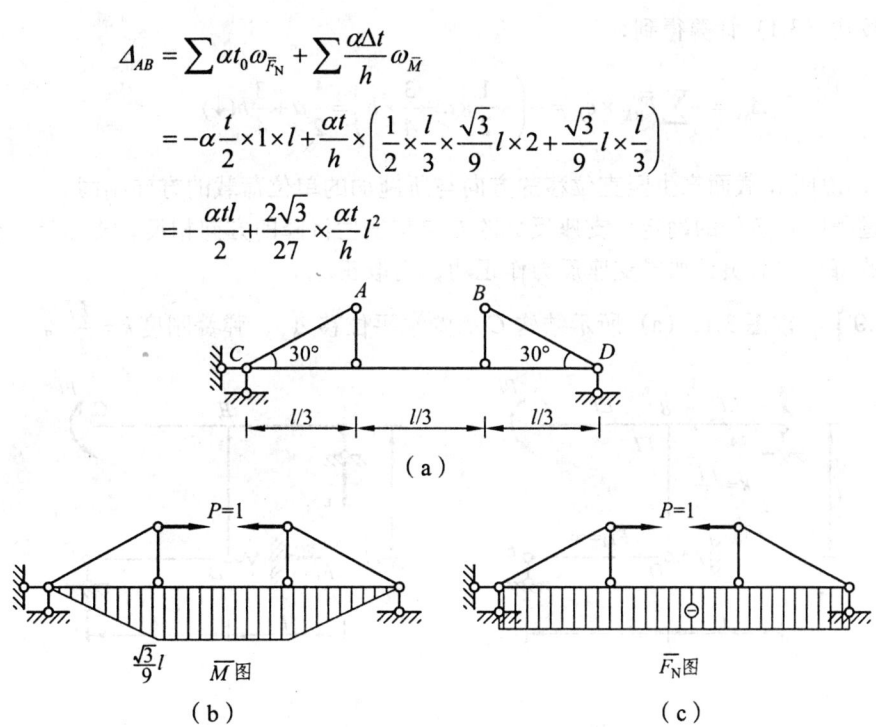

图 3.9

计算过程中正负号的确定：对于 CD 梁，下侧温度升高，变形伸长，但是单位荷载作用下，受拉力的作用，变形又缩短，所以上式第一项应取负。单位荷载所引起的弯矩作用下 CD 梁的下侧伸长，与温度变形引起的变形相同，因此上式第二项取正。

【例 3.8】 如图 3.10（a）所示结构的 A、B 支座分别发生沉降 a、b，试计算 K 截面产生的竖向位移。

解：利用虚力原理（单位荷载法）计算。

（1）沿 K 截面竖直方向施加一单位集中力 $P=1$，计算发生沉降处的支座反力。

取 AD 段分析：$\sum M_D = 0$，$F_{yA} \times l = 1 \times \dfrac{1}{2}l$，$F_{yA} = \dfrac{1}{2}$

取整体分析：$\sum M_C = 0$，$F_{yA} \times \dfrac{5}{2}l + F_{yB} \times l = 1 \times 2l$，$F_{yB} = \dfrac{3}{4}$

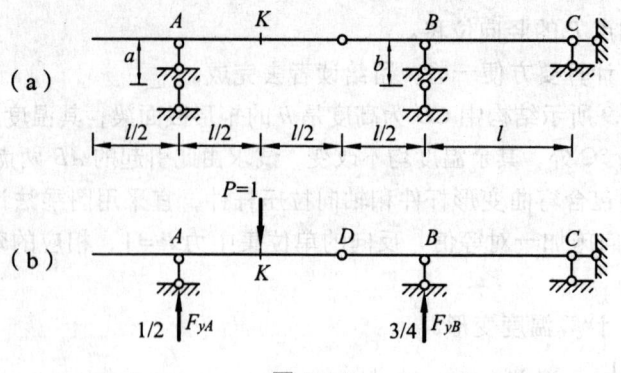

图 3.10

(2) 按式（3.1）计算得到：

$$\Delta_{Ky} = -\sum \overline{F}_{RK} \times c_K = -\left(-\frac{1}{2} \times a - \frac{3}{4} \times b\right) = \frac{1}{2}a + \frac{3}{4}b(\downarrow)$$

$\Delta > 0$，说明 K 截面产生竖直位移的方向与所施加的单位荷载的方向相同。

计算过程中正负号的确定：支座反力的方向与发生沉降的方向相反，支座反力作负功，因此上式的每一项取负；如果支座反力作正功，则取正。

【例 3.9】 求图 3.11（a）所示结构 C 点的水平位移 Δ_{Cx}，弹簧刚度 $k = \dfrac{EI}{l^3}$。

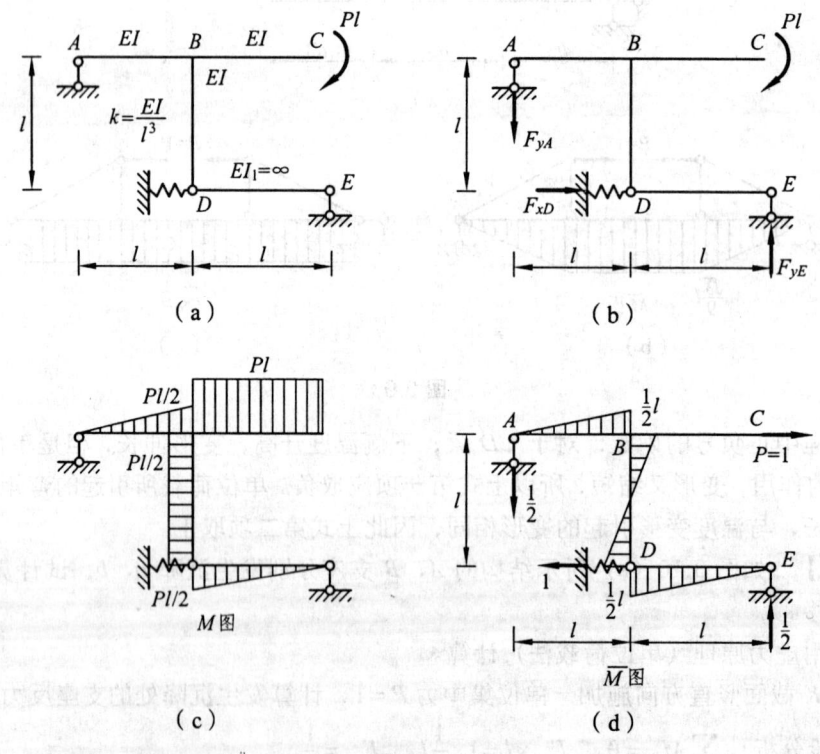

图 3.11

解：由于有弹性支座的作用，因此分为两部分来进行。

(1) 将弹性支座视为刚性支座，刚架视为变形体，计算此时 C 点的水平位移。
① 计算支座反力，受力如图 3.11（b）所示，取整体分析：

$$\sum M_E = 0，F_{yA} \times 2l = Pl，F_{yA} = \frac{1}{2}P(\downarrow)$$

$$\sum F_y = 0，F_{yE} = F_{yA} = \frac{1}{2}P(\uparrow)$$

$$\sum F_x = 0，F_{xD} = 0$$

② 作实际荷载作用下的弯矩图，如图 3.11（c）所示。
③ 沿 C 点水平方向施加单位集中力 $P=1$，相应的受力图、弯矩图如图 3.11（d）所示。
④ 将图 3.11（c）、（d）两图进行图乘得到：

$$\Delta_1 = \sum \frac{\omega y^*}{EI} = \frac{1}{EI}\left(\frac{1}{2} \times l \times \frac{1}{2}Pl \times \frac{1}{2}l \times \frac{2}{3} + 0\right) = \frac{1}{12} \times \frac{Pl^3}{EI}$$

(2) 计算弹性支座所引起的刚体位移。
前面已算出，在实际荷载作用下，弹性支座处的支座反力 $F_{xD}=0$，因此由弹性支座所引起的刚体位移为

$$\Delta_2 = \frac{F_{xD}}{k} = 0$$

因此，C 点的水平位移为

$$\Delta_{Cx} = \Delta_1 + \Delta_2 = \frac{1}{12} \times \frac{Pl^3}{EI}(\rightarrow)$$

3.4 基础训练与考研辅导

一、判断题

1.（ ）变形体虚功原理也适用于塑性材料结构与刚体体系。
2.（ ）应用虚力原理求体系的位移时，虚设力状态既可在需求位移处添加相应的非单位力，也可求得该位移。
3.（ ）虚功原理仅适用于线弹性的小变形体系。
4.（ ）功的互等，位移互等，反力互等和位移、反力互等的四个普遍定理仅适用于线性变形体系。
5.（ ）在荷载作用下，刚架和梁的位移主要由于各杆的弯曲变形引起。
6.（ ）若刚架中各杆均无内力，则整个刚架不存在位移。
7.（ ）用图乘法可求得各种结构在荷载作用下的位移。

8.（   ）计算组合结构的位移时可以只考虑弯曲变形的影响，即 $\Delta = \sum \int \dfrac{M\overline{M}}{EI} \mathrm{d}s$。

9.（   ）如图 3.12 所示，梁 AB 在荷载作用下的 M 图面积为 $\dfrac{1}{3}ql^3$。

10.（   ）桁架及荷载如图 3.13 所示，B 点将产生向左的水平位移。

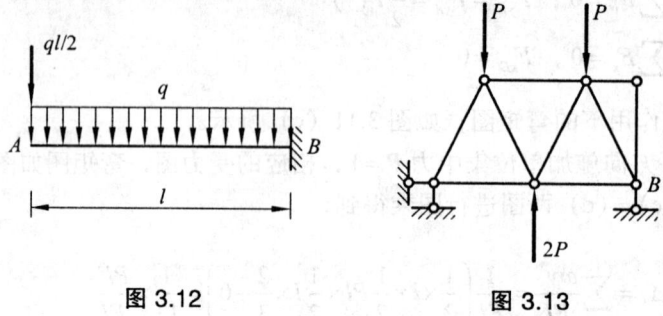

图 3.12　　　　　　　图 3.13

11.（   ）已知 M、$\overline{M}$ 图（见图 3.14），用图乘法求位移的结果为 $\dfrac{\omega_1 y_1 + \omega_2 y_2}{EI}$。

12.（   ）如图 3.15 所示的对称结构，当 A 支座发生竖向位移后，D、B、E 三点仍为一直线。

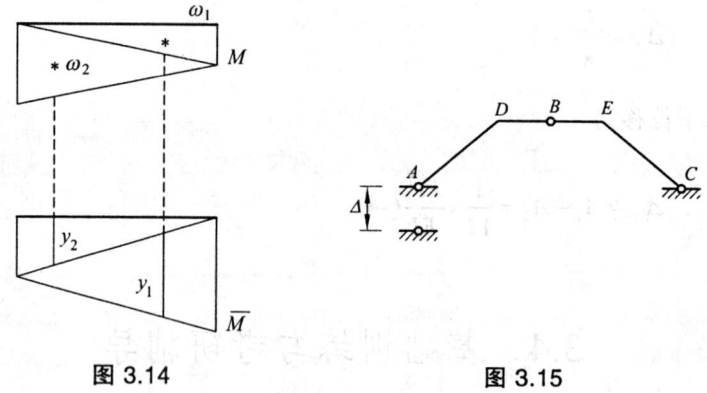

图 3.14　　　　　　　图 3.15

13.（   ）如图 3.16 所示的混合结构，EI 为常数，C、D 两点之间的相对水平位移为零。

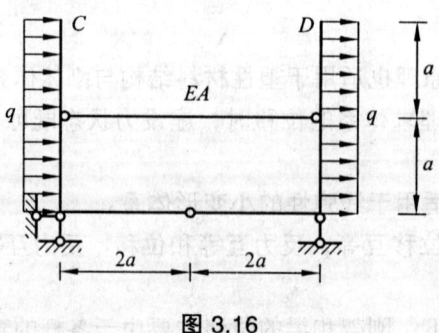

图 3.16

14.（   ）如图 3.17 所示的结构，D、E 两点的相对线位移与各链杆的轴向变形无关。

15.（   ）如图 3.18 所示的桁架，各杆 EA 相同，EF 杆无转动。

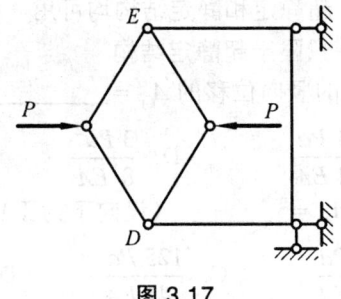
图 3.17

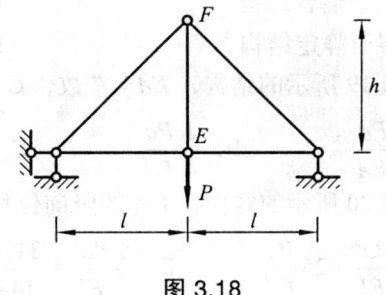
图 3.18

二、选择题

1. 功的互等定理_____。
   A. 适用于任意变形体结构
   B. 仅适用于线弹性超静定结构
   C. 仅适用于线弹性静定结构
   D. 适用于任意线弹性体结构

2. 变形体虚功原理_____。
   A. 只适用于线弹性体系
   B. 只适用于静定结构
   C. 适用于任何变形体系
   D. 只适用于超静定结构

3. 将桁架各杆抗拉（压）刚度 EA 都除以 n，则在荷载作用下各结点位移_____。
   A. 都增加到原来的 $\sqrt{n}$ 倍
   B. 都增加到原来的 n^2 倍
   C. 都增加到原来的 n 倍
   D. 一部分增加，一部分减少

4. 按虚力原理所建立的虚功方程等价于_____。
   A. 静力方程
   B. 几何方程
   C. 平衡方程
   D. 物理方程

5. 刚体体系与变形体体系虚位移原理的虚功方程两者的区别在于_____。
   A. 前者用于求位移，后者用于求未知力
   B. 前者用于求未知力，后者用于求位移
   C. 前者的外力总虚功等于零，后者的外力总虚功等于其总虚应变能
   D. 前者的外力总虚功不等于零，后者的外力总虚功等于其总虚应变能

6. 导出单位荷载法的原理_____。
   A. 虚力原理
   B. 虚位移原理
   C. 叠加原理
   D. 静力平衡条件

7. 静定结构的位移与 EA、EI 的关系是_____。
   A. 绝对值有关
   B. 相对值有关
   C. 无关
   D. 与 E 无关，与 A、I 有关。

8. 静定结构温度改变时_____。
   A. 无变形，无位移，无内力
   B. 有变形，有位移，无内力
   C. 有变形，有内力，有位移
   D. 无变形，无位移，无内力

9. 线弹性结构的位移反力互等定理，其适用范围为_____。

A. 只限于混合结构 B. 超静定和静定结构均可用
C. 只限于静定结构 D. 只限于超静定结构

10. 如图 3.19 所示的结构，EA = 常数，C 点的竖向位移的 Δ_{Cy} = _____。

A. $\dfrac{3}{8}\dfrac{Pa}{EA}$ B. $\dfrac{1}{4}\dfrac{Pa}{EA}$ C. $\dfrac{3}{4}\dfrac{Pa}{EA}$ D. $\dfrac{3}{8}\dfrac{Pa^2}{EA}$

11. 如图 3.20 所示的结构，A 点的竖向位移 Δ_{Ay} = _____（设向下为正）。

A. $8\dfrac{Pa^3}{EI}+25\dfrac{Pa}{EA}$ B. $\dfrac{5}{3}\dfrac{Pa^3}{EI}+\dfrac{3125}{144}\dfrac{Pa}{EA}$ C. $\dfrac{125}{4}\dfrac{Pa}{EA}$ D. $58\dfrac{Pa^3}{EI}$

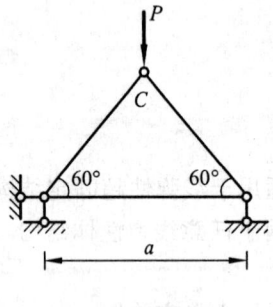
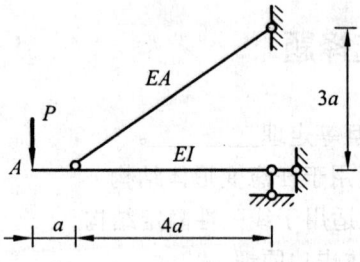

图 3.19   图 3.20

12. 如图 3.21 所示的结构，A、B 两点相对竖向位移 Δ_{AB} = _____。

A. 0   B. $3\dfrac{Pa}{EA}$ C. $8\dfrac{Pa}{EA}$ D. $2\sqrt{2}\dfrac{Pa}{EA}$

13. 桁架各杆温度变化如图 3.22 所示，温度膨胀系数为 α，则 C 点水平位移 Δ_{Cx} = _____。

A. $\dfrac{25}{4}\alpha t$ B. $\dfrac{50}{3}\alpha t$ C. $\dfrac{25}{6}\alpha t$ D. $\dfrac{25}{3}\alpha t$

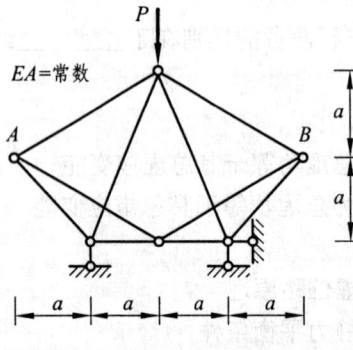
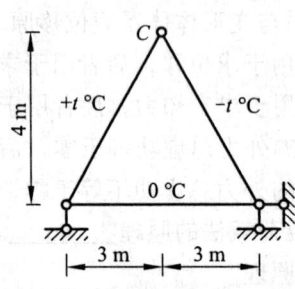

图 3.21   图 3.22

14. 如图 3.23 所示的结构，EI = 常数，荷载下的弯矩图如图所示，A 点的水平位移 Δ_{Ax} = _____。

A. $\dfrac{31}{3EI}(\rightarrow)$ B. $\dfrac{29}{3EI}(\rightarrow)$ C. $\dfrac{20}{3EI}(\rightarrow)$ D. $\dfrac{26}{3EI}(\leftarrow)$

15. 如图 3.24 所示的刚架，EI = 常数，各杆长为 l，A 截面的转角 φ_A = _____，顺时针方向。

A. $\dfrac{1}{48}\dfrac{ql^3}{EI}$ B. $\dfrac{1}{6}\dfrac{ql^3}{EI}$ C. $\dfrac{1}{24}\dfrac{ql^3}{EI}$ D. $\dfrac{1}{12}\dfrac{ql^3}{EI}$

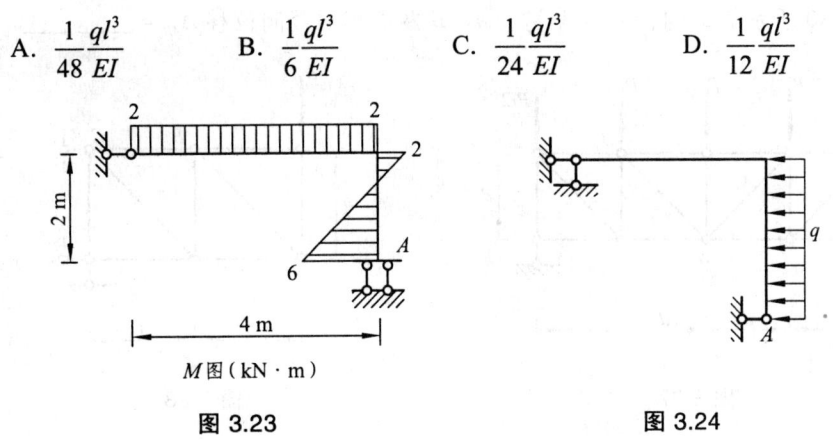

图 3.23   图 3.24

三、填空题

1. 互等定理只适用于_____体系，反力互等定理、位移互等定理都以_____定理为基础导出。

2. 静定结构中的杆件在温度变化时只产生_____，不产生_____，在支座移动时只产生_____，不产生内力与_____。

3. 应用图乘法求杆件结构的位移时，各图乘的杆段必须满足如下三个条件：①_____、②_____、③_____。

4. 虚功原理有两种不同的应用形式，即_____原理和_____原理；其中_____原理等价于静力平衡条件，而_____原理则等价于变形协调条件。

5. 虚位移原理是在给定力系与_____之间应用虚功方程；虚力原理是在_____与给定位移状态之间应用虚功方程。

6. 如图 3.25 所示，两个梯形弯矩图相乘的结果是_____。

7. 如图 3.26 所示的结构，B 截面的竖向位移 $\Delta_{By}=$_____，转角 $\varphi_B=$_____。

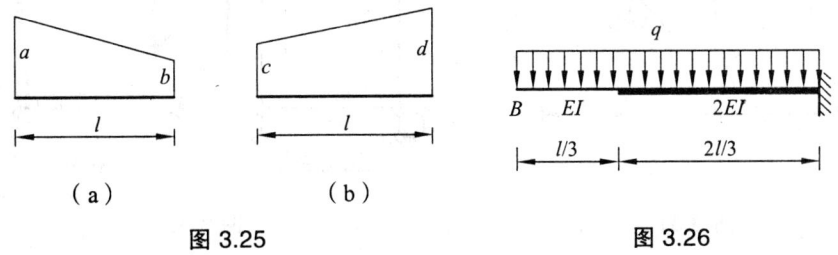

图 3.25   图 3.26

8. 如图 3.27 所示的桁架，各杆 EA 相同，在图示荷载下，杆 AB 的伸长量等于_____。

9. 如图 3.28 所示的桁架，各杆 EA 相同，当杆 BC 的抗拉刚度 EA 增加至 $2EA$ 时，A 点挠度减少_____。

10. 如图 3.29 所示的结构，A 点的水平位移 $\Delta_{Ax}=$_____，方向_____。

11. 如图 3.30 所示的结构，EI = 常数，A、B 两点相对竖向位移 Δ_{AB} = _____。

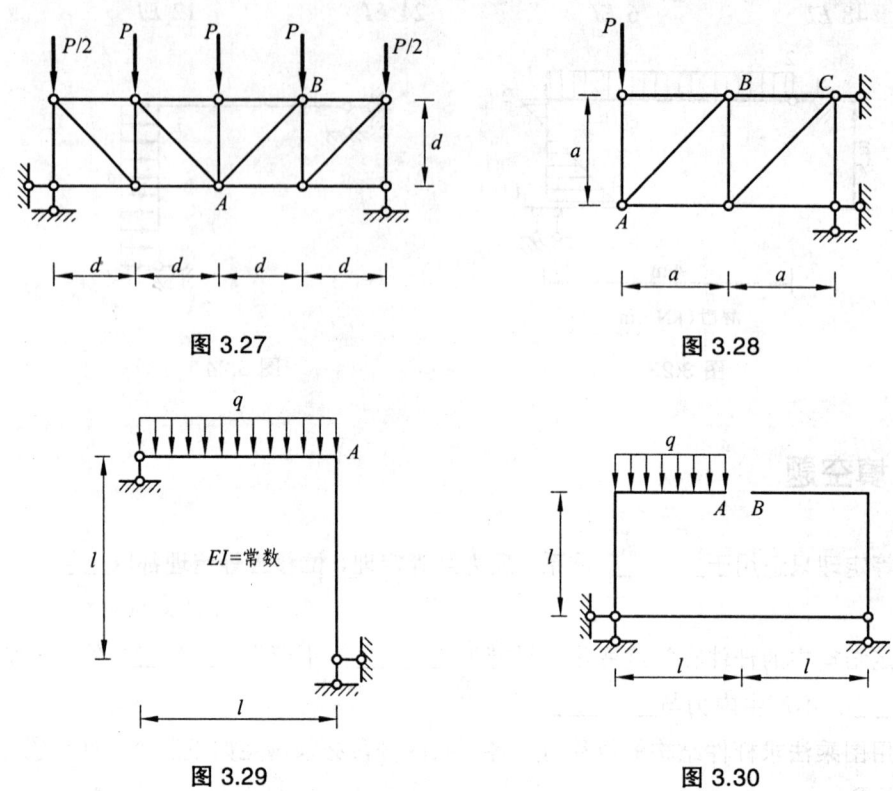

图 3.27　　　　　　　　　　图 3.28

图 3.29　　　　　　　　　　图 3.30

12. 如图 3.31 所示的结构，C 点的竖向位移 Δ_{Cy} = _____。

13. 如图 3.32 所示的结构，$EI = a^2 EA$，在荷载作用下 A、B 两点相对水平位移 Δ_{AB} = _____。

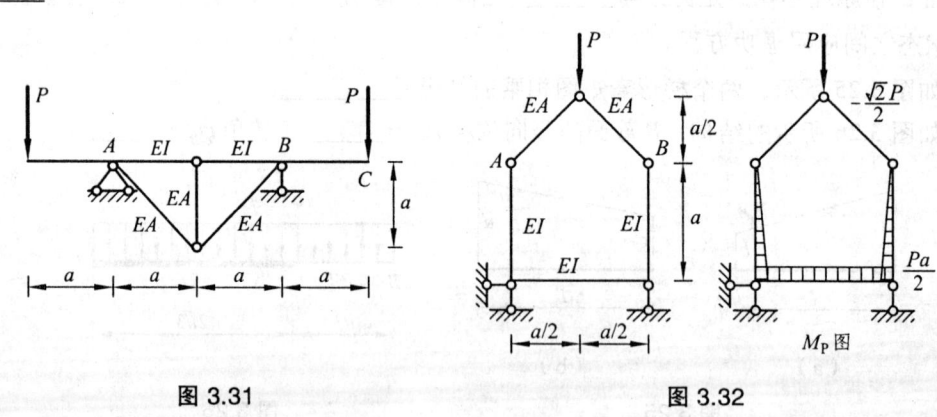

图 3.31　　　　　　　　　　图 3.32

14. 已知如图 3.33 所示结构在荷载作用下的 M 图，单位 kN·m，各杆 EI = 常数，则 D 点的水平位移 Δ_{Dx} = _____，C 点的水平位移 Δ_{Cx} = _____。

15. 如图 3.34 所示的刚架，材料温度膨胀系数为 α，各杆为矩形截面，$\dfrac{h}{l} = \dfrac{1}{20}$，在图示温度变化情况下，$A$、$B$ 两点的竖向相对位移 Δ_{AB} = _____。

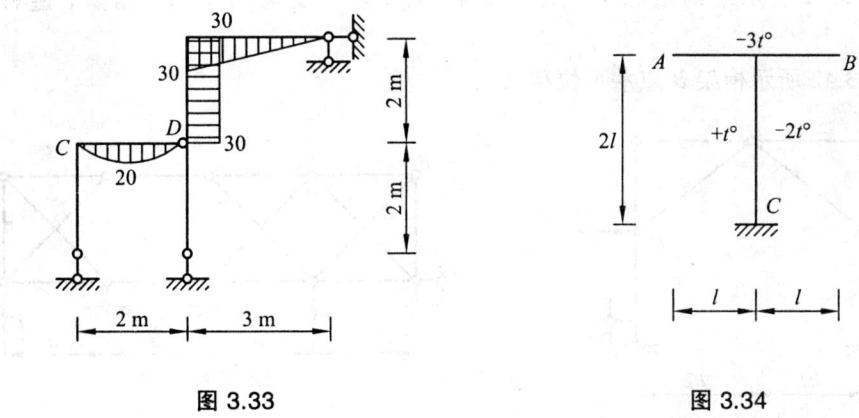

图 3.33　　　　　　　　　图 3.34

四、计算题

1. 求如图 3.35 所示的刚架中 A 截面的水平位移 Δ_{Ax}，EI = 常数。
2. 如图 3.36 所示的结构，EI = 常数，求左端 A 截面的竖向位移 Δ_{Ay}。
3. 如图 3.37 所示的结构，EI = 常数，求 B 截面两侧的相对竖向位移 Δ_B。

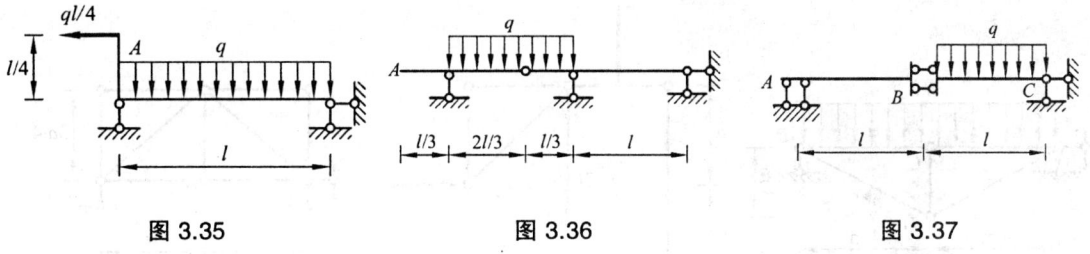

图 3.35　　　　　　图 3.36　　　　　　图 3.37

4. 设如图 3.38 所示静定梁支座 A 转动了 $\varphi_A = 0.01$ rad，并向下发生了位移 $\Delta_A = 2$ cm，试求梁 D 截面的竖向位移 Δ_{Dy}，$l = 4$ m。
5. 求如图 3.39 所示结构 C 点的竖向位移 Δ_{Cy}，已知 E = 常数，$A = 3I/l^2$。
6. 求如图 3.40 所示结构 A 点的竖向位移 Δ_{Ay}，其中受弯构件 EI = 常量，链杆 EA = 常量。

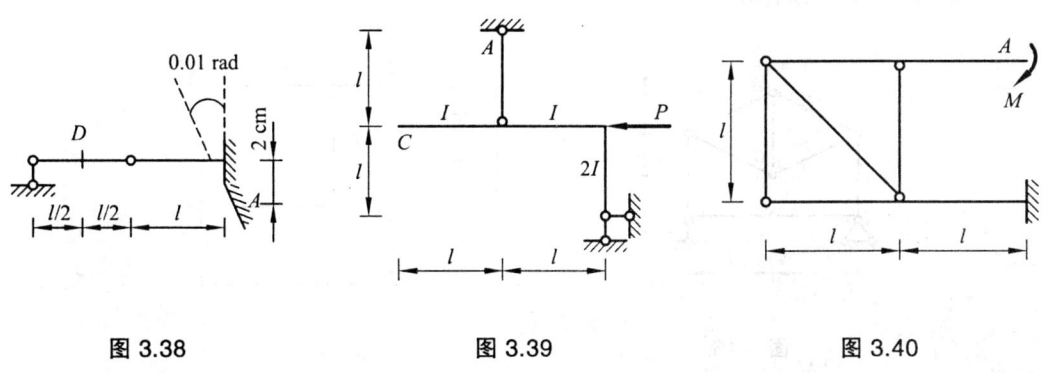

图 3.38　　　　　　图 3.39　　　　　　图 3.40

7. 求如图 3.41 所示结构结点 D 的水平位移 Δ_{Dx}，其中受弯构件 EI = 常量，链杆 EA = 常量。

8. 求如图 3.42 所示桁架 B 点水平位移 Δ_{Bx}。

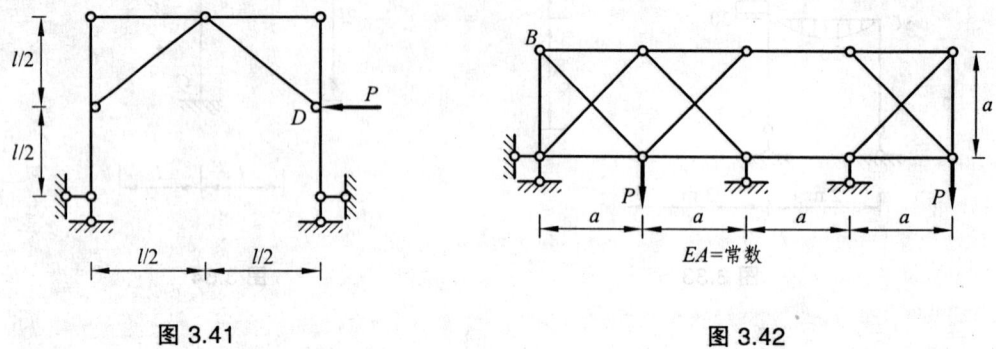

图 3.41　　　　　　　　图 3.42

9. 求如图 3.43 所示结构 D 点的竖向位移 Δ_{Dy}，杆 AC、BC 的截面抗弯刚度为 EI，杆 AD、BD、CD 的抗拉（压）刚度为 EA。

10. 如图 3.44 所示，结构 EI = 常数，EA = 常数，求 A 点水平位移 Δ_{Ax}。

11. 如图 3.45 所示的桁架，各杆温度均匀升高 $t\ °C$，材料温度膨胀系数为 α，求 C 点的竖向位移 Δ_{Cy}。

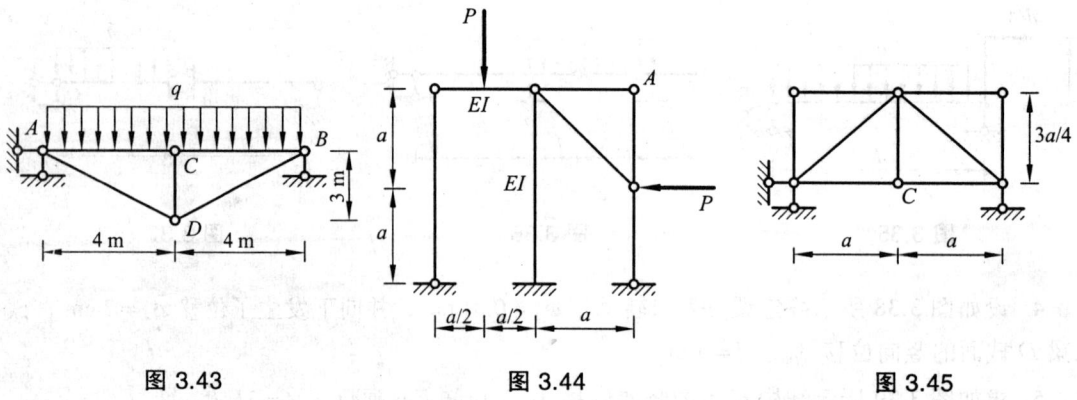

图 3.43　　　　　　图 3.44　　　　　　图 3.45

12. 如图 3.46 所示结构 BD 杆初始拉应变 $\varepsilon = 1/1\ 000$，求由此引起的 E 点的竖向位移 Δ_{Ey}。

13. 求如图 3.47 所示结构 B 截面转角 φ_B。

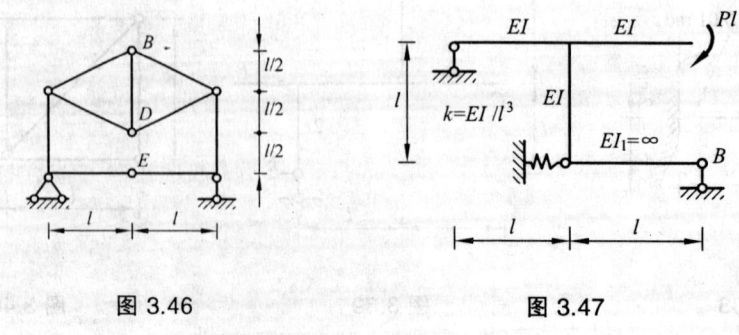

图 3.46　　　　　　　　图 3.47

14. 如图 3.48 所示等截面半圆形悬臂曲杆承受径向均布荷载,求自由端 A 的转角 φ_A,$EI =$ 常数。

15. 如图 3.49 所示的结构,$EI =$ 常数,只考虑弯曲变形且忽略曲率的影响,求 B 点的竖向位移 Δ_{By}。

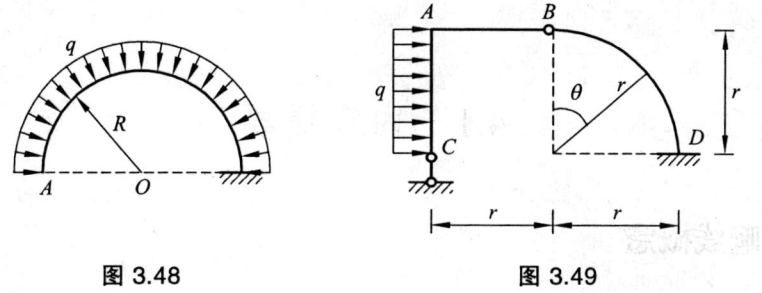

图 3.48   图 3.49

第 4 章　影响线及其应用

4.1　内容提要

一、影响线概念

（1）定义：在单位移动荷载作用下，表示结构某量 Z（即某截面的内力、支座反力或位移）变化规律的图形，称为某量 Z 的影响线。

某量 Z 影响线图形的纵坐标 y 表示单位移动荷载作用在该点时某量 Z 的值，即影响系数 $\bar{Z}$；而相应的横坐标 x 则表示单位移动荷载作用点的位置。

（2）影响线是研究实际工程中各种实际移动荷载下结构的最不利荷载位置和计算结构支座反力最大值、内力最大值、位移最大值等的基本工具。

二、影响线与内力图的区别

（1）内力图的作图范围是整个结构，其基线就表示该结构；而影响线的作图范围是移动荷载的移动范围，其基线表示的是单位移动荷载的移动路线，荷载不经过处，不绘制影响线。

（2）内力图表示的是当外荷载不动时，各个截面的内力值；而影响线表示的是当外荷载移动时，某指定截面的内力（支座反力）值。

三、静力法作影响线

（一）单跨静定梁影响线

（1）以单位移动荷载的作用位置 x 为自变量，建立以某量 Z（通常是内力或支座反力）为因变量的静力平衡方程，确定所求量值的影响函数（即影响线方程），再画出函数图形——即影响线。

（2）悬臂梁、简支梁的支座反力和弯矩、剪力影响线是最基本的影响线，都由直线段组成。由简支梁的影响线向两端延长，即可得到外伸梁的支座反力和支座间某截面内力的影响线；两边伸臂上各截面内力影响线则与对应的悬臂梁内力影响线相同。

（二）静定多跨梁、静定多跨（或多层）刚架的影响线

对于静定多跨梁，首先分清基本部分和附属部分以及它们之间力的传递关系，再利用单

跨简支梁的已知影响线,求得静定多跨梁某量 Z 的影响线。求解时应注意以下特点:

(1) 无论对基本部分还是附属部分的某量值来说,只要是单位移动荷载 $F_P=1$ 在量值本身所在的梁段上移动时,该量值的影响线与相应的单跨静定梁影响线相同。

(2) 当某量值为附属部分的支座反力或内力时,而 $F_P=1$ 在基本部分移动时,该量值影响线在基本部分区段的竖标等于零。

(3) 当某量值为基本部分的支座反力或内力,而 $F_P=1$ 在附属部分移动时,该量值的影响线在附属部分为直线;在连接铰处影响线的竖标为已知值,在支座处的竖标为零。

对于具有基本部分和附属部分的静定多跨(或多层)刚架,其支座反力、内力的影响线的求解方法和上述三个特点,原则上与静定多跨梁相同。

相比之下,用机动法作静定多跨梁的影响线比静力法要方便得多。

(三)静力法作静定桁架的影响线

(1) 桁架承受结点荷载作用。单位移动荷载在上弦(或下弦)移动时,必通过短梁(桁架中的轴向拉压杆)传递到桁架结点上。

(2) 以单位移动荷载作用点的位置 x 为自变量,用结点法或截面法列静力平衡方程求出桁架轴力(或支座反力)的影响函数,据此画出影响线。影响线在相邻结点间为一直线。

(3) 桁架中指定杆件的内力影响线的作法:作出桁架的支座反力影响线后,用结点法或截面法计算出指定杆件的内力与支座反力之间的函数关系,就可以求得指定杆件的内力影响线。

(四)间接荷载作用下的影响线

(1) 在结点荷载作用下,主结构的任何影响线在相邻两结点间为一直线。

(2) 先画出直接荷载作用下的影响线,用直线连接所有相邻两结点间的影响线竖标,即可得到间接荷载作用下的影响线。

四、机动法作影响线

(一)原 理

机动法作影响线的基本原理是虚功原理。欲求结构某量 Z 的影响线[见图 4.1(a)],先解除与 Z 相应的约束,代之以正向的未知力 Z。给刚体体系以虚位移[见图 4.1(b)],建立虚功方程:

$$Z\delta_Z + F_P\delta_P = 0$$

因此得 Z 的影响函数

$$\bar{Z}(x) = Z = -\frac{\delta_P(x)}{\delta_Z} \tag{4.1}$$

如令 $\delta_Z = 1$,则 $\delta_P(x)$ 图即为 Z 的影响线图形[见图 4.1(c)]。

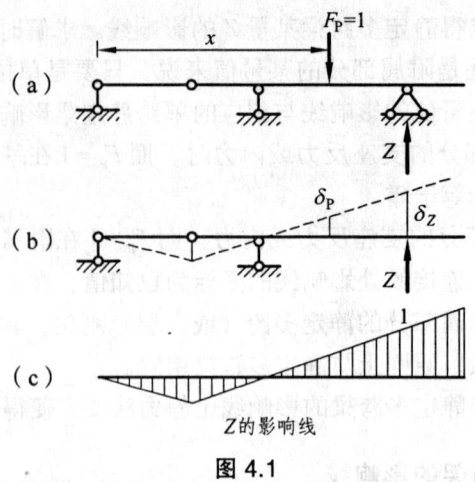

图 4.1

由此得到,在 $\delta_Z=1$ 时刚体体系的变形图即是所求的影响线图形。

(二) 计算方法

(1) 解除与某量 Z 相应的约束,代之以未知力 Z。
(2) 使刚体体系沿 Z 的正方向发生单位虚位移 $\delta_Z=1$,求出其他特征点处影响线的竖标。
(3) 基线以上取正,基线以下取负。

机动法作影响线的优点在于不需计算支座反力就能快速画出影响线的形状,机动法作超静定结构内力影响线的原理和方法同上。

五、影响线的应用

(一) 主要应用在以下两方面

(1) 求各种固定荷载作用下的内力或支座反力。
(2) 求各种移动荷载作用下的最不利位置(使某内力或支座反力达到最值的荷载位置),以计算结构的内力或支座反力的最值。

(二) 固定荷载作用下计算影响量的方法

在集中荷载 F_P、均布荷载 q_i、集中力偶 M_i 作用下,利用某量 Z 的影响线计算某量 Z 值的一般公式为

$$Z = \sum F_{Pi} y_i + \sum q_i A_i + \sum M_i \frac{\mathrm{d} y_i}{\mathrm{d} x} \tag{4.2}$$

式中 y_i——与集中力 F_{Pi} 对应的影响线竖标;

A_i——均布荷载 q_i 分布范围内影响线面积的代数和;

$\dfrac{\mathrm{d} y_i}{\mathrm{d} x}$——集中力偶 M_i 作用点处影响线切线的斜率。

由于静定结构的支座反力、内力影响线均由直线段组成,故 $\dfrac{\mathrm{d} y_i}{\mathrm{d} x}$ 为一常数,容易确定。

F_{Pi}、q_i 以向下为正，M_i 以顺时针方向为正。y_i、A_i 以在 x 轴上方为正，$\dfrac{dy_i}{dx}$ 的正负按切线斜率的正负规定，与高等数学里的规定相同。

（三）移动均布荷载下最不利位置的确定方法

将移动均布荷载布满某量 Z 的影响线全部正号竖标范围，就是求 Z_{max} 的荷载最不利位置；将移动均布荷载布满某量 Z 的影响线全部负号竖标范围，就是求 Z_{min} 的荷载最不利位置。

（四）移动集中荷载组作用下最不利位置的确定方法

（1）选定一个集中力设为临界荷载 F_{Pcr}，使其位于影响线顶点。

（2）使 F_{Pcr} 在顶点向左或向右微动，分别求 $\sum F_{Ri}\tan\alpha_i$ 数值（F_{Ri}、$\tan\alpha_i$ 分别为影响线第 i 段直线内荷载合力及直线斜率）。如果 $\sum F_{Ri}\tan\alpha_i$ 变号或由零变为非零，则 F_{Pcr} 是一个临界荷载，该荷载位置即临界位置，如图 4.2 所示。

使 Z 成为极大值的临界位置的判别式为

$$\left.\begin{array}{l}当\Delta_x<0(载荷向左微动)时，\sum F_{Ri}\tan\alpha_i \geqslant 0 \\ 当\Delta_x>0(载荷向右微动)时，\sum F_{Ri}\tan\alpha_i \leqslant 0\end{array}\right\} \quad (4.3)$$

使 Z 成为极小值的临界位置的判别式为

$$\left.\begin{array}{l}当\Delta_x<0(载荷向左微动)时，\sum F_{Ri}\tan\alpha_i \leqslant 0 \\ 当\Delta_x>0(载荷向右微动)时，\sum F_{Ri}\tan\alpha_i \geqslant 0\end{array}\right\} \quad (4.4)$$

（3）行列荷载可能有几个临界位置，对每一个临界可先求出 Z 的一个极值，再从所有极值中选出最值。

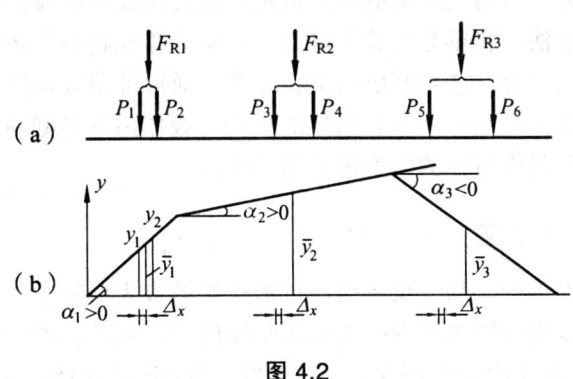

图 4.2

（五）影响线为三角形时，行列荷载临界位置的确定方法

（1）任选一荷载作为 F_{Pcr} 位于影响线顶点。此时，在影响线左直线范围内的荷载合力为 F_R^L，在影响线右直线范围内的荷载合力为 F_R^R，如图 4.3 所示。

（2）使荷载组向左、向右微动，能满足下列临界位置判别式：

$$\left.\begin{array}{l}\dfrac{F_{R}^{L}+F_{Pcr}}{a} \geqslant \dfrac{F_{R}^{R}}{b} \\ \dfrac{F_{R}^{L}}{a} \leqslant \dfrac{F_{Pcr}+F_{R}^{R}}{b}\end{array}\right\} \tag{4.5}$$

式 (4.5) 表明：将 F_{Pcr} 计入左（或右）边时，左（或右）边的荷载平均集度要大，则 F_{Pcr} 为一临界荷载。

对每一临界位置先求出 Z 的极值，再从所有极值选出最值。

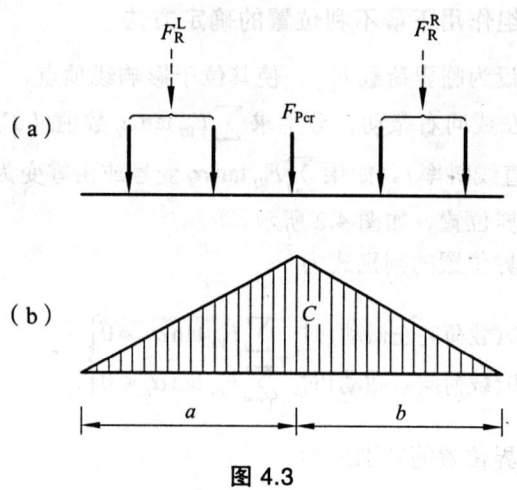

图 4.3

六、内力包络图和简支梁的绝对最大弯矩

（一）内力包络图

（1）定义：将梁各截面内力绝对值的最大值竖标连接而成的曲线，称为内力包络图。

（2）内力包络图的求法：将梁划为若干等份，在实际移动荷载作用下利用内力影响线逐个求出各等分截面的最大内力，就可画出内力包络图，通常可用方程的形式给出。

（3）内力包络图的意义：竖标表示在指定的移动荷载作用下各截面内力的可能最大值。对于同一梁，不同移动荷载作用下的内力包络图不同。

（二）简支梁的绝对最大弯矩

在给定的移动荷载作用下，简支梁各截面可能产生的最大弯矩中的最大值，称为简支梁的绝对最大弯矩。它可以由弯矩包络图中的最大竖标得到，也可直接由静力平衡方程求出。

如图 4.4 所示，当一组集中力在简支梁上移动时，第 i 个集中力作用点处弯矩产生极值的条件是合力 F_R 与 P_i 分别位于跨中两侧，且与跨中等距，此时有：

$$x = \dfrac{l}{2} - \dfrac{a}{2}, \quad M_{i\max} = \dfrac{F_R}{4l}(l-a)^2 - \overline{M}_i \tag{4.6}$$

式中，$\overline{M}_i$ 为 P_i 左边所有荷载对 P_i 作用点处的力矩。

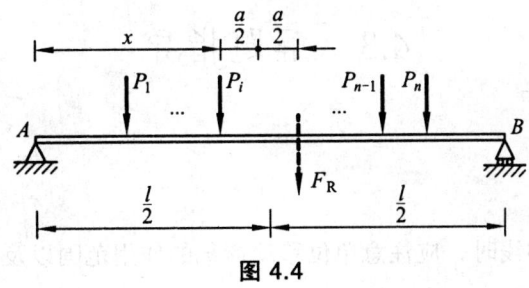

图 4.4

4.2 学习提示

一、学习要求

（1）掌握影响线的基本概念，以及它与内力图的区别。

（2）掌握静力法作影响线的原理和方法，能熟练应用静力法求简支梁、静定多跨梁和梁式桁架的影响线。

（3）掌握机动法作影响线的原理和方法，能熟练应用机动法求简支梁和静定多跨梁的影响线。

（4）能利用影响线求荷载的最不利位置。

（5）了解内力包络图和绝对最大弯矩的意义。

二、学习方法提示

（1）相对于内力和位移计算来说，影响线是一个新概念，必须弄清它的含义，以及它与内力图的区别。

（2）用静力法求影响线时，应注意正确截取隔离体，然后再列静力平衡方程。对于同一隔离体，单位移动荷载可能作用在隔离体上，也可能没有作用在隔离体上，所列静力平衡方程中可能含有单位移动荷载，也可能不含单位移动荷载。因此，在单位移动荷载作用的不同区段，应分别列出相应的静力平衡方程。熟悉简支梁影响线图形的规律。

（3）机动法求影响线的基本原理是虚功原理。作功的平衡力系包含约束力 Z 和单位移动荷载；虚位移状态中对应 Z 方向上的虚位移不应为零，因此应解除结构中与 Z 相应的约束，虚功方程中才包含未知量 Z。同时其他约束力对应的虚位移为零，约束力不作功。还应注意，因单位荷载是移动的，对应的虚位移 δ_P 也随之变化，其变化图形即虚位移图。虚功方程呈现了 $Z(x)$ 与 $\delta_P(x)$ 的正比关系，δ_Z 为比例常数，因此 δ_P 图就是影响线的轮廓图。

用机动法作影响线的原理和方法同样适用于超静定结构。

4.3 解题指导

一、解题方法

（1）用静力法作影响线时，应注意单位移动荷载的作用范围以及相应的影响线方程的取值范围。

（2）简支梁、悬臂梁的支座反力、弯矩、剪力的影响线是最基本的影响线，应当熟记，并可直接引用。由此可以拓展到外伸梁和静定多跨梁的影响线；求桁架内力的影响线时也可以利用对应的简支梁的影响线以简化计算。

（3）机动法作影响线时，注意 δ_P 图是沿单位移动荷载方向的虚位移分量图。遇到斜梁或间接荷载时应特别注意。如果荷载作用于短梁并通过结点传到主梁时，δ_P 图不是主梁的虚位移图，而应是短梁（即荷载作用点）的虚位移图。

（4）联合应用静力法和机动法求影响线可使计算大为简化。例如对静定多跨梁，用机动法容易画出内力、支座反力影响线的形状，再根据简支梁、悬臂梁的基本影响线来确定竖标。

（5）求移动集中荷载组的临界位置时，应先进行分析和判断。原则是：将数值大、排列密集的荷载置于影响线竖标较大的位置，以挑选可能的临界位置，有时可不必对每一荷载进行试算。还必须注意：在荷载组移动时，两端的有些荷载可能会移出或进入结构的承载范围，这将改变有的区间合力 F_R 的数值。

二、例题分析

【例 4.1】 画出图 4.5（a）所示静定多跨梁截面 D 的弯矩 M_D 的影响线，并利用影响线求出给定荷载下的 M_D 值。

解：用静力法求解。

（1）因静定梁的内力影响线均由直线段构成，因此可以求出各特征点（铰支座、自由端等）处的影响系数（见表 4.1），然后用直线段连接。

表 4.1 图 4.5（a）所示静定多跨梁单位移动荷载作用下的影响系数

单位移动荷载 $P=1$ 作用点的位置	固定端 D 的弯矩 M_D	坐标点	备注
A	$M_D = -1 \times 5 + F_{RB} \times 4 = +1$	$A(0,1)$	$F_{RB} = \dfrac{3}{2}(\uparrow)$
B	$M_D = 0$	$B(1,0)$	
C	$M_D = -1 \times 2 = -2$	$C(3,-2)$	
D	$M_D = 0$	$D(5,0)$	

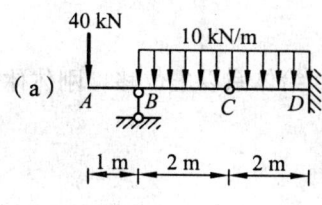

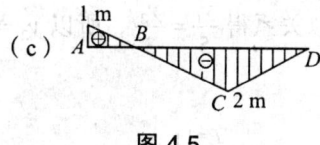

图 4.5

连接点 $A(0,1)$、$B(1,0)$、$C(3,-2)$、$D(5,0)$，得到截面 D 的弯矩 M_D 影响线如图 4.5（c）所示。

也可以利用图 4.5（b）所示的受力图分别列出影响线方程，然后绘制影响线图形。

（2）根据影响线求量值。

BCD 段有均布荷载作用，因此需求该段内影响线图形的面积 A 为

$$A = -\frac{1}{2} \times 2 \times 2 = -4$$

代入式（4.2）得到：

$$M_D = F_P y + qA = 40 \times 1 + 10 \times (-4) = 0$$

【例 4.2】 用机动法作图 4.6（a）所示结构 K 截面的剪力影响线、弯矩影响线。

解：（1）求 F_{SK} 的影响线。

将 K 截面变成滑动约束，代之以 F_{SK}，沿 F_{SK} 正向产生单位虚位移，作变形如图 4.6（b）所示，根据图中的关系有：

$$\begin{cases} y_1 + y_2 = 1 \\ \dfrac{y_1}{3} = \dfrac{y_2}{5} \end{cases}$$

所以

$$\begin{cases} y_1 = \dfrac{3}{8} \\ y_2 = \dfrac{5}{8} \end{cases}$$

由图 4.6（b）中的三角形相似关系得 $\dfrac{y_2}{5} = \dfrac{y_3}{3}$，所以 $y_3 = \dfrac{3}{8}$，因此图 4.6（a）所示结构 K 截面的剪力影响线如图 4.6（d）所示。

(2) 求 M_K 的影响线。

在 K 截面加铰并代之以 M_K，给体系以虚位移，刚体体系的变形图如图 4.6（c）所示，根据图中的关系有：

$$\begin{cases} \alpha + \beta = 1 \\ \alpha = \dfrac{y_1}{3} \\ \beta = \dfrac{y_1}{5} \end{cases}$$

所以 $y_1 = \dfrac{3 \times 5}{3+5} = \dfrac{15}{8}$

由图 4.6（c）中的三角形相似关系得 $\dfrac{y_1}{5} = \dfrac{y_2}{3}$，所以 $y_2 = \dfrac{9}{8}$，因此结构 K 截面的弯矩影响线如图 4.6（e）所示。

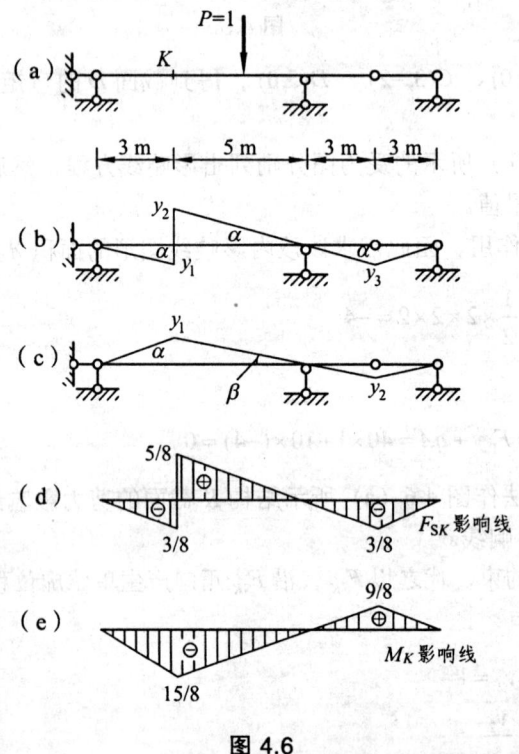

图 4.6

用机动法求影响线比用静力法求影响线要方便得多，因此应尽量使用机动法。

【例 4.3】 试求图 4.7（a）所示单跨超静定梁固端 A 截面弯矩 M_A 的影响线方程。

解：(1) 由于是超静定结构，按材料力学方法计算，建立如图 4.7（b）所示的坐标系。

① 根据近似微分方程 $\dfrac{\mathrm{d}^4 w}{\mathrm{d}x^4} = \dfrac{q(x)}{EI}$，得到

AC 段： $\quad \dfrac{\mathrm{d}^4 w_1}{\mathrm{d}x_1^4} = 0 \quad (0 \leqslant x_1 \leqslant x)$

CB 段： $\quad \dfrac{d^4 w_2}{dx_2^4} = 0 \quad (0 \leqslant x_2 \leqslant l - x)$

② 边界条件： $w_A = \theta_A = 0$， $w_B = M_B = 0$

连续条件与光滑条件： $w_{C^+} = w_{C^-}$， $\theta_{C^+} = \theta_{C^-}$， $M_{C^+} = M_{C^-}$， $F_{SC^+} = F_{SC^-} - 1$，即

$$\begin{cases} w_1|_{x_1=0} = 0 \\ \dfrac{dw_1}{dx_1}\bigg|_{x_1=0} = 0 \\ w_2|_{x_2=l-x} = 0 \\ EI\dfrac{d^2 w_2}{dx_2^2}\bigg|_{x_2=l-x} = 0 \end{cases}, \quad \begin{cases} w_1|_{x_1=x} = w_2|_{x_2=0} \\ \dfrac{dw_1}{dx_1}\bigg|_{x_1=x} = \dfrac{dw_2}{dx_2}\bigg|_{x_2=0} \\ EI\dfrac{d^2 w_1}{dx_1^2}\bigg|_{x_1=x} = EI\dfrac{d^2 w_2}{dx_2^2}\bigg|_{x_2=0} \\ EI\dfrac{d^3 w_1}{dx_1^3}\bigg|_{x_1=x} - 1 = EI\dfrac{d^3 w_2}{dx_2^3}\bigg|_{x_2=0} \end{cases}$$

③ 解上述微分方程得到：

$$w_1 = \dfrac{x_1^2(l-x)(-6l^2 x + 2l^2 x_1 + 3lx^2 + 2lx_1 x - x_1 x^2)}{12EIl^3}$$

$$w_2 = \dfrac{x^2(l-x-x_1)(-6l^2 x_1 - 4l^2 x + 3lx_1^2 + 8lx_1 x + 5lx^2 - x_1^2 x - x^3 - 2x_1 x^2)}{12EIl^3}$$

因此 AC 段的弯矩方程为

$$M_1 = EI\dfrac{d^2 w_1}{dx_1^2} = \dfrac{(l-x)(-2l^2 x + 2l^2 x_1 + lx^2 + 2lx_1 x - x_1 x^2)}{2l^3}$$

显然，在上式中如果令 $x_1 = a$，可以得到 $x_1 = a$ 处的弯矩影响线方程为

$$M|_{x_1=a} = \dfrac{(l-x)(-2l^2 x + 2l^2 a + lx^2 + 2alx - ax^2)}{2l^3}$$

特别地，令 $x_1 = 0$，即可得到 A 截面的弯矩方程为

$$M_A = \dfrac{x(l-x)(x-2l)}{2l^2}$$

它就是 A 截面弯矩 M_A 的影响线方程。

也可以根据近似微分方程 $\dfrac{d^2 w}{dx^2} = \dfrac{M(x)}{EI}$ 来计算，则计算过程要简单一些。

（2）由于是超静定结构，按力法进行计算。

① 将支座 A 简化成固定铰支座，同时施加顺时针方向的力偶矩 X_1，如图 4.7（c）所示；

② 作单位移动荷载、实际荷载作用下的弯矩图，如图 4.7（d）、（e）所示；根据图乘法计算公式有：

$$\delta_{11} = \dfrac{1}{EI} \times \dfrac{1}{2} \times 1 \times l \times \dfrac{2}{3} = \dfrac{l}{3EI}$$

$$\Delta_{1P} = \dfrac{x}{6EI}(+2 \times y_1 \times y_2 + 1 \times y_2) + \dfrac{l-x}{6EI}(+2 \times y_1 \times y_2) = -\dfrac{x(l-x)(x-2l)}{6EIl}$$

③ 代入力法典型方程 $\delta_{11}X_1 + \Delta_{1P} = 0$ 得到：

$$X_1 = -\frac{\Delta_{1P}}{\delta_{11}} = \frac{x(l-x)(x-2l)}{2l^2}$$

因此 M_A 影响线方程为

$$M_A = X_1 = \frac{x(l-x)(x-2l)}{2l^2}$$

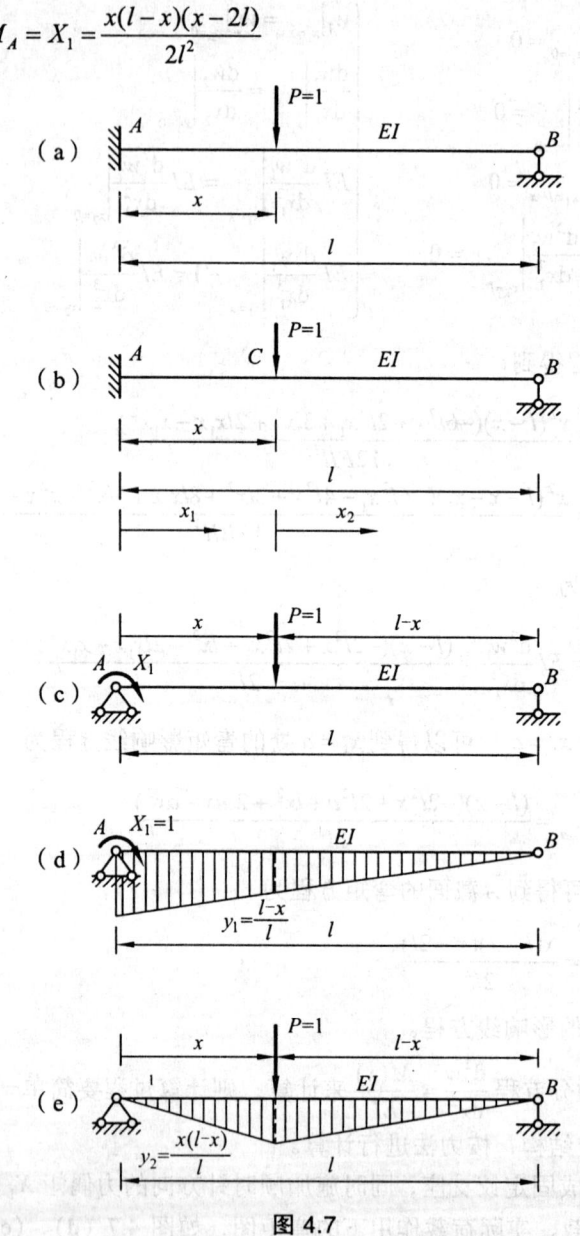

图 4.7

材料力学的方法比力法麻烦，但可以求得一般点处的影响线方程，便于程序化，利用计算机求解。力法计算过程比较简单，但只能求指点处的影响线方程。

【例 4.4】 如图 4.8（a）所示桁架结构，移动荷载 $P=1$ 沿上弦移动，作杆 35、56 的轴力影响线。

解：（1）利用外伸梁影响线来计算。

该法的基本思想是：先作出外伸梁的支座反力的影响线，然后将所求杆件的轴力利用支座反力表示出来，即可求得轴力影响线。

① 作支座 A、B 的支座反力影响线，如图 4.8（b）、（c）所示，相应的影响线方程为

$$\begin{cases} F_{RA} = -\dfrac{1}{2} + \dfrac{1}{4a}x & (0 \leqslant x \leqslant 8a) \\ F_{RB} = +\dfrac{3}{2} - \dfrac{1}{4a}x & (0 \leqslant x \leqslant 8a) \end{cases}$$

② 如图 4.8（d）所示，当移动荷载 $P=1$ 作用在 3 号结点左侧时，取 $m-m$ 截面右侧部分，受力图如图 4.8（e）所示，列静力平衡方程为

$$\sum M_A = 0, \quad F_{RB} \times 4a + F_{N35} \times 2a = 0$$

故 $\quad F_{N35} = -2F_{RB}$

因此将 F_{RB} 的影响线放大 2 倍，再反号，就得到移动荷载 $P=1$ 作用在 3 号结点左侧时的影响线，如图 4.8（g）所示，相应的坐标点为 $A(0,1)$、$B\left(a, \dfrac{1}{2}\right)$。

③ 当移动荷载 $P=1$ 作用在 5 号结点右侧时，取 $m-m$ 截面左侧部分，如图 4.8（f）所示，列静力平衡方程为

$$\sum M_A = 0, \quad -F_{N35} \times 2a = 0$$

故 $\quad F_{N35} = 0$

此时 F_{N35} 恒等于零，根据荷载的作用范围，得到相应的坐标点为 $C(3a,0)$、$D(8a,0)$，如图 4.8（g）所示。

用直线段连接 $ABCD$，即为杆 35 在上弦单位移动荷载作用下的影响线。

同理，取 $n-n$ 截面将桁架截开，如图 4.8（h）所示，根据静力平衡方程得到杆 56 的轴力与 A、B 支座反力之间的关系。

当移动荷载 $P=1$ 作用在 5 号结点左侧时，取 $n-n$ 截面右侧部分，列静力平衡方程得到：

$$F_{N56} = -\dfrac{\sqrt{5}}{2}F_{RB} = \dfrac{1}{4}\sqrt{5} - \dfrac{1}{8a}\sqrt{5}x \quad (0 \leqslant x \leqslant 3a)$$

相应的坐标点为 $A\left(0, \dfrac{1}{4}\sqrt{5}\right)$、$B\left(3a, -\dfrac{1}{8}\sqrt{5}\right)$，如图 4.8（i）所示。

当移动荷载 $P=1$ 作用在 7 号结点右侧时，取 $n-n$ 截面左侧部分，列静力平衡方程得到：

$$F_{N56} = +\dfrac{\sqrt{5}}{2}F_{RA} = \dfrac{3}{4}\sqrt{5} - \dfrac{1}{8a}\sqrt{5}x \quad (5a \leqslant x \leqslant 8a)$$

相应的坐标点为 $C\left(5a, \dfrac{1}{8}\sqrt{5}\right)$、$D\left(8a, -\dfrac{1}{4}\sqrt{5}\right)$，如图 4.8（i）所示。

连接 $ABCD$，如图 4.8（i）所示，即为杆 56 在上弦单位移动荷载作用下的影响线图形。

（2）利用静力法求解。

将移动荷载作为独立的结点荷载作用在上弦各结点上，设各荷载分别为 P_2、P_3、P_5、P_7、P_9、P_{11}、P_{12}，如图 4.8（j）所示。

① 计算支座反力。

$$\sum M_B = 0, \quad F_{RA} = +\frac{3}{2}P_2 + \frac{5}{4}P_3 + \frac{3}{4}P_5 + \frac{1}{4}P_7 + 0 - \frac{1}{4}P_{11} - \frac{1}{2}P_{12}$$

$$\sum M_A = 0, \quad F_{RB} = -\frac{1}{2}P_2 - \frac{1}{4}P_3 + \frac{1}{4}P_5 + \frac{3}{4}P_7 + P_9 + \frac{5}{4}P_{11} + \frac{3}{2}P_{12}$$

② 用截面法计算指定杆 35、56 的轴力。

如图 4.8（j）所示，用 m—m 截面截开桁架，取左侧进行分析，由 $\sum M_A = 0$ 得到：

$$F_{N35} \times 2a = P_2 \times 2a + P_3 \times a$$

所以　　　　　$F_{N35} = P_2 + \frac{1}{2}P_3$

写成　　　　　$F_{N35} = P_2 + \frac{1}{2}P_3 + 0 \times P_5 + 0 \times P_7 + 0 \times P_9 + 0 \times P_{11} + 0 \times P_{12}$

因此各结点荷载作用下对杆 35 的轴力影响的竖标由 F_{N35} 中 P_2、P_3、P_5、P_7、P_9、P_{11}、P_{12} 前面的系数确定，横标由结点荷载作用点的横坐标确定，得到各点为 $A(0,1)$、$B\left(a, \frac{1}{2}\right)$、$C(3a,0)$、$E(5a,0)$、$F(6a,0)$、$G(7a,0)$、$D(8a,0)$（E、F、G 点图中未标出），连接 ABCEFGD 得影响线与图 4.8（g）一致。

如图 4.8（j）所示，用 n—n 截面截开桁架，取左侧进行分析，由 $\sum F_y = 0$ 得到：

$$F_{N56} \times \frac{2}{\sqrt{5}} + P_2 + P_3 + P_5 = F_{RA}$$

所以　　　　　$F_{N56} = (F_{RA} - P_2 - P_3 - P_5) \times \frac{\sqrt{5}}{2}$

写成　　　　　$F_{N56} = \frac{1}{4}\sqrt{5}P_2 + \frac{1}{8}\sqrt{5}P_3 - \frac{1}{8}\sqrt{5}P_5 + \frac{1}{8}\sqrt{5}P_7 - 0 \times P_9 - \frac{1}{8}\sqrt{5} \times P_{11} - \frac{1}{4}\sqrt{5} \times P_{12}$

因此各结点荷载作用下对杆 56 的轴力影响的竖标由 F_{N56} 中 P_2、P_3、P_5、P_7、P_9、P_{11}、P_{12} 前面的系数确定，横标由结点荷载作用点的横坐标确定，得到各点为 $A\left(0, \frac{1}{4}\sqrt{5}\right)$、$E\left(a, \frac{1}{8}\sqrt{5}\right)$、$B\left(3a, -\frac{1}{8}\sqrt{5}\right)$、$C\left(5a, \frac{1}{8}\sqrt{5}\right)$、$F(6a,0)$、$G\left(7a, -\frac{1}{8}\sqrt{5}\right)$、$D\left(8a, -\frac{1}{4}\sqrt{5}\right)$（E、F、G 点图中未标出），连接 AEBCFGD 得影响线与图 4.8（i）一致。

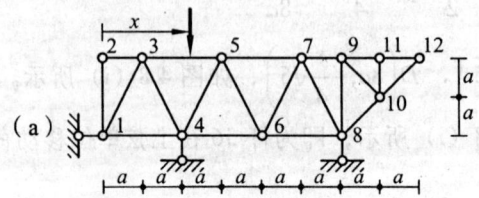

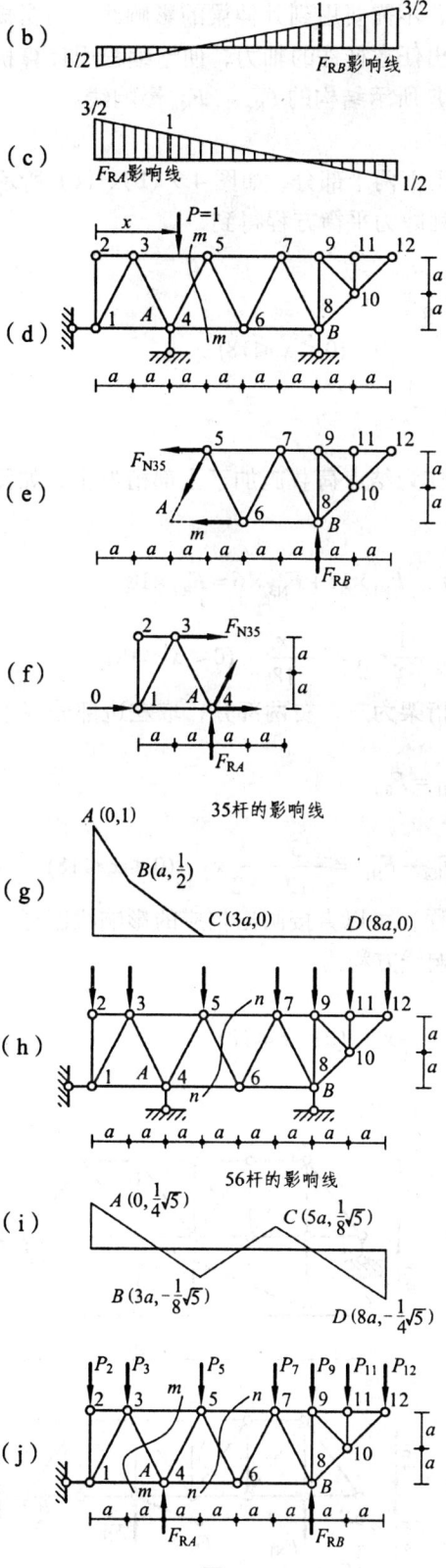

图 4.8

在静力学的计算过程中，不需要用到外伸梁的影响线，与常规方法求桁架中指定杆件的内力方法完全相同，可以求出任意杆件的轴力，便于编程用计算机来求解。

【例 4.5】 作图 4.9（a）所示结构的 F_{Na}、F_{Nb} 影响线。

解：用静力法求解。

（1）将整个结构截开成上下两个部分，如图 4.9（b）、（c）所示，设单位移动荷载 $P=1$ 作用点距左端 C 的距离为 x，列静力平衡方程得到：

$$\begin{cases} F_{N1} = \dfrac{4}{3} - \dfrac{1}{9}x \\ F_{N2} = 0 \qquad (0 \leqslant x \leqslant 18) \\ F_{N3} = \dfrac{1}{9}x - \dfrac{1}{3} \end{cases}$$

（2）将 F_{N1}、F_{N2}、F_{N3} 作为结点荷载施加于上部桁架上，如图 4.9（b）所示，利用常规方法进行计算。

$$\sum M_B = 0, \quad F_{N1} \times 15 + F_{N3} \times 6 = F_{RA} \times 18$$

故

$$F_{RA} = \dfrac{5}{6} F_{N1} + \dfrac{1}{3} F_{N3} = 1 - \dfrac{x}{18} \quad (0 \leqslant x \leqslant 18)$$

（3）用截面 m—m 截开桁架为左、右两部分，取左边部分列平衡方程得到：

$$\dfrac{4}{5} F_{Na} + F_{N1} = F_{RA}$$

故

$$F_{Na} = \dfrac{5}{4}(F_{RA} - F_{N1}) = -\dfrac{5}{12} + \dfrac{5}{72}x \quad (0 \leqslant x \leqslant 18)$$

（4）根据上述影响线方程，可以直接画出相应的影响线图形，如图 4.9（d）所示。

同理，可求得 b 杆的影响线方程为

$$F_{Nb} = -\dfrac{1}{4} - \dfrac{1}{24}x \quad (0 \leqslant x \leqslant 18)$$

相应的影响线图形如图 4.9（e）所示。

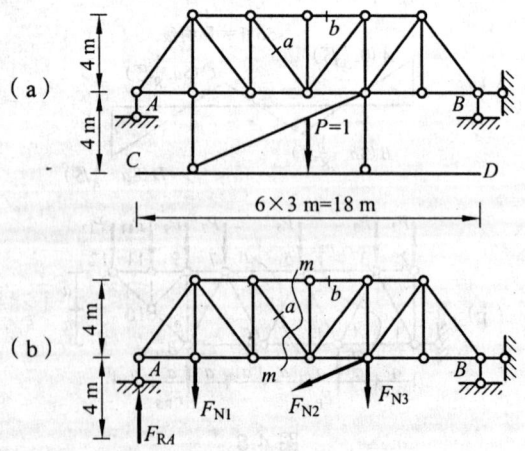

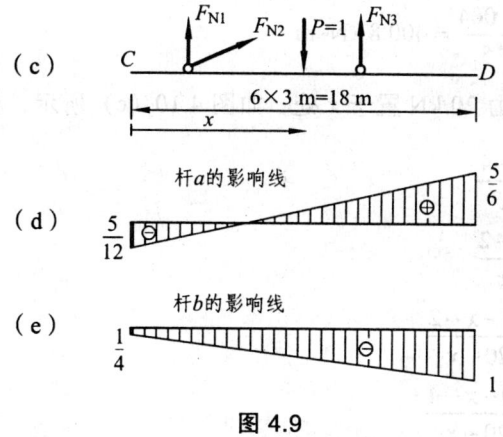

图 4.9

【例 4.6】 求图 4.10（a）所示简支梁在移动荷载作用下的绝对最大弯矩。

解：(1) 用影响线的方法求解。

① 简支梁距左端距离为 x 的任意截面的弯矩影响线如图 4.10（b）、(c) 所示，最高点竖标为 $y_0 = x\left(1 - \dfrac{x}{20}\right)$。

② 将左边第二个集中力 30 kN 置于 x 处，如图 4.10（b）所示，根据图中的关系得到：

$$\begin{cases} \dfrac{y_1}{y_0} = \dfrac{x-2}{x} \\ \dfrac{y_2}{y_0} = \dfrac{20-x-2}{20-x} \\ \dfrac{y_3}{y_0} = \dfrac{20-x-4}{20-x} \\ \dfrac{y_4}{y_0} = \dfrac{20-x-6}{20-x} \end{cases}$$

因此

$$\begin{cases} y_1 = \dfrac{x-2}{x} y_0 \\ y_2 = \dfrac{20-x-2}{20-x} y_0 \\ y_3 = \dfrac{20-x-4}{20-x} y_0 \\ y_4 = \dfrac{20-x-6}{20-x} y_0 \end{cases}$$

此时影响量 $M(x)$（即 x 截面的弯矩）计算式为

$$M(x) = \sum P_i y_i = 30 \times y_1 + 30 \times y_0 + 20 \times y_2 + 10 \times y_3 + 1$$

$$= \dfrac{20(96x - 5x^2 - 60)}{x(20-x)} y_0 = -5x^2 + 96x - 60$$

令 $\dfrac{\mathrm{d}M(x)}{\mathrm{d}x} = 96 - 10x = 0$，得 $x = \dfrac{48}{5} = 9.6$ m，代入求得：

$$M_{\max} = \frac{2\,004}{5} = 400.8 \text{ kN·m}$$

③ 将左边第三个集中力 20 kN 置于 x 处，如图 4.10（c）所示，根据图中的关系得到：

$$\begin{cases} \dfrac{y_1}{y_0} = \dfrac{x-4}{x} \\ \dfrac{y_2}{y_0} = \dfrac{x-2}{x} \\ \dfrac{y_3}{y_0} = \dfrac{20-x-2}{20-x} \\ \dfrac{y_4}{y_0} = \dfrac{20-x-4}{20-x} \end{cases}$$

因此

$$\begin{cases} y_1 = \dfrac{x-4}{x} y_0 \\ y_2 = \dfrac{x-2}{x} y_0 \\ y_3 = \dfrac{20-x-2}{20-x} y_0 \\ y_4 = \dfrac{20-x-4}{20-x} y_0 \end{cases}$$

此时影响量 $M(x)$（即 x 截面的弯矩）计算式为

$$M(x) = \sum P_i y_i = 30 \times y_1 + 30 \times y_2 + 20 \times y_0 + 10 \times y_3 + 10 \times y_4$$
$$= -5x^2 + 106x - 180$$

令 $\dfrac{\mathrm{d}M(x)}{\mathrm{d}x} = 106 - 10x = 0$，得 $x = \dfrac{53}{5} = 10.6$ m，代入求得：

$$M_{\max} = \frac{1\,909}{5} = 381.8 \text{ kN·m}$$

同理，可以将左边第四个集中力 10 kN 置于 x 处，但计算出此时的最大弯矩较小，忽略。
比较得到，简支梁在图 4.10（a）所示移动荷载组作用下的绝对最大弯矩为

$$M_{\max} = 400.8 \text{ kN·m}$$

此时 $x = 9.6$ m。

用影响线的方法求解，尽管可以计算出简支梁的绝对最大弯矩，但是比较麻烦，因此可以考虑用下面的方法来求解。

(2) 按式（4.6）求解。

① 求移动荷载组的合力 F_R 的大小和作用点 s 的位置。

$$F_R = 30 + 30 + 20 + 10 + 10 = 100 \text{ kN}$$

设合力 F_R 作用点距离左端第一个荷载 30 kN 的距离为 s，则

$$s = \frac{30 \times 2 + 20 \times 4 + 10 \times 6 + 10 \times 8}{30 + 20 + 10 + 10} = \frac{14}{5} = 2.8 \text{ m}$$

因此，合力 F_R 作用点的位置介于从左开始的第二和第三个荷载之间，此时第二和第三个荷载为临界荷载。

② 代入式（4.7）计算。

令第二个荷载作用点为临界荷载，则 $a = s - 2 = 2.8 - 2 = 0.8$ m

$$M_{i\max} = \frac{100}{4 \times 20}(20 - 0.8)^2 - 30 \times 2 = \frac{2\,004}{5} = 400.8 \text{ kN·m}$$

令第三个荷载作用点为临界荷载，则 $a = s - 2 - 2 = 2.8 - 4 = -1.2$ m

$$M_{i\max} = \frac{100}{4 \times 20}(20 + 1.2)^2 - 30 \times 4 - 30 \times 2 = 561.8 - 180 = 381.8 \text{ kN·m}$$

比较得到，绝对最大弯矩为：$M_{\max} = 400.8$ kN·m。

(3) 静力法。

① 如图 4.10（d）所示，设左侧第一个移动荷载距离左端支座的距离为 x，根据静力平衡方程可以求得支座 C、D 的支座反力分别为：

$$F_{RC} = 86 - 5x, \quad F_{RD} = 14 + 5x$$

② 分别令各荷载作用点的弯矩 M_i（$i = 1,2,3,4,5$）取得极值，则有：

$$M_1 = F_{RC} \times x = (86 - 5x)x \leqslant 369.8 \text{ kN·m}$$
$$M_2 = F_{RC} \times (x + 2) - 30 \times 2 = (86 - 5x)(x + 2) - 60 \leqslant 400.8 \text{ kN·m}$$
$$M_3 = F_{RC} \times (x + 4) - 30 \times 4 - 30 \times 2 = (86 - 5x)(x + 4) - 180 \leqslant 381.8 \text{ kN·m}$$
$$M_4 = F_{RC} \times (x + 6) - 30 \times 6 - 30 \times 4 - 20 \times 2 = (86 - 5x)(x + 6) - 340 \leqslant 332.8 \text{ kN·m}$$
$$M_5 = F_{RC} \times (x + 8) - 30 \times 8 - 30 \times 6 - 20 \times 4 - 10 \times 2 = (86 - 5x)(x + 8) - 520 \leqslant 273.8 \text{ kN·m}$$

比较得到，绝对最大弯矩为：$M_{\max} = 400.8$ kN·m。

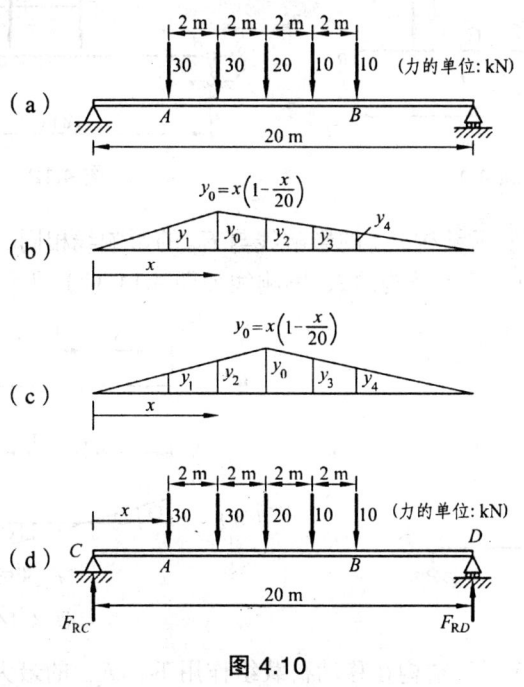

图 4.10

方法（1）、（2）、（3）在实际计算中各有千秋，读者可以根据自己的兴趣适当选取。若能将方法（2）、（3）结合起来，先用方法（2）找到临界荷载的位置，然后用方法（3）的方法来计算，则要方便得多。

求解绝对最大弯矩时要特别注意，是否有移动荷载移出梁外。

4.4 基础训练与考研辅导

一、判断题

1. （　　）静定结构和超静定结构的内力影响线均由折线组成。
2. （　　）荷载处于某一最不利位置时，按梁内各截面的弯矩值竖标画出的图形，称为简支梁的弯矩包络图。
3. （　　）求某量值影响线方程的方法，与恒载作用下计算该量值的方法在原理上是相同的。
4. （　　）一个给定的影响线，只能反映一个既定量值的变化规律。
5. （　　）静定梁某截面弯矩的临界荷载位置一般就是最不利荷载位置。
6. （　　）如图 4.11 所示结构 C 截面弯矩影响线在 C 处的竖标为 $\dfrac{ab}{a+b}$。
7. （　　）如图 4.12 所示梁的绝对最大弯矩发生在距支座 A 的 $\dfrac{89}{15}$ m 处。

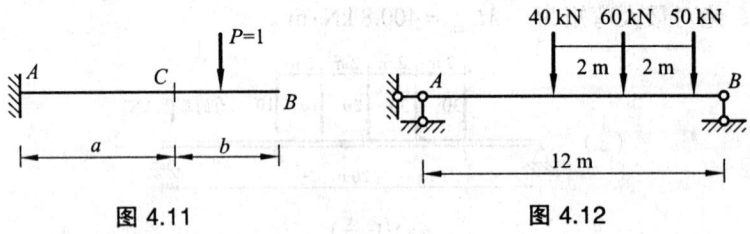

图 4.11　　　　　图 4.12

8. （　　）如图 4.13 所示结构 F_{RB} 的影响线与 F_{SB} 的影响线相同。
9. （　　）图 4.14（a）所示结构的 F_{SA} 影响线如图 4.14（b）所示。

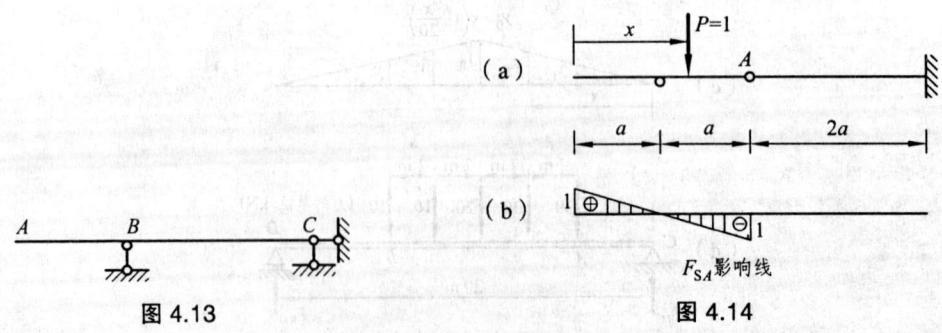

图 4.13　　　　　图 4.14

10. （　　）如图 4.15 所示结构在移动荷载组作用下，F_{SB^-} 的最大值为零。

11. (　　) 图 4.16（a）所示结构 2-6 杆的内力影响线如图 4.16（b）所示。

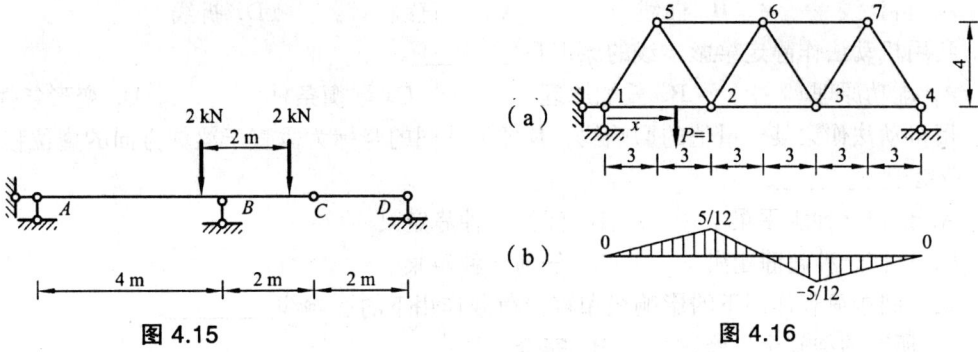

图 4.15　　　　　　　　　　　　图 4.16

12. (　　) 如图 4.17 所示结构在给定移动荷载作用下，主梁上截面 C 的弯矩最大值为 460 kN·m。

13. (　　) 图 4.18（a）所示的结构，单位移动荷载 $P=1$ 沿 AF、CE 移动时，M_K 影响线轮廓如图 4.18（b）所示。

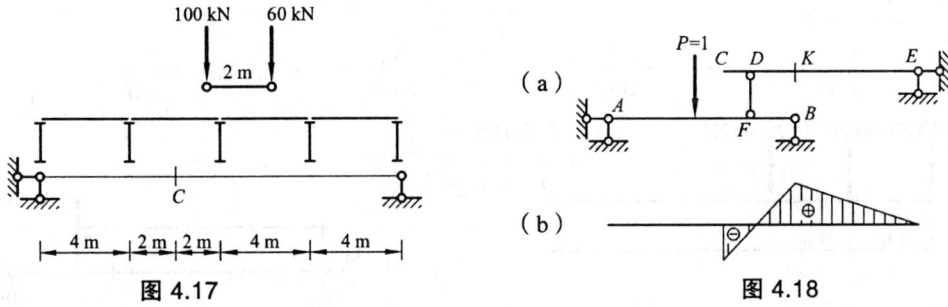

图 4.17　　　　　　　　　　　　图 4.18

14. (　　) 图 4.19（a）所示的结构，单位移动荷载 $P=1$ 沿 AC、DB 移动，F_{SK} 的影响线如图 4.19（b）所示。

15. (　　) 如图 4.20 所示的结构，$P=1$ 在 AB 段移动时，K 截面的弯矩影响线值 M_K 为零。

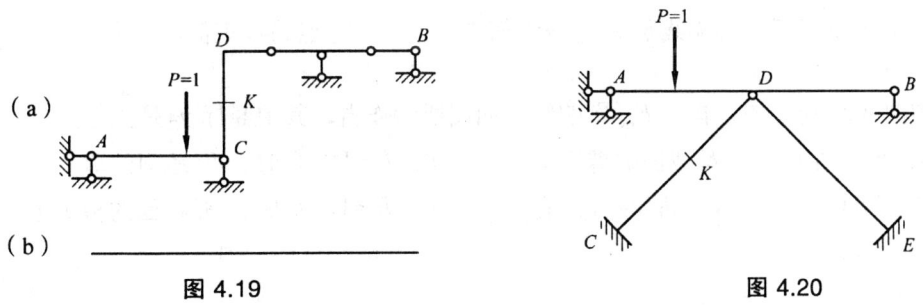

图 4.19　　　　　　　　　　　　图 4.20

二、选择题

1. 一般在绘制影响线时，所施加的荷载是一个_____。
   A. 集中力偶　　　　　　　　B. 指向不变的单位移动集中力
   C. 单位力偶　　　　　　　　D. 集中力

2. 静定梁某截面位移影响线图形为_____。
   A. 斜直线　　B. 曲线　　C. 平直线　　D. 折线
3. 利用机动法作静定梁影响线的原理是_____。
   A. 虚功原理　　B. 叠加原理　　C. 平衡条件　　D. 变形条件
4. 用机动法作梁某一量值的影响线，其虚位移图的竖标为垂直于梁轴方向的虚位移，这一结论适用于_____。
   A. 任何一种水平梁　　　　B. 任何一种静定梁
   C. 任何一种超静定梁　　　D. 任何一种斜梁
5. 梁在间接荷载作用下的影响线和直接荷载作用下的影响线_____。
   A. 所有的结间全应修改　　B. 完全一致
   C. 完全不同　　　　　　　D. 仅在所求截面的结间需修改
6. 如图 4.21 所示的结构，移动荷载从左到右移动时，M_K 最大值的临界荷载是_____。
   A. P_4　　B. P_3　　C. P_2　　D. P_1
7. 当单位移动荷载 $P=1$ 在图 4.22 所示简支梁的 CB 段上移动时，C 截面剪力 F_{SC} 的影响线方程为_____。
   A. $-\dfrac{x}{a+b}$　　B. $1-\dfrac{x}{a+b}$　　C. $\dfrac{x}{a+b}-1$　　D. $\dfrac{x}{a+b}$

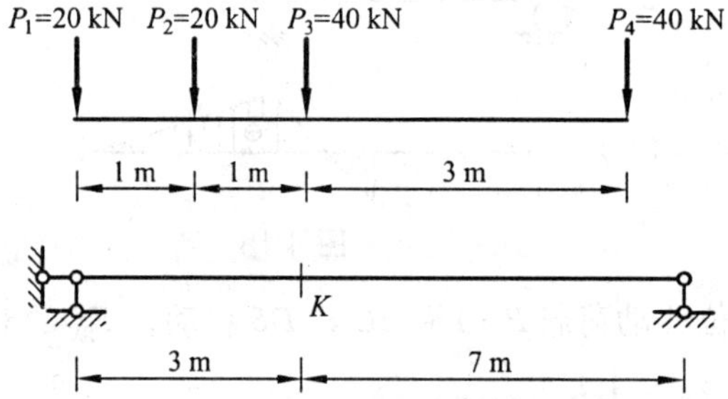

图 4.21

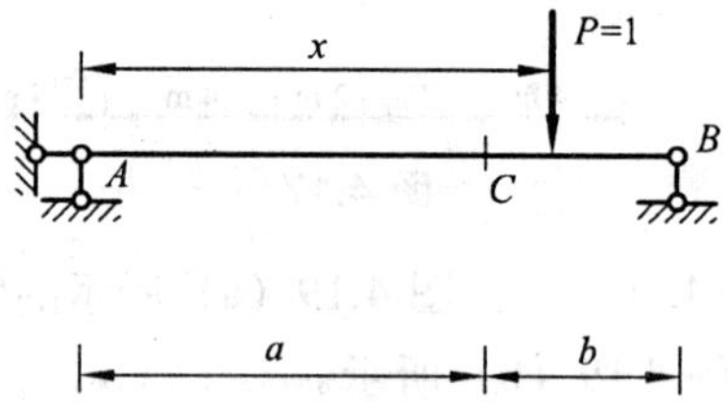

图 4.22

8. 如图 4.23 所示，影响线竖标 y_d 表示简支梁_____点的弯矩值。
   A. c　　B. d　　C. e　　D. f
9. 如图 4.24 所示的结构，F_{SK} 影响线已如图所示作出，其中竖标 y_C 是_____。
   A. $P=1$ 在 C 时，K 截面的剪力值　　B. $P=1$ 在 C 时，B^- 截面的剪力值
   C. $P=1$ 在 C 时，C 截面的剪力值　　D. $P=1$ 在 C 时，A^+ 截面的剪力值

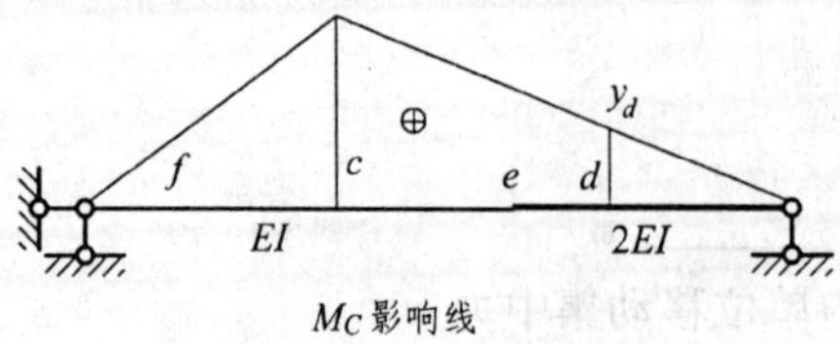

M_C 影响线

图 4.23

F_{SK} 影响线

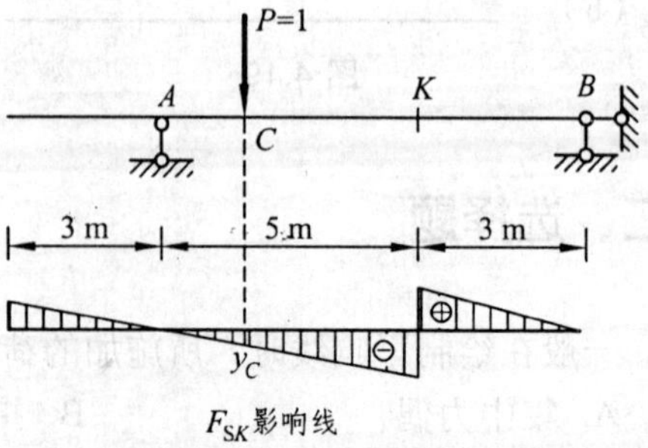

图 4.24

10. 如图 4.25 所示，欲使支座 B 截面出现弯矩最大值 $M_{B\max}$，梁上均布荷载的布局应为_____。

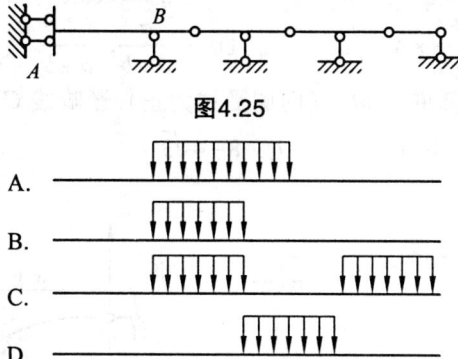

图4.25

11. 如图 4.26 所示的桁架，单位力 $P=1$ 沿下弦移动，杆 1 内力影响线为_____。

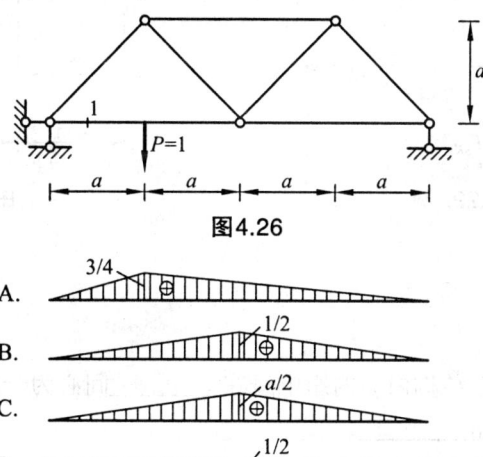

图4.26

12. 如图 4.27 所示的桁架，a 杆的影响线纵标不为零的区段为_____。
    A. 2～4 点　　　　B. 0～4 点　　　　C. 1～3 点　　　　D. 0～2 点

13. 如图 4.28 所示的结构，单位移动荷载 $P=1$ 在 BE 上移动，AB 杆右侧受拉为正，M_A 的影响线 B、D 两点的纵标分别为_____ m、_____ m。
    A. 0，-4　　　　B. -4，-4　　　　C. 0，4　　　　D. 4，4

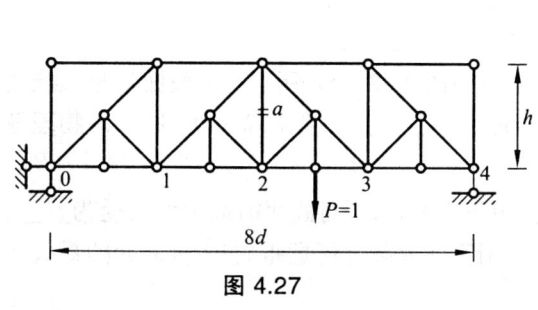

图 4.27

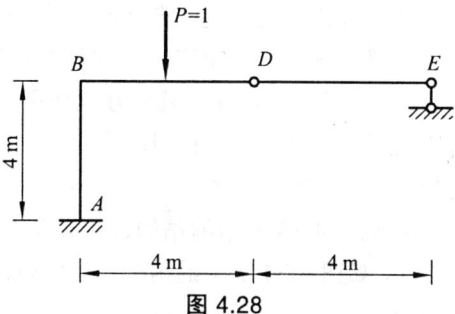

图 4.28

14. 如图 4.29 所示的梁，F_{SK} 影响线上 K 点的竖标 y_K^-、y_K^+ 分别为_____。

A. $-\dfrac{a}{a+b}\cos\alpha$，$\dfrac{b}{a+b}\cos\alpha$ 　　B. $-\dfrac{a}{a+b}\dfrac{1}{\cos\alpha}$，$\dfrac{b}{a+b}\dfrac{1}{\cos\alpha}$

C. $-\dfrac{a}{a+b}\sin\alpha$，$\dfrac{b}{a+b}\sin\alpha$ 　　D. $-\dfrac{a}{a+b}$，$\dfrac{b}{a+b}$

15. 如图 4.30 所示，圆弧曲梁 M_K（内侧受拉为正）影响线 C 点竖标为_____m。

A. 4 　　B. $4-4\sqrt{3}$ 　　C. $8-4\sqrt{3}$ 　　D. 0

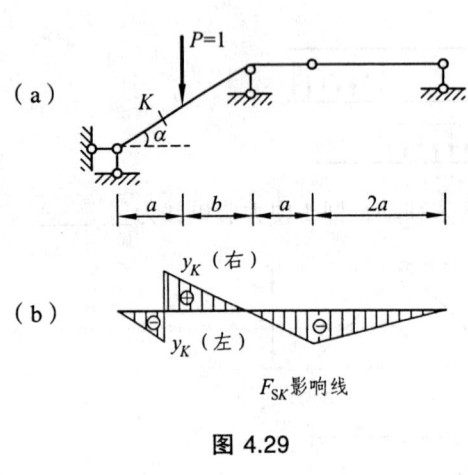

图 4.29

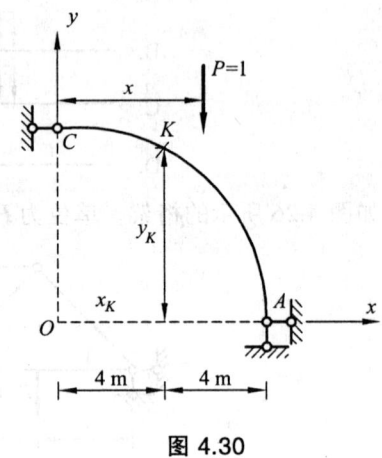

图 4.30

三、填空题

1. 结点荷载作用下静定结构内力的影响线在_____间必为一直线。

2. 内力包络图的概念是_____，_____。

3. 作用在简支梁上的所有集中荷载的合力 F_R 与紧邻 F_R 的某一荷载 P_i _____地放在梁中点的两边时，P_i 作用点的截面弯矩为_____。

4. 确定移动集中荷载组的不利位置，只要试算各集中力在影响线的_____处的那些情况。

5. 多跨静定梁附属部分某量值影响线，在_____范围内必为零，在_____范围内为直线或折线。

6. 影响线与内力图相比较，前者荷载位置是_____的，后者荷载位置是_____的；前者横坐标表示_____的位置，后者横坐标表示_____的位置。

7. 如图 4.31 所示的结构，M_E 影响线 C 点的竖标为_____。

8. 图 4.32（a）所示梁在力 P 作用下，其弯矩图如图 4.32（b）所示，K 截面弯矩影响线如图 4.32（c）所示。图 4.32（b）中 y_D 的物理意义为_____，图 4.32（c）中 y_D 的物理意义为_____。

9. 如图 4.33 所示的结构，在给定移动荷载作用下，支座 B^+ 侧截面的最大剪力值为_____。

10. 如图 4.34 所示的结构，在均布活荷载 q 作用下（荷载可任意布局），A 截面的最大负剪力为_____。

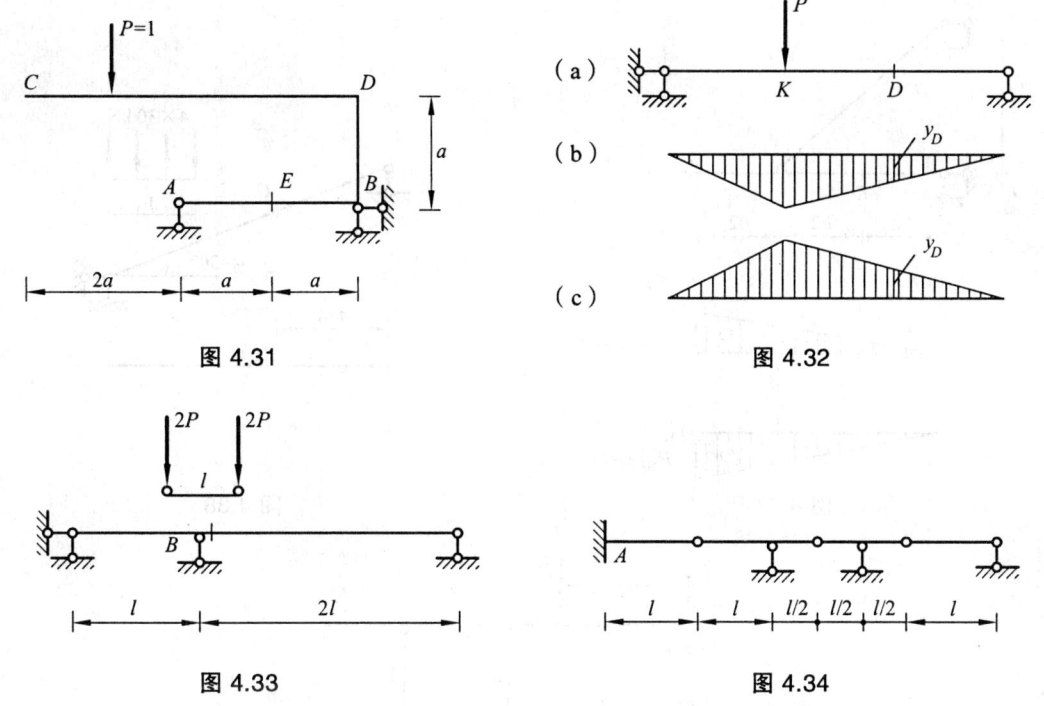

图 4.31   图 4.32

图 4.33   图 4.34

11. $P=50$ kN 在图 4.35 所示结构上沿 $ABCD$ 移动,当 P 位于距支座 A 的距离为_____m 或_____ m 时,F_{RB} 的值为 75 kN。

12. 如图 4.36 所示,桁架杆 4—5 的内力影响线的竖标 $y_2 = $_____、$y_3 = $_____。

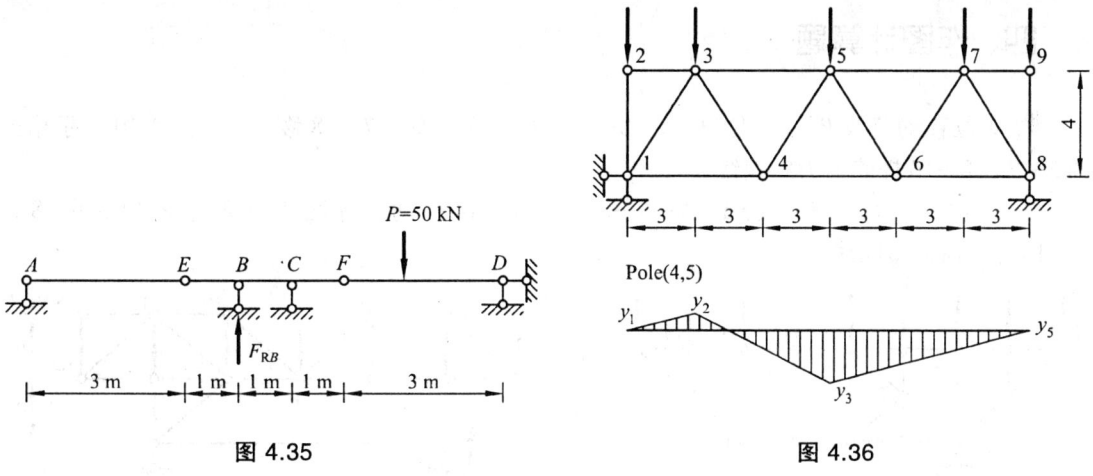

图 4.35   图 4.36

13. 如图 4.37 所示的结构,单位移动荷载 $P=1$ 在 AD 上移动,则各杆轴力影响线中 $y_1 = $_____、$y_2 = $_____、$y_3 = $_____。

14. 如图 4.38 所示的梁受竖向移动荷载作用,C 截面产生的最大轴力=_____kN。

15. 如图 4.39 所示结构,杆 1 和杆 2 的影响线竖标分别为 $F_{N1}(x)$ 和 $F_{N2}(x)$,则杆 3 用 $F_{N1}(x)$、$F_{N2}(x)$ 表示的影响线竖标 $F_{N3}(x)$ 为_____。

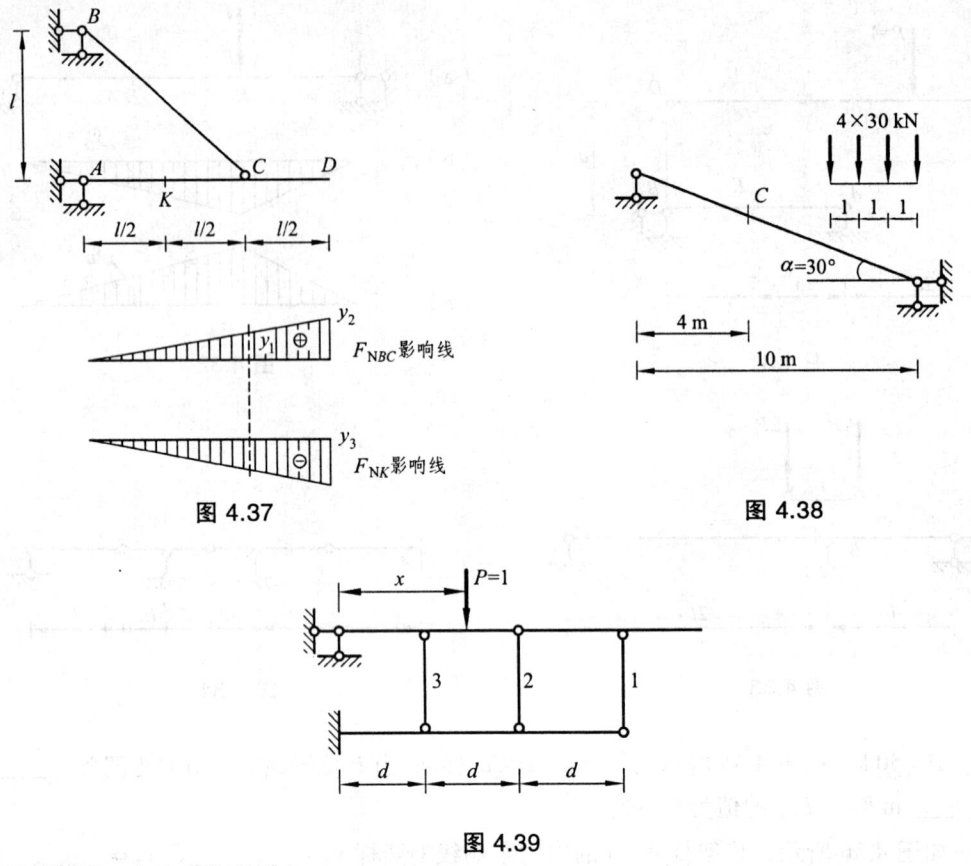

图 4.37   图 4.38

图 4.39

四、作图计算题

1. 单位移动荷载 $P=1$ 沿 1—3—5—8—10—11—13—15—17—18 移动，作图 4.40 所示桁架的 5—7、8—10 杆的轴力影响线。

2. 单位移动荷载 $P=1$ 沿 1—4—6—8—9—12—14 移动，作图 4.41 所示桁架的 6—8、9—13 杆的轴力影响线。

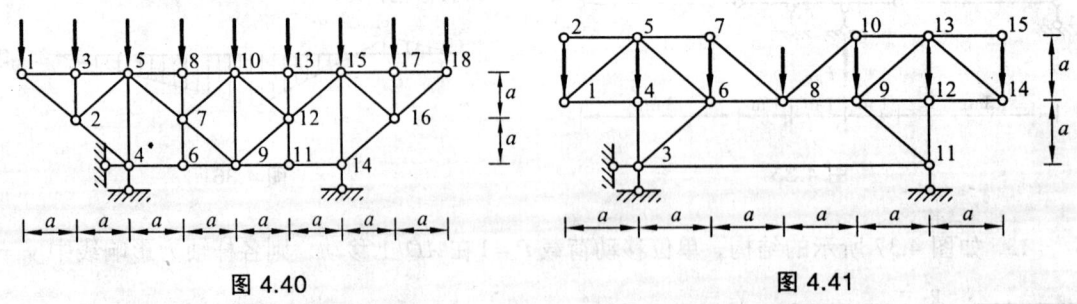

图 4.40   图 4.41

3. 单位移动荷载 $P=1$ 沿下弦移动，作图 4.42 所示桁架中杆 7—8、3—9 的轴力影响线。

4. 如图 4.43 所示的桁架，单位移动荷载沿 1—4—6—8—10—12 移动，作支座 1 的支座反力影响线，并利用该影响线求图示荷载作用下的支座反力。

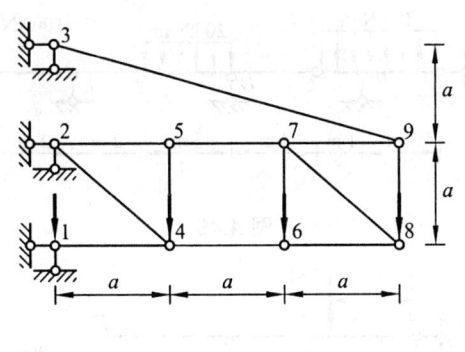

图 4.42　　　　　　　　　　图 4.43

5. 作图 4.44 所示桁架 2—7 杆的轴力影响线，并求图示移动荷载作用下该轴力的最大值。

6. 作图 4.45 所示桁架 F_{N1}、F_{N2} 的轴力影响线，并求图示荷载位置时杆件 1 的内力值。

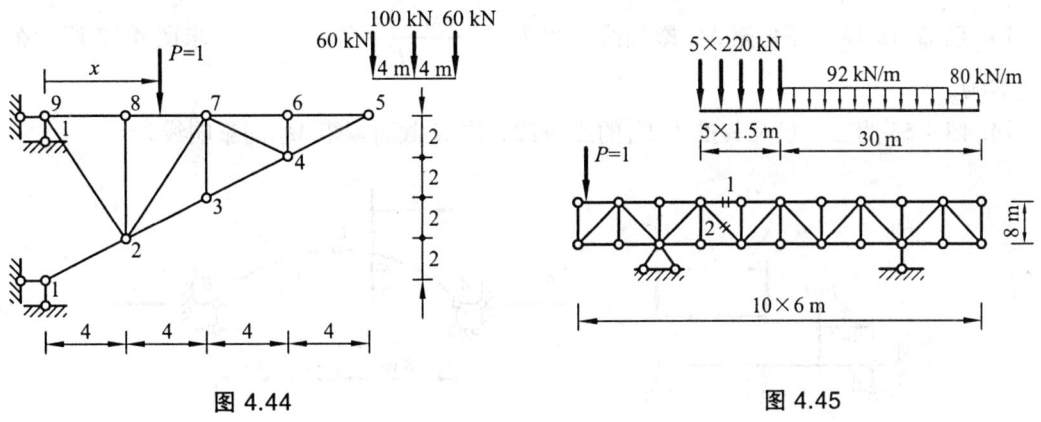

图 4.44　　　　　　　　　　图 4.45

7. 作图 4.46 所示梁 F_{RB} 的影响线，并利用影响线求给定荷载下的 F_{RB} 值。

8. 求图 4.47 所示梁在移动荷载组作用下支座反力 F_{RB} 的最大值。

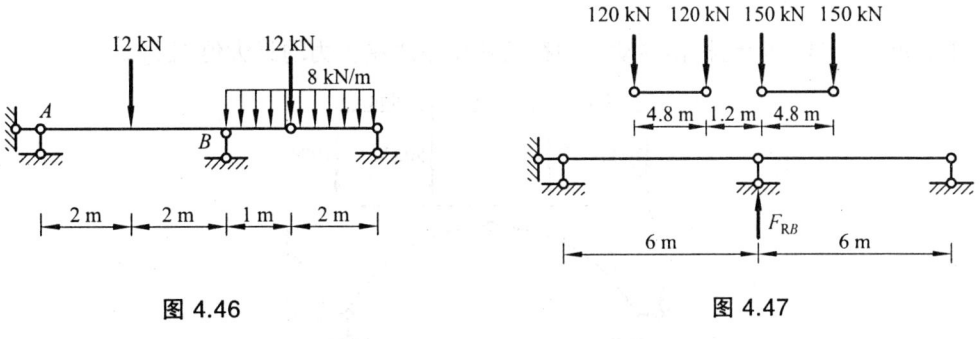

图 4.46　　　　　　　　　　图 4.47

9. 绘出图 4.48 所示梁在间接荷载作用下的 F_{SC^-}、F_{SC^+} 影响线。

10. 作图 4.49 所示梁的 F_{SC} 的影响线，并利用影响线求给定荷载作用下 F_{SC} 的值。

11. 用机动法作图 4.50 所示梁的 M_A、M_K 的影响线的形状。

12. 如图 4.51 所示，竖向荷载在梁 EF 上移动，求梁 DB 中 F_{RA}、M_C 的影响线。

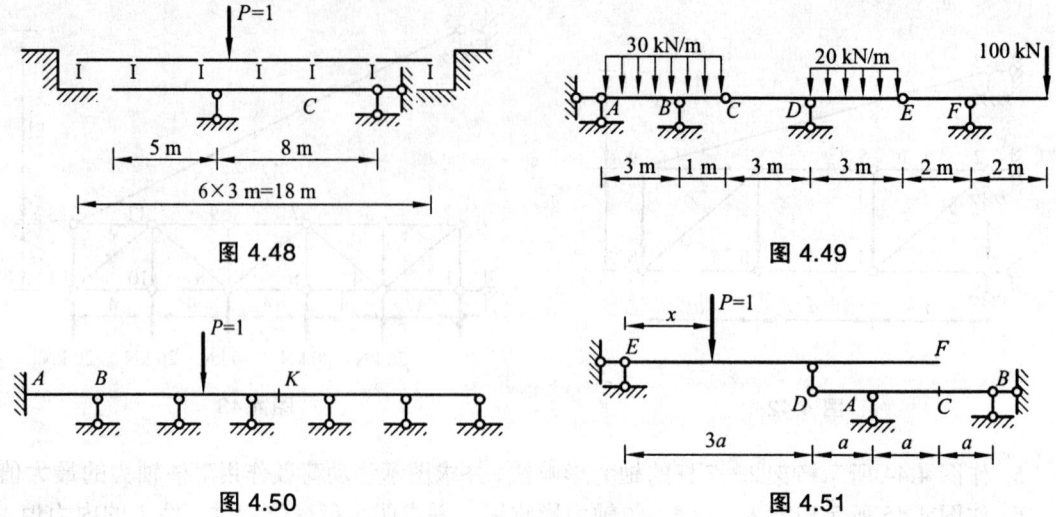

图 4.48   图 4.49

图 4.50   图 4.51

13. 已知 AB 段支座弯矩 M_B 影响线方程为 $y = -\dfrac{xl^2 - x^3}{4l^2}(0 \leqslant x \leqslant l)$，求图 4.52 所示荷载作用下 $M_{B\min}$。

14. 图 4.53 为三铰拱及其推力 F_H 的影响线，求 K 截面弯矩 M_K 的影响线。

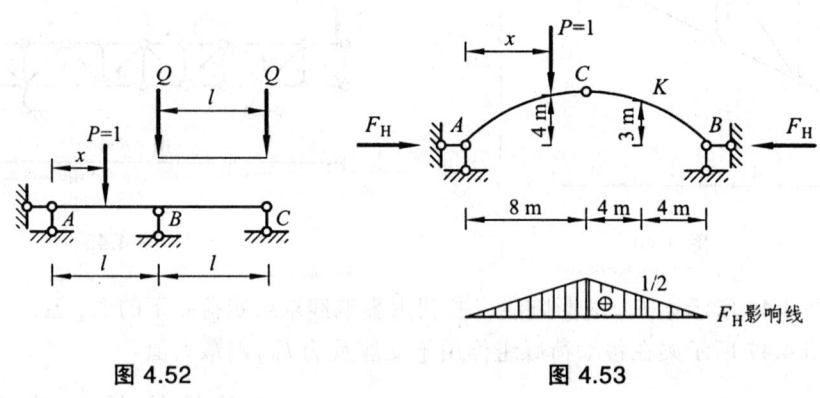

图 4.52   图 4.53

15. 求图 4.54 所示结构在移动集中荷载作用下水平推力的最大值 $F_{H\max}$。

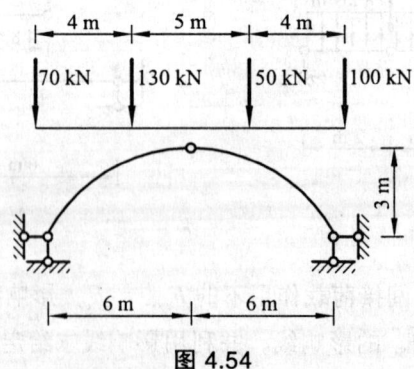

图 4.54

第5章 力 法

5.1 内容提要

一、超静定次数的确定方法

如果从超静定结构中拆除 n 个约束后，原超静定结构成为静定结构，则原结构为 n 次超静定结构。

$$超静定次数 = 多余约束数\ n$$

多余约束包括多余支座（支座反力）或多余杆件（内力）。

二、力法的基本原理

超静定结构拆除多余约束后，以多余未知力（力法的基本未知量）代替相应的被拆除约束，得到力法的基本结构，同时把原结构中多余约束及荷载都去掉后所得的静定结构称为力法的基本结构。基本结构中沿基本未知力方向的位移应等于原结构中相应的位移，由这种变形条件可以建立力法的基本方程（也称为力法典型方程），求解该方程可得到基本未知力，基本结构在荷载及基本未知力共同作用下，利用平衡条件求出内力，就是原超静定结构的内力。

三、力法典型方程、柔度系数、自由项

（一）荷载作用下的力法典型方程

$$\begin{cases} \delta_{11}X_1 + \delta_{12}X_2 + \cdots + \delta_{1n}X_n + \Delta_{1P} = 0 \\ \delta_{21}X_1 + \delta_{22}X_2 + \cdots + \delta_{2n}X_n + \Delta_{2P} = 0 \\ \quad\quad\quad\quad\quad\quad \vdots \\ \delta_{n1}X_1 + \delta_{n2}X_2 + \cdots + \delta_{nn}X_n + \Delta_{nP} = 0 \end{cases} \quad (5.1)$$

力法典型方程的等式左边为基本结构沿基本未知力方向的位移，等式右边为原结构的相应位移。

柔度系数 δ_{ij} 的意义表示当单位荷载 $X_j = 1$ 作用于基本结构时沿 X_i 所在方向产生的位移，对于直杆结构其计算式为

$$\delta_{ij} = \sum \int \frac{\overline{M}_i \overline{M}_j}{EI} \mathrm{d}s + \sum \frac{\overline{F}_{Ni}\overline{F}_{Nj}l}{EA} \quad (i,j=1,2,3,\cdots,n) \tag{5.2}$$

其中，主系数 $\delta_{ii}>0$，副系数 $\delta_{ij}=\delta_{ji}$（$i\ne j$ 时）。

荷载作用下的自由项为

$$\Delta_{iP} = \sum \int \frac{\overline{M}_i M}{EI} \mathrm{d}s + \sum \frac{\overline{F}_N F_N l}{EA} \quad (i=1,2,3,\cdots,n) \tag{5.3}$$

一般情况下不考虑剪切变形的影响，因此式（5.2）、(5.3) 中只有两项。

对于梁、刚架、组合结构中的梁式杆由于只考虑弯曲变形，不考虑轴向变形，因此只取式（5.2）、(5.3) 中的第一项；对于桁架结构及组合结构中的链杆，由于要考虑轴向变形，只取式（5.2）、(5.3) 中的第二项；对于桁梁组合结构，需要同时考虑弯曲变形和轴向拉压变形，式（5.2）、(5.3) 中的两项都要计算。

（二）支座移动时的力法典型方程

设 Δ_i 为原结构沿 X_i 方向的支座位移，Δ_{ic} 为基本结构中因保留的支座位移所引起的沿 X_i 方向的位移，根据式（3.1）得到：

$$\Delta_{ic} = -\sum c_k \overline{F}_{Rki} \tag{5.4}$$

则支座移动时的力法典型方程为

$$\begin{cases} \delta_{11}X_1 + \delta_{12}X_2 + \cdots + \delta_{1n}X_n + \Delta_{1c} = \Delta_1 \\ \delta_{21}X_1 + \delta_{22}X_2 + \cdots + \delta_{2n}X_n + \Delta_{2c} = \Delta_2 \\ \vdots \\ \delta_{n1}X_1 + \delta_{n2}X_2 + \cdots + \delta_{nn}X_n + \Delta_{nc} = \Delta_n \end{cases} \tag{5.5}$$

式中　　c_k——基本结构中保留的支座位移（$k=1,2,3,\cdots,n$）；

$\overline{F}_{Rki}$——$X_i=1$ 作用在基本结构上引起的沿 c_k 方向的支座反力；当 c_k 与 $\overline{F}_{Rki}$ 方向相同时，乘积 $c_k \overline{F}_{Rki}$ 为正，反之为负。

（三）温度变化与材料收缩时的力法典型方程

设 Δ_t 表示在基本结构中由于温度变化引起的沿 X_i 方向的位移，根据式（3.3）得到：

$$\Delta = \sum \alpha t_0 \omega_{\overline{F}_N} + \sum \frac{\alpha \Delta t}{h} \omega_{\overline{M}} \tag{5.6}$$

则温度变化与材料收缩时的力法典型方程为

$$\begin{cases} \delta_{11}X_1 + \delta_{12}X_2 + \cdots + \delta_{1n}X_n + \Delta_{1t} = 0 \\ \delta_{21}X_1 + \delta_{22}X_2 + \cdots + \delta_{2n}X_n + \Delta_{2t} = 0 \\ \vdots \\ \delta_{n1}X_1 + \delta_{n2}X_2 + \cdots + \delta_{nn}X_n + \Delta_{nt} = 0 \end{cases} \tag{5.7}$$

式中　　α——材料的温度膨胀系数；

t_0——平均温度,$t_0 = \frac{1}{2}(t_2 + t_1)$,引起轴向拉压变形;

Δt——温差,$\Delta t = t_2 - t_1$,引起弯曲变形;

$\omega_{\bar{F}_N}$——杆件在虚设单位力作用下轴力图的面积;

$\omega_{\bar{M}}$——杆件在虚设单位力作用下弯矩图的面积。

轴力 $\bar{F}_N$ 以拉伸为正,t_0 以升高为正;弯矩 $\bar{M}$ 和温差 Δt 引起的弯矩为同一方向时,其乘积取正值,反之取负值。

(四)荷载、支座移动、温度变化共同作用时的力法典型方程

将式(5.1)、(5.5)、(5.7)合并即可,得

$$\begin{cases} \delta_{11}X_1 + \delta_{12}X_2 + \cdots + \delta_{1n}X_n + \Delta_{1P} + \Delta_{1c} + \Delta_{1t} = \Delta_1 \\ \delta_{21}X_1 + \delta_{22}X_2 + \cdots + \delta_{2n}X_n + \Delta_{2P} + \Delta_{2c} + \Delta_{2t} = \Delta_2 \\ \vdots \\ \delta_{n1}X_1 + \delta_{n2}X_2 + \cdots + \delta_{nn}X_n + \Delta_{nP} + \Delta_{nc} + \Delta_{nt} = \Delta_n \end{cases} \tag{5.8}$$

四、对称性的利用

计算对称结构时,应选取对称基本结构,并选取对称未知力(轴力、弯矩)和反对称未知力(剪力)作为基本未知量,可作如下的简化:

(1)在对称单位未知力作用下,反对称位移为零;在反对称单位未知力作用下,对称位移为零。

(2)在对称荷载作用下,反对称未知力为零,只有对称未知力。

(3)在反对称荷载作用下,对称未知力为零,只有反对称未知力。

(4)如果结构是对称的,则其荷载一般可分解为对称荷载与反对称荷载,分别计算内力后再进行叠加。

(5)若选择了对称基本结构而基本未知力不对称时,可以将基本未知力分解为对称未知力和反对称未知力,以简化计算。

(6)如果结构具有两个正交对称轴,则可在两个对称轴方向均采用对称性(如取四分之一),以简化计算。

五、内力图

根据力法典型方程求解出力法基本未知量后,可以利用叠加法作内力图。

$$\begin{cases} F_N = \sum \bar{F}_{Ni} X_i + F_{NP} \\ F_S = \sum \bar{F}_{Si} X_i + F_{SP} \\ M = \sum \bar{M}_i X_i + M_P \end{cases} \tag{5.9}$$

式中，$\bar{F}_{Ni}$、$\bar{F}_{Si}$、$\bar{M}_i$ 分别表示单位荷载作用下的轴力图、剪力图、弯矩图；F_{NP}、F_{SP}、M_P 分别表示实际荷载作用下的轴力图、剪力图、弯矩图。

将单位荷载作用下的内力图放大 X_i 倍后，叠加上基本静定结构的内力图，即可得到原超静定结构的内力图。

5.2 学习提示

一、学习要求

（1）掌握力法的基本原理及解题思路、方法，重点是正确选择力法基本结构（可能有多种选择方法），明确力法典型方程的物理意义。

（2）熟练掌握在荷载作用下超静定梁、超静定刚架、超静定排架、超静定桁架及超静定组合结构内力的求解方法。

（3）掌握利用力法典型方程求解在支座发生位移时，梁和刚架的内力的计算方法。

（4）熟练地利用对称性进行简化和计算。

（5）掌握温度变化、材料收缩及制造误差时超静定结构的内力的计算方法。

（6）了解超静定拱的内力计算方法。

（7）掌握超静定结构的位移计算和对变形条件进行校核。

二、学习方法提示

（1）要抓住三个环节：力法的基本结构、力法基本未知量和力法典型方程。

力法基本未知量是多余未知力，要能正确判定结构中的多余约束数目（超静定次数）。力法基本结构是荷载和基本未知力共同作用下的基本静定结构，基本静定结构的内力和位移计算方法可以利用第 3 章的方法进行计算。只要基本静定结构在多余约束力方向的位移与原超静定结构对应位移相等，则基本静定结构的变形和内力与原超静定结构完全相等。按此变形条件列出力法典型方程可求出基本未知力，进而得出全部内力。

（2）列出力法典型方程时应当正确理解其物理意义。对每个基本未知量可以列出一个独立的力法典型方程；力法典型方程的右边是否为零，要看原结构沿基本未知量方向是否有支座位移或弹性变形。

（3）力法典型方程中柔度系数和自由项就是对基本静定结构的位移计算，应按第 3 章学过的方法来计算。

（4）在列力法典型方程求系数与自由项、叠加法求内力的过程中，可能都会用到叠加原理，因此力法的条件是：线弹性体系，且要满足小变形假设。

5.3 解题指导

一、解题方法

（一）解题步骤

（1）拆除结构的全部多余约束，代之以相应的基本未知力，得到相应的基本静定结构。
（2）根据基本结构的变形条件，列出相应的力法典型方程。
（3）用图乘法或积分法计算力法典型方程的各系数和自由项。
（4）列力法典型方程求出多余未知力。
（5）用叠加法作内力图，或求变形。

（二）选择基本结构的原则

（1）基本静定结构必须是几何不变的。
（2）每一超静定结构可能对应有多种基本静定结构。
（3）只能从原结构中拆除约束，不能增加约束。
（4）选择容易计算内力和位移的静定结构；
（5）尽量利用对称性以简化计算。

（三）支座位移条件下的计算

（1）进行支座位移条件下的内力计算时，关键是正确列出力法典型方程。若基本静定结构中保留了支座位移，则自由项 Δ_{ic} 不应为零。
（2）为了简化计算，选择基本静定结构时尽可能去掉支座位移，即拆除与支座位移相对应的多余约束，可以减少 Δ_{ic} 的计算。

（四）对称结构的计算

（1）如果原结构是对称结构时，应选用对称基本结构以简化计算。在一般荷载作用下，选用对称与反对称的未知力，可使力法典型方程中的某些副系数为零，在对称荷载作用下，反对称未知力为零；在反对称未知力作用下，对称未知力为零。
（2）在对称刚架、排架中只作用有结点集中荷载时，内力只是在荷载反对称分量作用下的反对称内力，只存在反对称未知力。
（3）若结构有两个对称轴，则可以进一步简化。

（五）超静定桁架、超静定组合结构的计算

（1）超静定桁架、超静定组合结构一般是以切断多余链杆（轴向拉压杆）所对应的结构为力法基本结构，而不是去掉多余链杆。
（2）若选择去掉多余链杆的结构为力法基本结构，则须注意力法典型方程中右边项不应为零。

(六)超静定结构的内力校核

(1)校核超静定结构的计算结果时,除了要满足静力平衡条件外,还必须满足相应的变形条件,因此需要从静力平衡条件和变形条件两个方面进行校核。

(2)在利用求出的内力图对原超静定结构的某一已知位移进行刚度校核时,可按第3章的方法来进行计算。

二、例题分析

【例 5.1】 如图 5.1(a)所示连续梁,用力法计算,并作结构的 M 图。

解:(1)如果取图 5.1(b)所示结构为力法的基本静定结构,可以计算出:

$$\delta_{11}=\frac{60}{EI},\quad \Delta_{1P}=-\frac{2\,880}{EI}$$

将力法典型方程(5.1)变成 $\delta_{11}X_1+\Delta_{1P}=0$,代入数据得到:

$$X_1=-\frac{\Delta_{1P}}{\delta_{11}}=-\frac{2\,880}{60}=48\text{ kN}$$

(2)如果取支座 B 处的支座反力为力法的基本未知量(图略),则:

$$\delta_{11}=\frac{15}{EI},\quad \Delta_{1P}=-\frac{1\,710}{EI},\quad X_1=-\frac{\Delta_{1P}}{\delta_{11}}=114\text{ kN}$$

(3)如果取支座 C 处的支座反力为力法的基本未知量(图略),则:

$$\delta_{11}=\frac{60}{EI},\quad \Delta_{1P}=-\frac{2\,280}{EI},\quad X_1=-\frac{\Delta_{1P}}{\delta_{11}}=38\text{ kN}$$

在用解法(1)、(2)、(3)计算的过程中,尽管可以很方便地计算出 δ_{11},但是对 Δ_{1P} 的计算要麻烦一些,通常采用积分法或者图乘法与叠加法来计算,因此可以采用下面的解法来简化计算。

(4)用截面 B 的弯矩作为力法基本未知量,作实际荷载与单位荷载作用下的弯矩图,如图 5.1(c)、(d)所示,并利用式(3.9)得到:

$$\delta_{11}=\frac{1}{3EI}\times\frac{1}{2}\times 6\times 1\times\frac{2}{3}+\frac{1}{2EI}\times\frac{1}{2}\times 6\times 1\times\frac{2}{3}=\frac{5}{3EI}$$

$$\Delta_{1P}=\frac{1}{3EI}\times\frac{2}{3}\times 6\times 90\times\frac{1}{2}-\frac{1}{2EI}\times\frac{1}{2}\times 6\times 60\times\frac{1}{3}+$$

$$\frac{3}{6\times 2EI}\left[2\times 120\times\frac{1}{2}+120\times 1\right]+\frac{3}{6\times 2EI}\left[2\times 120\times\frac{1}{2}\right]$$

$$=\frac{60}{EI}-\frac{30}{EI}+\frac{60}{EI}+\frac{30}{EI}=\frac{120}{EI}$$

将数据代入力法典型方程 $\delta_{11}X_1+\Delta_{1P}=0$ 得到:

$$X_1 = -\frac{\Delta_{1P}}{\delta_{11}} = -120 \times \frac{3}{5} = -72 \text{ kN} \cdot \text{m}$$

式（5.9）中的第三式变为 $M = \overline{M}_1 X_1 + M_P$，据此作出的弯矩图如图 5.1（e）所示，进一步可以作出相应的剪力图如图 5.1（f）所示。

尽管在（4）的计算过程中，同样要用图乘法或者积分法计算 Δ_{1P}，但是与（1）、（2）、（3）相比，实际荷载作用下的弯矩图 M_P 要简单一些，相应 Δ_{1P} 的计算也要简单一些。

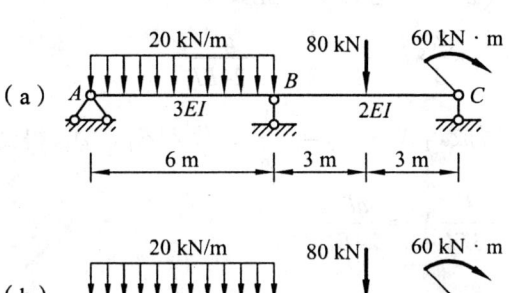

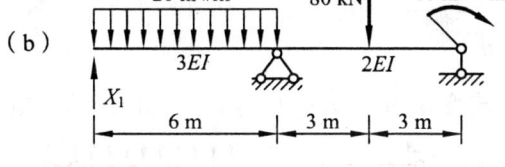

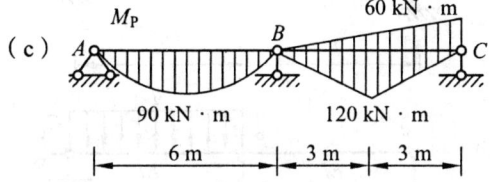

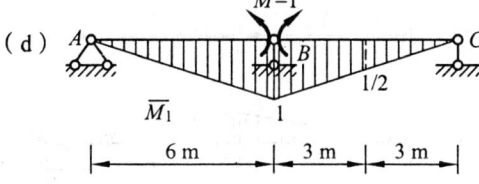

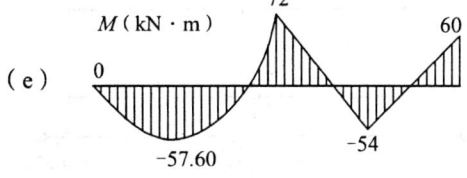

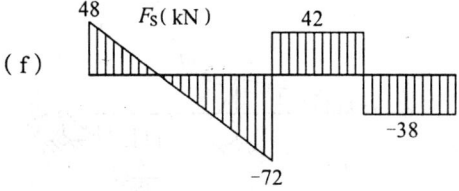

图 5.1

【例 5.2】 如图 5.2（a）所示结构，A 处弹簧刚度为 $k=\dfrac{3EI}{l^3}$，用力法求解，并绘 M 图。

解：(1) 用力法典型方程求解。

① 解除支座 A 处的约束，代之以相对应的未知力 X_1，如图 5.2（b）所示。

② 作单位荷载和实际荷载作用下的弯矩图，如图 5.2（c）、(d) 所示，则：

$$\delta_{11}=\frac{1}{EI}\left(\frac{1}{2}\times l\times l\times\frac{2}{3}l\right)\times 2=\frac{2l^3}{3EI}$$

$$\Delta_{1P}=-\frac{1}{EI}\times\frac{2}{3}\times l\times\frac{ql^2}{8}\times\frac{1}{2}l=-\frac{ql^4}{24EI}$$

将力法典型方程（5.8）改写成 $\delta_{11}X_1+\Delta_{1P}=-\dfrac{X_1}{k}$，代入 δ_{11}、Δ_{1P} 得到：

$$\frac{2l^3}{3EI}X_1+\frac{l^3}{3EI}X_1=\frac{ql^4}{24EI}$$

故

$$X_1=\frac{1}{24}ql$$

③ 式（5.9）中的第三式变成 $M=\overline{M}_1X_1+M_P$，据此作出的弯矩图如图 5.2（e）所示。

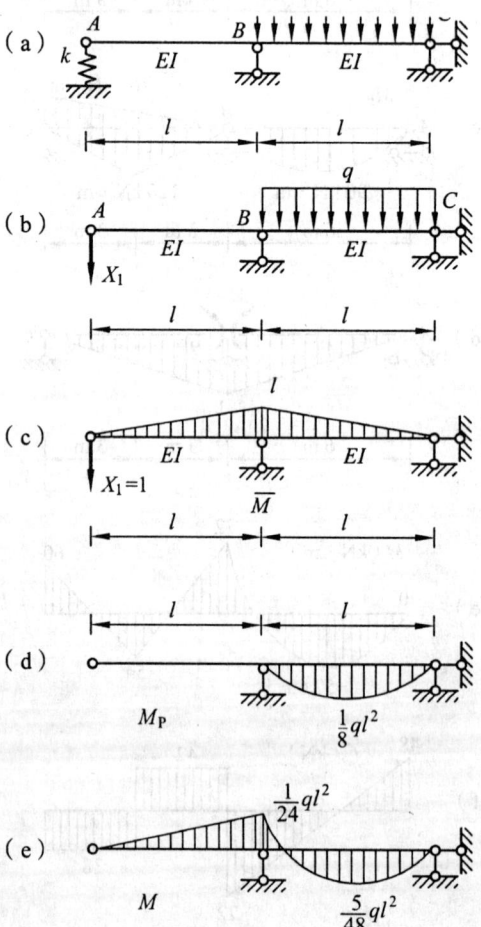

图 5.2

(2) 按静力法计算。

解除支座 A 处的约束，代之以相对应的未知力 X_1，如图 5.2（b）所示。此时静定梁 ABC 在未知力 X_1 和 BC 段的均布荷载共同作用下 A 端的竖向位移为（用图乘法或积分法计算）

$$\Delta_{Ay} = \frac{16X_1 - ql}{24EI}l^3$$

支座 A 处的竖向位移等于未知力 X_1 除以弹簧刚度 k，即

$$\Delta_{Ay} = \frac{X_1}{k}$$

代入上式得到

$$X_1 = \frac{1}{24}ql$$

计算出 X_1 后可以按第 2 章的方法作出相应的弯矩图，如图 5.2（e）所示。

【例 5.3】 如图 5.3（a）所示结构，EI＝常数，用力法计算，并绘出 M 图。

解：结构对称、荷载对称，因此可以利用对称性以简化计算。

（1）对称结构在对称荷载作用下，支座反力、内力也对称，因此原结构简化为图 5.3（b）所示结构来计算。

（2）作 $\overline{M}_1$ 图和 M_P 图，如图 5.3（c）、（d）所示，计算系数 δ_{11} 和自由项 Δ_{1P}。

$$\delta_{11} = \frac{1}{EI}\frac{1}{2}\times l \times l \times \frac{2}{3} = \frac{l^3}{3EI}$$

$$\Delta_{1P} = \frac{l}{6EI}\left[-2\times\frac{3}{2}ql^2 \times l - \frac{1}{2}ql^2 \times l\right] = -\frac{7ql^4}{12EI}$$

（3）代入力法典型方程 $\delta_{11}X_1 + \Delta_{1P} = 0$，求得 $X_1 = \frac{7}{4}ql$。

（4）利用 $M = \overline{M}_1 X_1 + M_P$ 作弯矩图，如图 5.3（e）所示。

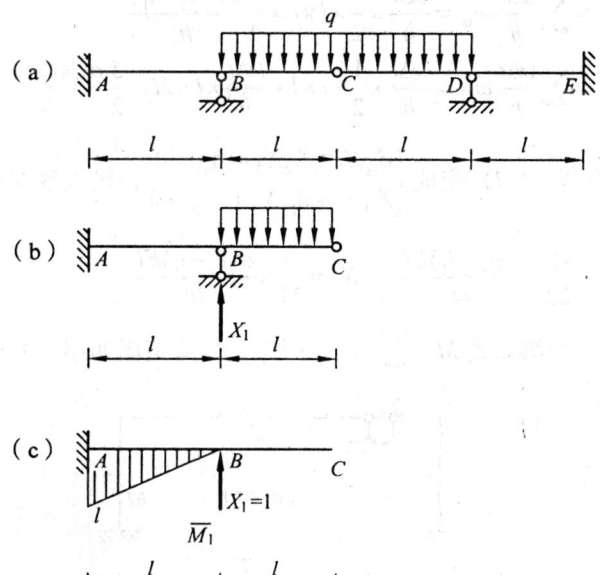

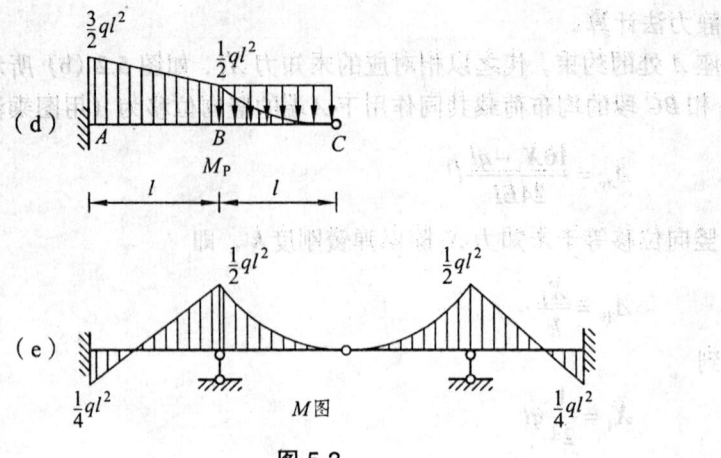

(d) 图中 $\frac{3}{2}ql^2$, $\frac{1}{2}ql^2$, A, B, C, M_P

(e) M图

图 5.3

【例 5.4】 如图 5.4（a）所示结构，$EI =$ 常数，各杆矩形截面高为 h，温度膨胀系数为 α，用力法计算并作 M 图。

解：（1）解除支座 A 处的约束，代之以相对应的未知力 X_1、X_2，如图 5.4（b）所示。

（2）作单位荷载作用下的弯矩图，如图 5.4（c）、（d）所示，则

$$\delta_{11} = \frac{1}{EI}\left(\frac{1}{2} \times l \times l \times \frac{2}{3}l\right) = \frac{l^3}{3EI}$$

$$\delta_{22} = \frac{1}{EI}\left(\frac{1}{2} \times 2l \times 2l \times 2l \times \frac{2}{3} + 2l \times l \times 2l\right) = \frac{20l^3}{3EI}$$

$$\delta_{12} = \delta_{21} = \frac{1}{EI}\left(\frac{1}{2} \times l \times l \times 2l\right) = \frac{l^3}{EI}$$

（3）根据式（3.3）计算温度变形：

$$\Delta_{1t} = \sum \frac{\alpha \Delta t}{h}\omega_{\overline{M}} = \frac{\alpha \Delta t}{h} \times \frac{1}{2} \times l \times l = \frac{1}{2}\frac{\alpha l^2(t_2 - t_1)}{h}$$

$$\Delta_{2t} = \sum \frac{\alpha \Delta t}{h}\omega_{\overline{M}} = \frac{\alpha \Delta t}{h} \times \frac{1}{2} \times l \times l + \frac{\alpha \Delta t}{h} \times l \times 2l = \frac{5}{2}\frac{\alpha l^2(t_2 - t_1)}{h}$$

（4）将力法典型方程（5.7）变成 $\begin{cases} \delta_{11}X_1 + \delta_{12}X_2 + \Delta_{1t} = 0 \\ \delta_{21}X_1 + \delta_{22}X_2 + \Delta_{2t} = 0 \end{cases}$，代入数据得到：

$$X_1 = \frac{15}{22} \times \frac{\alpha(t_2 - t_1)EI}{hl}, \quad X_2 = \frac{3}{11} \times \frac{\alpha(t_2 - t_1)EI}{hl}$$

（5）利用式（5.9）中第三式 $M = \sum \overline{M}_i X_i + M_P$，作弯矩图如图 5.4（e）所示。

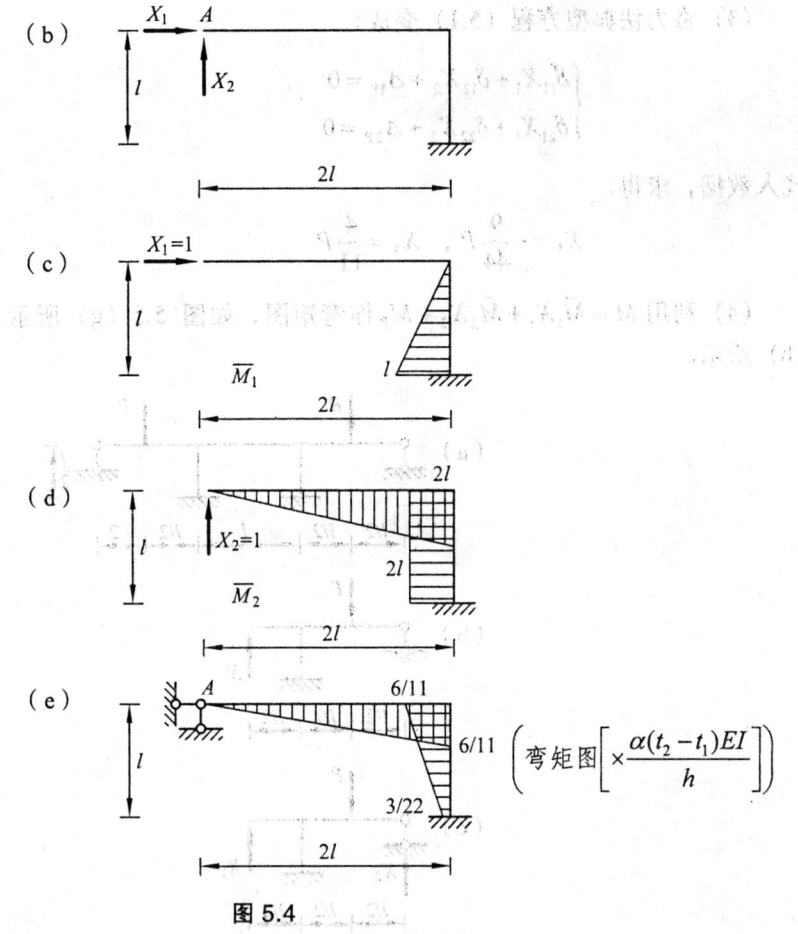

图 5.4

【例 5.5】 如图 5.5（a）所示结构，EI = 常数，用力法求解并作 M 图。

解：对称结构受反荷载对称作用，因此可以利用对称性以简化计算。

（1）如图 5.5（b）所示，取半边结构，仍然是超静定结构，进一步简化为 5.5（c）所示结构来计算。

（2）作 $\overline{M}_1$、$\overline{M}_2$ 和 M_P 图，如图 5.5（d）、（e）、（f）所示，因此

$$\delta_{11} = \frac{1}{EI} \times \frac{1}{2} \times \frac{l}{2} \times \frac{l}{2} \times \frac{l}{2} \times \frac{2}{3} + \frac{1}{EI} \times \frac{l}{2} \times \frac{l}{2} \times \frac{l}{2} = \frac{l^3}{6EI}$$

$$\delta_{22} = \frac{1}{EI} \times \frac{1}{2} \times l \times l \times l \times \frac{2}{3} + \frac{1}{EI} \times \frac{l}{2} \times l \times l = \frac{5l^3}{6EI}$$

$$\delta_{12} = \delta_{21} = -\frac{1}{EI} \times \frac{l}{2} \times \frac{l}{2} \times l = -\frac{l^3}{4EI}$$

$$\Delta_{1P} = \frac{1}{EI} \times \frac{l}{2} \times \frac{l}{2} \times \frac{Pl}{2} = \frac{Pl^3}{8EI}$$

$$\Delta_{2P} = -\frac{l/2}{6EI}\left[2 \times l \times \frac{Pl}{2} + \frac{Pl}{2} \times \frac{l}{2}\right] - \frac{1}{EI} \times \frac{l}{2} \times l \times \frac{Pl}{2} = -\frac{17Pl^3}{48EI}$$

(3) 将力法典型方程（5.1）变成：

$$\begin{cases} \delta_{11}X_1 + \delta_{12}X_2 + \Delta_{1P} = 0 \\ \delta_{21}X_1 + \delta_{22}X_2 + \Delta_{2P} = 0 \end{cases}$$

代入数据，求得：

$$X_1 = -\frac{9}{44}P, \quad X_2 = \frac{4}{11}P$$

(4) 利用 $M = \overline{M}_1 X_1 + \overline{M}_2 X_2 + M_P$ 作弯矩图，如图 5.5（g）所示，相应的剪力图如图 5.5（h）所示。

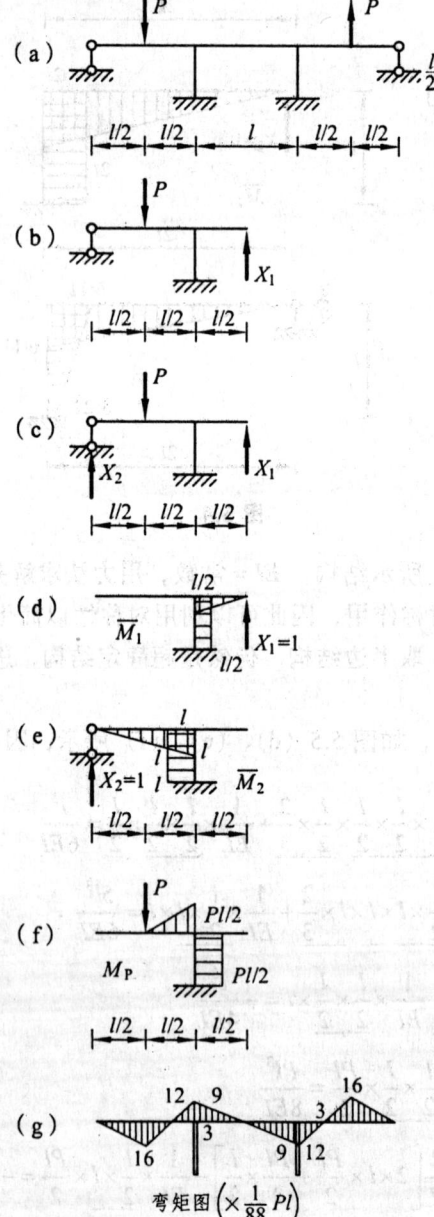

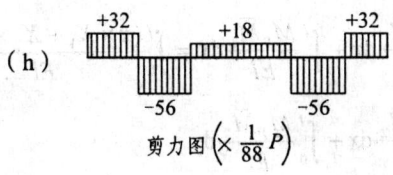

（h）

剪力图 $\left(\times \dfrac{1}{88}P\right)$

图 5.5

【例 5.6】 如图 5.6（a）所示的结构，EI 为常数，支座 A 竖直下沉 δ，试作其 M 图。

解：（1）利用力法典型方程求解。

① 取如图 5.6（b）所示的基本静定结构。

② 作 $\bar{M}_1$、$\bar{M}_2$ 和 M_P 图，如图 5.6（c）、（d）所示，因此

$$\delta_{11} = \frac{1}{EI} \times \frac{1}{2} \times l \times l \times \frac{2}{3} l = \frac{l^3}{3EI}$$

$$\delta_{22} = \frac{1}{EI} \times \frac{1}{2} \times 2l \times 2l \times \frac{2}{3} \times 2l + \frac{1}{EI} \times 2l \times l \times 2l = \frac{20l^3}{3EI}$$

$$\delta_{12} = \delta_{21} = \frac{1}{EI} \times \frac{1}{2} \times l \times l \times 2l = \frac{l^3}{EI}$$

根据题意得到：

$$\Delta_{1c} = 0, \quad \Delta_{2c} = \delta$$

③ 将力法典型方程（5.1）改写成：

$$\begin{cases} \delta_{11}X_1 + \delta_{12}X_2 + \Delta_{1c} = 0 \\ \delta_{21}X_1 + \delta_{22}X_2 + \Delta_{2c} = 0 \end{cases}$$

代入数据，求得：

$$X_1 = \frac{9}{11} \times \frac{EI}{l^3}\delta, \quad X_2 = -\frac{3}{11} \times \frac{EI}{l^3}\delta$$

④ 利用 $M = \bar{M}_1 X_1 + \bar{M}_2 X_2 + M_P$ 作弯矩图，如图 5.6（h）所示。

（2）用积分法求解。

① 设支座 A 处的水平、竖向反力分别为 X_1、X_2，如图 5.6（e）所示，计算由于 X_1、X_2 所引起的支座 A 处的水平位移 Δ_{Ax}、竖向位移 Δ_{Ay}；

② 施加单位集中力，如图 5.6（f）、（g）所示，则单位荷载与实际荷载作用下的弯矩方程分别为

AB 段 $(0 \leqslant x \leqslant 2l)$：

$$M_P = x \cdot X_2, \quad \bar{M}_1(x) = 0, \quad \bar{M}_2(x) = x$$

BC 段 $(0 \leqslant x \leqslant l)$：

$$M_P = x \cdot X_1 + X_2 \cdot 2l, \quad \bar{M}_1(x) = x, \quad \bar{M}_2(x) = x + 2l$$

代入式（3.5）得到：

$$\Delta_{Ax} = \int_0^{2l} \frac{M_P \bar{M}_1}{EI} dx + \int_0^l \frac{M_P \bar{M}_1}{EI} dx = \int_0^l \frac{(x \times X_1 + X_2 \times 2l)x}{EI} dx = \frac{l^3}{EI}\left(\frac{1}{3}X_1 + X_2\right)$$

$$\Delta_{Ay} = \int_0^{2l} \frac{M_P \bar{M}_2}{EI} dx + \int_0^l \frac{M_P \bar{M}_2}{EI} dx$$

$$= \int_0^{2l} \frac{(x \times X_2)x}{EI} dx + \int_0^l \frac{(x \times X_1 + X_2 \times 2l)(x+2l)}{EI} dx = \frac{l^3}{EI}\left(\frac{4}{3}X_1 + \frac{23}{3}X_2\right)$$

根据题意得到：

$$\Delta_{Ax} = 0, \quad \Delta_{Ay} = -\delta$$

代入数据，求得：

$$X_1 = \frac{9}{11} \times \frac{EI}{l^3}\delta, \quad X_2 = -\frac{3}{11} \times \frac{EI}{l^3}\delta$$

112

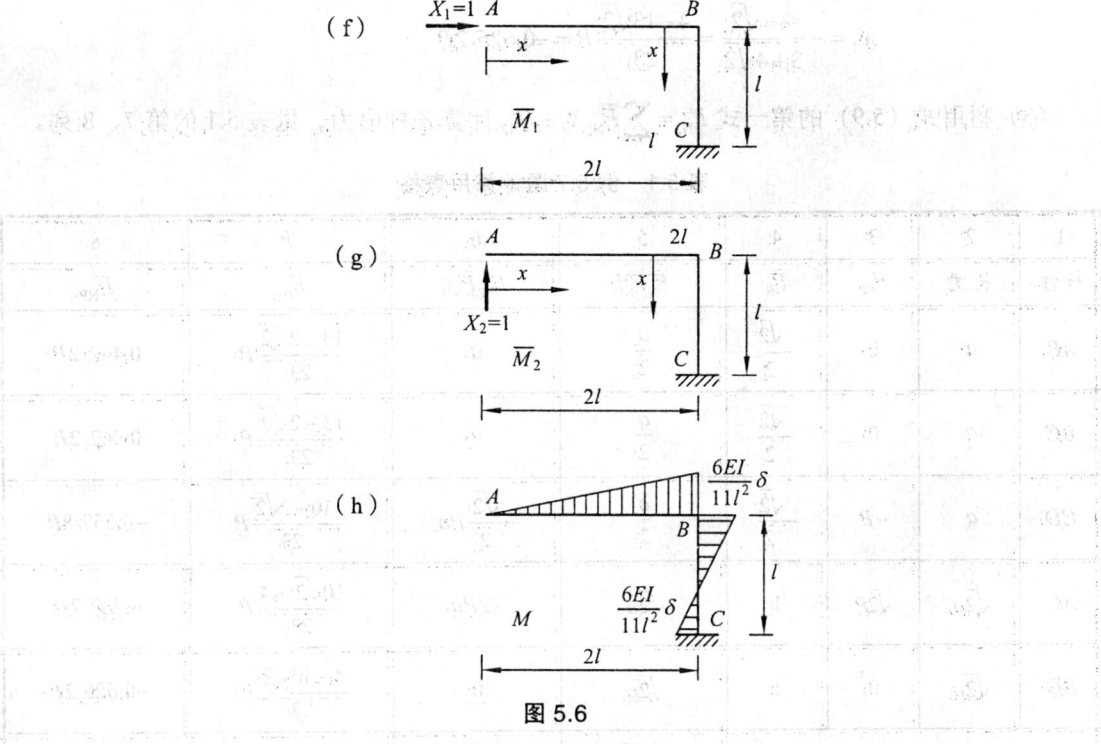

图 5.6

【例 5.7】 如图 5.7（a）所示桁架杆，各杆 EA 相同，求各杆内力。

解：（1）超静定次数的判定。

平衡方程的数量 = 2×结点数量 = 8
未知量的数量 = 杆件数量 + 支座链杆数量 = 5+4 = 9

因此　　　　　超静定次数 = 9 − 8 = 1

对于图示的一次超静定结构，既可以将支座反力作为多余约束，也可以将杆件内力作为多余未知力来进行计算，本题将 BD 杆作为多余约束。

（2）计算实际荷载、单位荷载作用下的杆件内力如图 5.7（c）、（d）所示，计算结果见表 5.1。

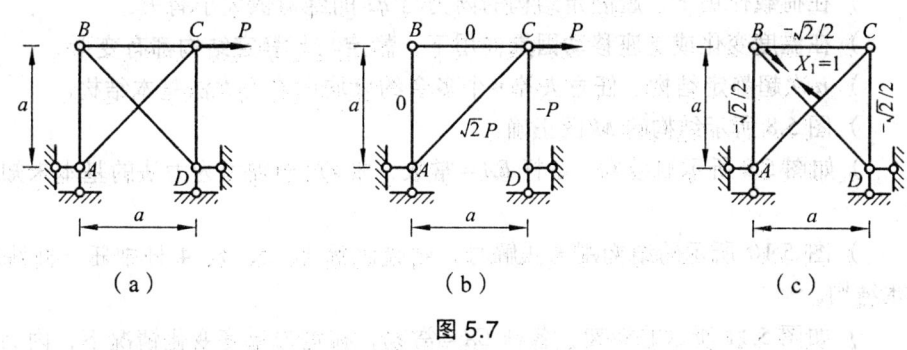

图 5.7

所以　　　　$\delta_{11} = \sum \dfrac{\bar{F}_N \bar{F}_N l}{EA} = \dfrac{3+4\sqrt{2}}{2} a$，$\Delta_{1P} = \sum \dfrac{F_N \bar{F}_N l}{EA} = \dfrac{4+\sqrt{2}}{2} Pa$

代入力法典型方程 $\delta_{11} X_1 + \Delta_{1P} = 0$，得：

$$X_1 = -\frac{4+\sqrt{2}}{3+4\sqrt{2}} = \frac{4-13\sqrt{2}}{23}P = -0.6252P$$

（3）利用式（5.9）的第一式 $F_N = \sum \bar{F}_{Ni} X_i + F_{NP}$ 计算各杆内力，见表 5.1 的第 7、8 列。

表 5.1　例 5.7 题计算用表格

1	2	3	4	5	6	7	8
杆件	长度	F_{NP}	$\bar{F}_N$	$\bar{F}_N\bar{F}_Nl$	$F_{NP}\bar{F}_Nl$	F_N	F_N
AB	a	0	$\frac{\sqrt{2}}{2}$	$\frac{a}{2}$	0	$\frac{13-2\sqrt{2}}{23}P$	$0.4422P$
BC	a	0	$\frac{\sqrt{2}}{2}$	$\frac{a}{2}$	0	$\frac{13-2\sqrt{2}}{23}P$	$0.4422P$
CD	a	$-P$	$\frac{\sqrt{2}}{2}$	$\frac{a}{2}$	$+\frac{\sqrt{2}}{2}Pa$	$-\frac{10+2\sqrt{2}}{23}P$	$-0.5578P$
AC	$\sqrt{2}a$	$\sqrt{2}P$	1	$\sqrt{2}a$	$+2Pa$	$\frac{10\sqrt{2}+4}{23}P$	$0.7887P$
BD	$\sqrt{2}a$	0	1	$\sqrt{2}a$	0	$\frac{4-13\sqrt{2}}{23}P$	$-0.6252P$
$\sum$				$\frac{3+4\sqrt{2}}{2}a$	$\frac{4+\sqrt{2}}{2}Pa$		

5.4　基础训练与考研辅导

一、判断题

1. （　）在荷载作用下，超静定结构的内力与 EI 的绝对值大小有关。
2. （　）在温度变化或支座移动因素作用下，静定与超静定结构都有变形。
3. （　）n 次超静定结构，任意去掉 n 个多余约束均可作为力法基本结构。
4. （　）图 5.8 所示结构的 M 图正确。
5. （　）如图 5.9 所示的结构，各杆 EA = 常数，取 CD 杆轴力为力法的基本未知量 X_1，则 $X_1 = P$。
6. （　）图 5.10 所示的结构用力法解时，可选切断 1、2、3、4 杆中任一杆件后的结构作为基本结构。
7. （　）如图 5.11 所示的桁架，各杆 EA = 常数，在均匀温度变化情况下，内力为零。
8. （　）图 5.12（a）所示结构的力法基本结构如图 5.12（b）所示，主系数 $\delta_{11} = \frac{1}{3} \times \frac{l^3}{EI} + \frac{l^3}{EA}$。

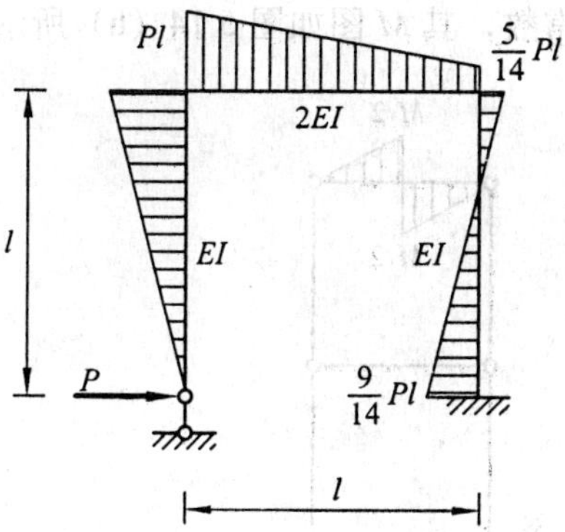

图 5.8

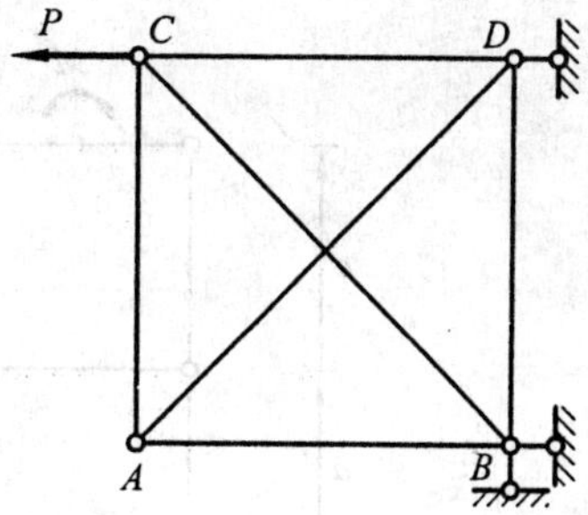

图 5.9

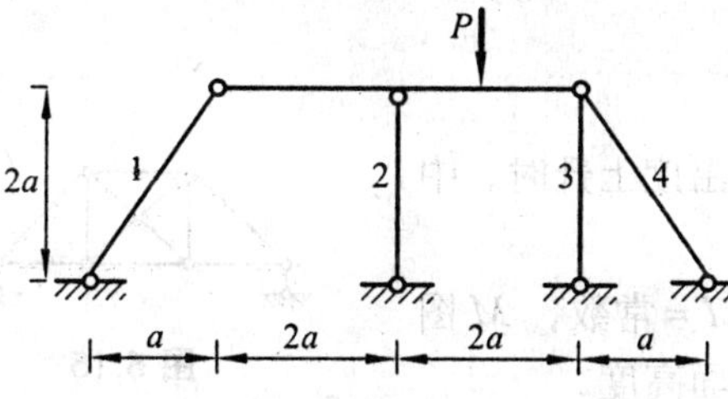

图 5.10

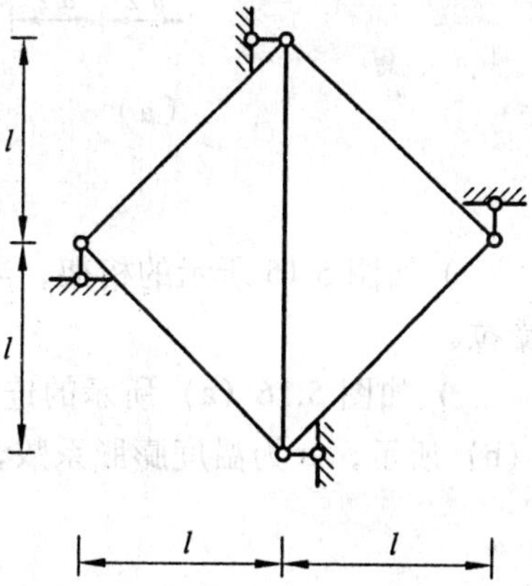

图 5.11

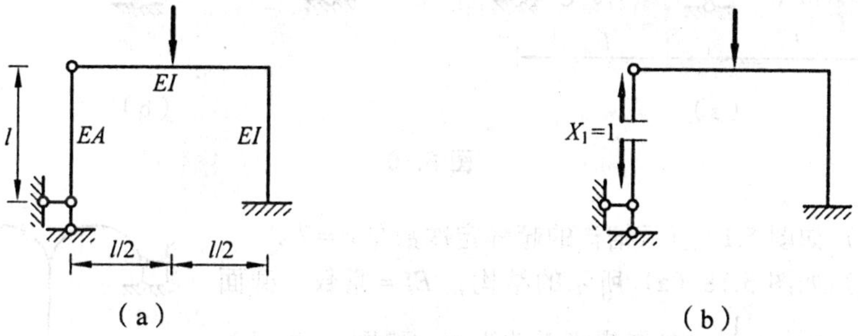

图 5.12

9.（　　）如图 5.13（a）所示的结构，取图 5.13（b）为力法基本结构，h 为截面高度，α 为温度膨胀系数，典型方程中 $\Delta_{1t}=\dfrac{1}{2}\dfrac{\alpha l^{2}}{h}(t_{1}-t_{2})$。

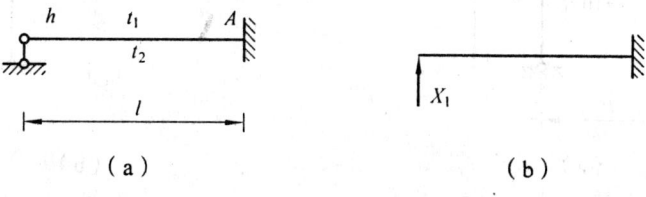

图 5.13

10. （　　）如图 5.14（a）所示的结构，EI = 常数，其 M 图如图 5.14（b）所示。

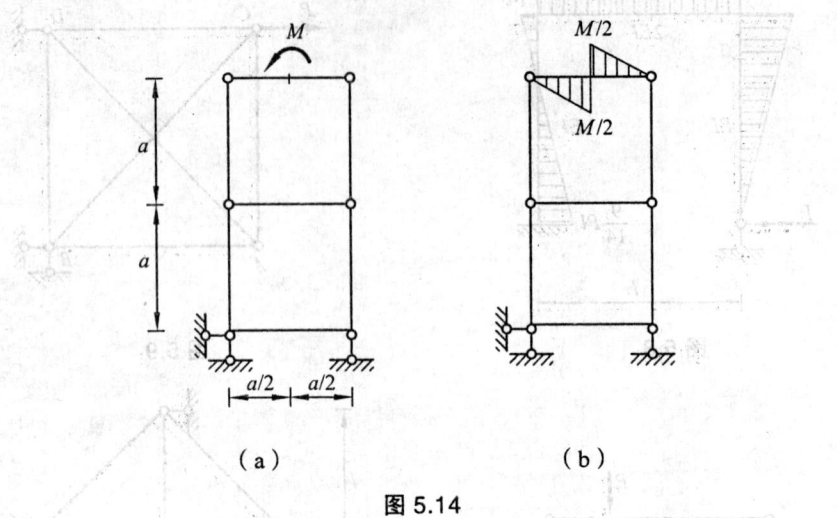

（a）　　　　　　　　（b）

图 5.14

11. （　　）如图 5.15 所示的桁架，当下弦杆温度上升时，中段下弦杆受拉。

12. （　　）如图 5.16（a）所示的连续梁，EI = 常数，M 图如图 5.16（b）所示，α 为温度膨胀系数，h 为截面高度。

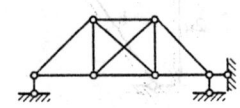

图 5.15

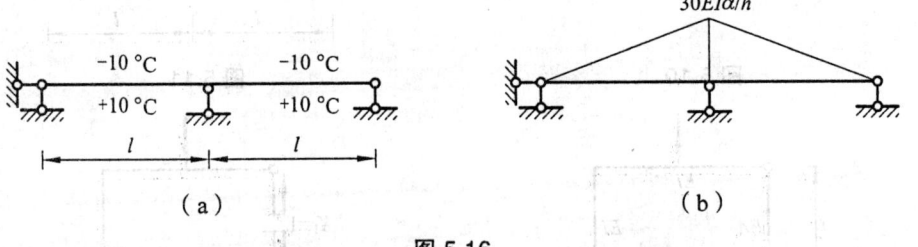

（a）　　　　　　　　（b）

图 5.16

13. （　　）如图 5.17 所示结构的超静定次数是 $n=7$。

14. （　　）如图 5.18（a）所示的结构，EI = 常数，截面对称，截面高度为 $\dfrac{h}{l}=\dfrac{1}{10}$，温度膨胀系数为 α，取图 5.18（b）为力法基本结构，则 $\Delta_{1t}=-380\alpha$。

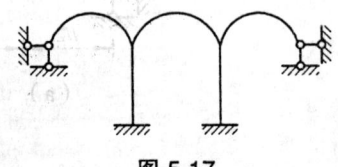

图 5.17

（a）　　　　　　　　（b）

图 5.18

15. （　　）如图 5.19 所示的连续梁，$EI =$ 常数，在支座位移下杆端弯矩 $M_{BA} = \dfrac{3EI}{l^2}c$，下面受拉。

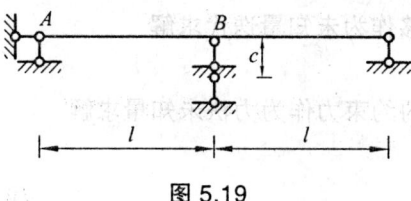

图 5.19

二、选择题

1. 力法典型方程是沿基本未知量方向的_____。
   A. 力的平衡方程及位移为零方程　　B. 位移协调方程
   C. 位移为零方程　　　　　　　　　D. 力的平衡方程

2. 超静定结构在荷载作用下的内力和位移计算中，各杆的刚度应为_____。
   A. 内力计算用绝对值，位移计算用相对值
   B. 内力计算可用相对值，位移计算须用绝对值
   C. 均必须用绝对值
   D. 均用相对值

3. 用力法解出结构 M 图后，取任意一对应静定基本结构，相应有单位 $\overline{M}$ 图，则 $\sum \int \dfrac{M\overline{M}}{EI} \mathrm{d}s$ 的结果_____。
   A. 恒大于零　　　B. 恒小于零　　　C. 恒等于零　　　D. 不一定为零

4. 图 5.20 中取 A 支座反力为力法的基本未知量 X_1，当 I_1 增大时，柔度系数 δ_{11} 将____。
   A. 不变　　　　　　　　　　B. 变大
   C. 变小　　　　　　　　　　D. 变大或变小，取决于 $I_2 : I_1$ 的值

5. 如图 5.21 所示的桁架中 AC 为刚性杆，则有 $F_{NAD} = $_____，$F_{NAC} = $_____。
   A. $-\sqrt{2}P$，$-P$　　　　　　B. $-P$，$-\sqrt{2}P$
   C. $-\sqrt{2}P$，$-\sqrt{2}P$　　　　D. $-2P$，0

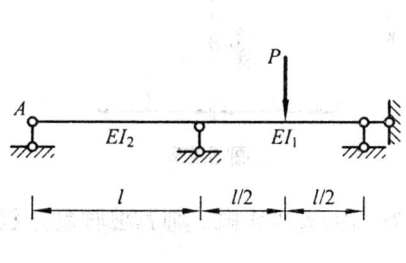

图 5.20

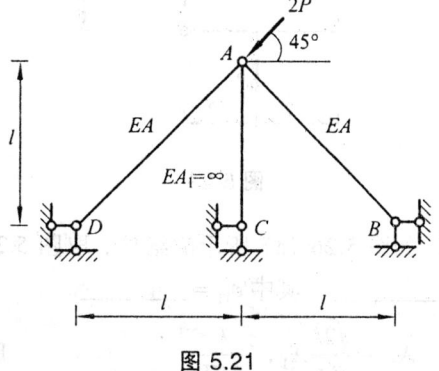

图 5.21

6. 如图 5.22 所示的结构，取力法基本结构时，不能切断_____杆。
   A. DE　　　B. CD　　　C. AD　　　D. BD 杆

7. 如图 5.23 所示的结构，求解内力时，_____。
   A. 把上下连系处的位移作为未知量迭代求解
   B. 一定要按整体求解
   C. 必须把上下连系处的约束力作为力法未知量求解
   D. 可上下分开求解

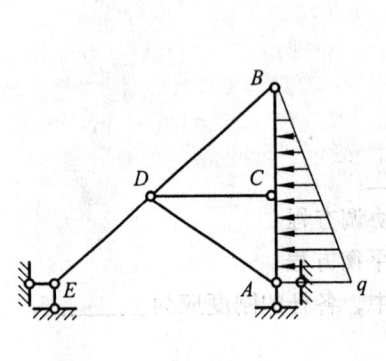

图 5.22

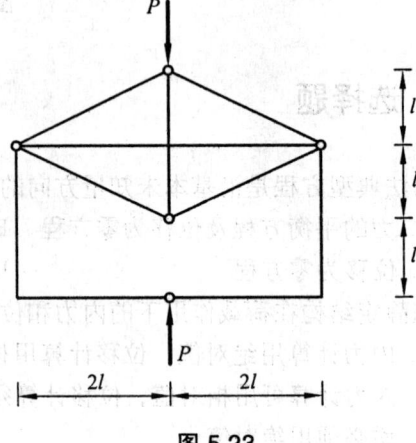

图 5.23

8. 如图 5.24 所示的结构，$EI=$ 常数，在给定荷载作用下，$F_{SAB}=$_____。
   A. $\sqrt{2}P$　　　B. $\dfrac{1}{2}P$　　　C. $\dfrac{\sqrt{2}}{2}P$　　　D. $\dfrac{3}{16}P$

9. 如图 5.25 所示的结构，$EI=$ 常数，在给定荷载作用下，$F_{SBA}=$_____。
   A. $\dfrac{1}{4}P$　　　B. 0　　　C. $\dfrac{1}{2}P$　　　D. $-\dfrac{1}{4}P$

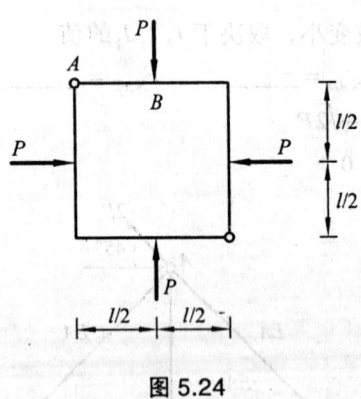

图 5.24

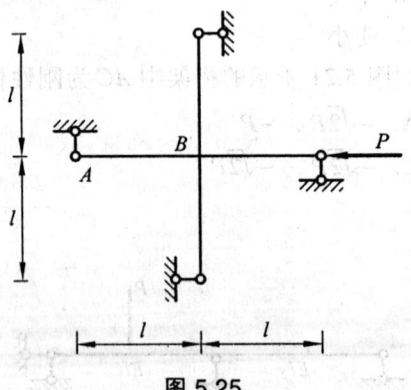

图 5.25

10. 如图 5.26（a）所示的结构，取图 5.26（b）为力法基本结构，则力法典型方程 $\delta_{11}X_1+\Delta_{1P}=$_____，其中 $\delta_{11}=$_____。

    A. $-\dfrac{\sqrt{2}l}{EA}X_1$，$\dfrac{l}{6EI}$　　　　B. $+\dfrac{\sqrt{2}l}{EA}X_1$，$\dfrac{l}{6EI}$

C. $+\dfrac{\sqrt{2}l}{EA}X_1$, $\dfrac{l}{3EI}$ D. $-\dfrac{\sqrt{2}l}{EA}X_1$, $\dfrac{l}{3EI}$

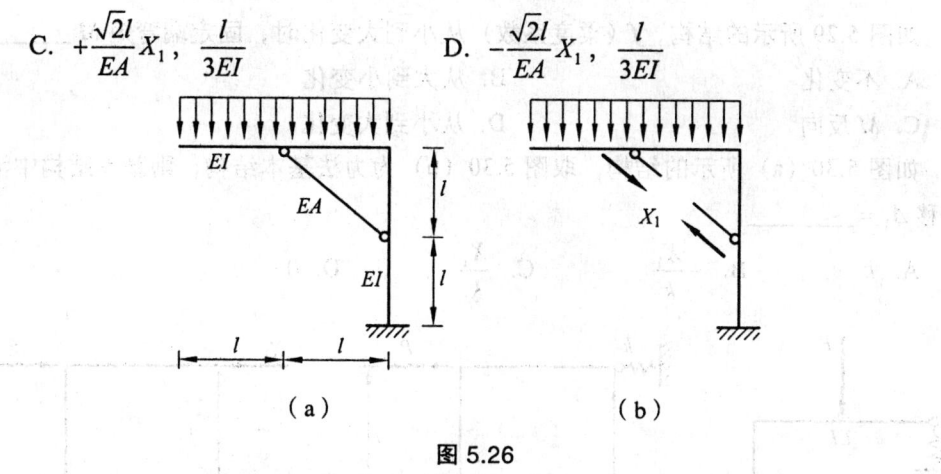

图 5.26

11. 如图 5.27（a）所示的结构，EI = 常数，取图 5.27（b）为力法基本结构，各杆均为矩形截面，截面高度 $\dfrac{h}{l}=\dfrac{1}{10}$，温度膨胀系数为 α，则自由项为 $\Delta_{1t}=$ _____，$\Delta_{2t}=$ _____。

A. $40\alpha tl$，$30\alpha tl$ B. $20\alpha tl$，$15\alpha tl$

C. $-20\alpha tl$，$-15\alpha tl$ D. $-40\alpha tl$，$-30\alpha tl$

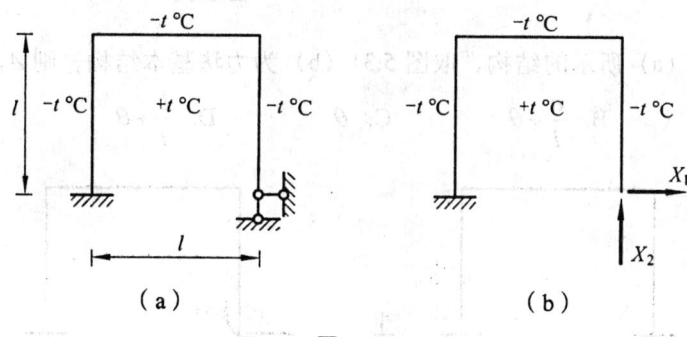

图 5.27

12. 如图 5.28（a）所示的结构，EI = 常数，取图 5.28（b）为力法基本结构，则建立力法典型方程的位移条件为 $\Delta_1=$ _____，$\Delta_2=$ _____。

A. 0, 0 B. 0, $-c_1$

C. 0, c_1 D. $c_1 a$, 0

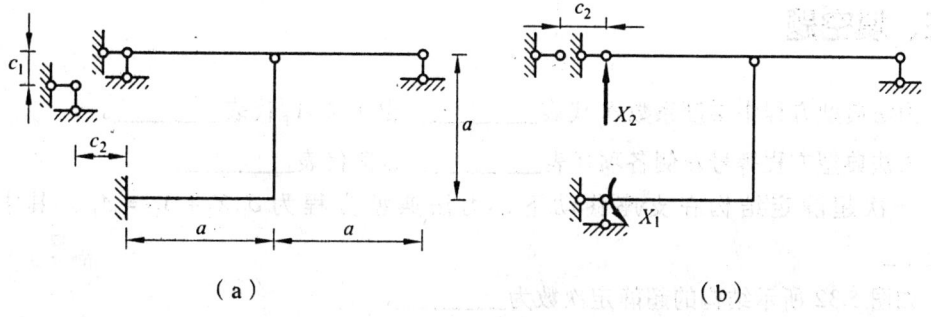

图 5.28

13. 如图 5.29 所示的结构，f（柔度系数）从小到大变化时，固定端弯矩 M _____。

   A. 不变化　　　　　　　　B. 从大到小变化

   C. M 反向　　　　　　　 D. 从小到大变化

14. 如图 5.30（a）所示的结构，取图 5.30（b）为力法基本结构，则基本结构中沿 X_1 方向的位移 $\Delta_1 =$ _____。

   A. k　　　B. $-\dfrac{X_1}{k}$　　　C. $\dfrac{X_1}{k}$　　　D. 0

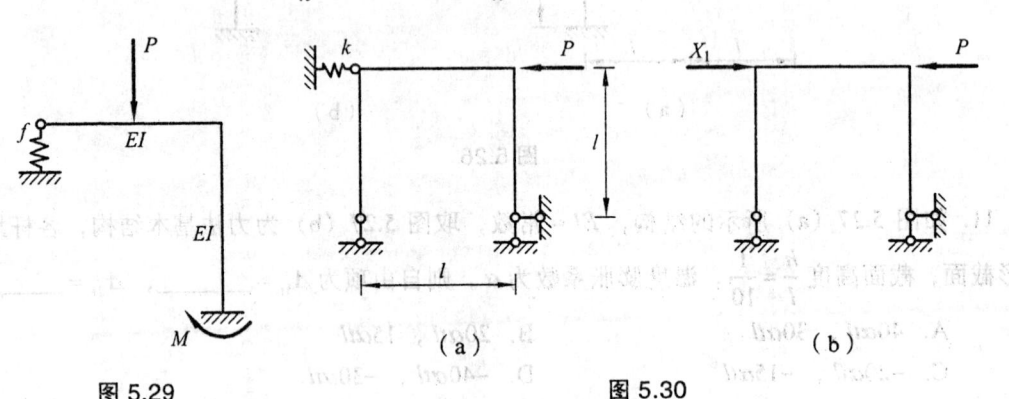

图 5.29　　　　　　图 5.30

15. 如图 5.31（a）所示的结构，取图 5.31（b）为力法基本结构，则 $\Delta_{3c} =$ _____。

   A. $-\theta$　　　B. $\dfrac{a}{l}+\theta$　　　C. θ　　　D. $\dfrac{b}{l}+\theta$

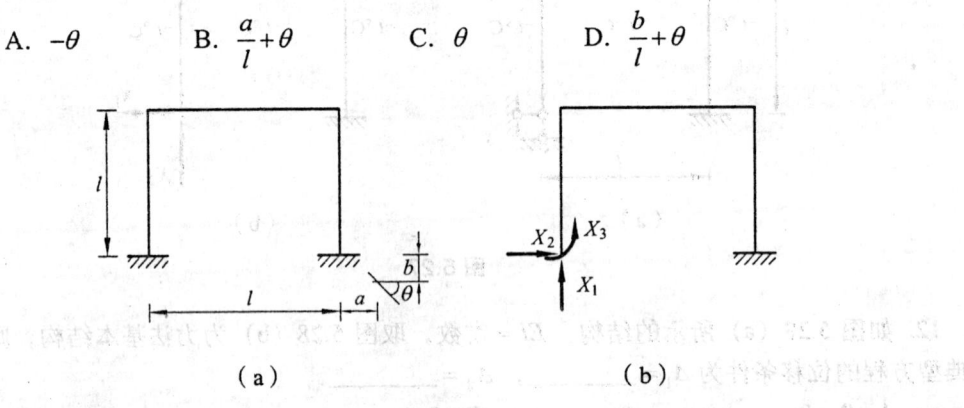

图 5.31

三、填空题

1. 力法典型方程中柔度系数 δ_{ij} 代表 _____，自由项 Δ_{iP} 代表 _____。

2. 力法典型方程等号左侧各项代表 _____，右侧代表 _____。

3. 一次超静定结构在支座移动下，力法典型方程为 $\delta_{11}X_1 + \Delta_{1c} = \Delta_1$，其中 Δ_{1c} 代表 _____。

4. 如图 5.32 所示结构的超静定次数为 _____。

5. 如图 5.33 所示结构的超静定次数为 _____。

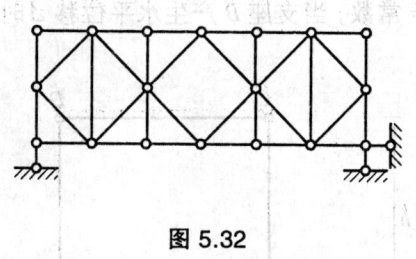
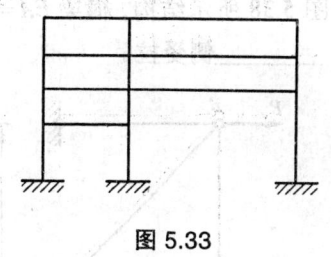

图 5.32　　　　　　　　　　图 5.33

6. 超静定刚架采用力法求解，在荷载作用下，若各杆 EI 同时增加 n 倍，则 δ_{ij} _____倍，Δ_{1P} _____倍，X_i 值_____。

7. 如图 5.34（a）所示的结构，EI = 常数，取图 5.34（b）为其力法基本结构，则 δ_{12} = _____，δ_{23} = _____，Δ_{1P} = _____。

8. 如图 5.35 所示的结构，EI = 常数，链杆的 $EA = \dfrac{EI}{l^2}$，则链杆 AB 的轴力 F_{NAB} = _____。

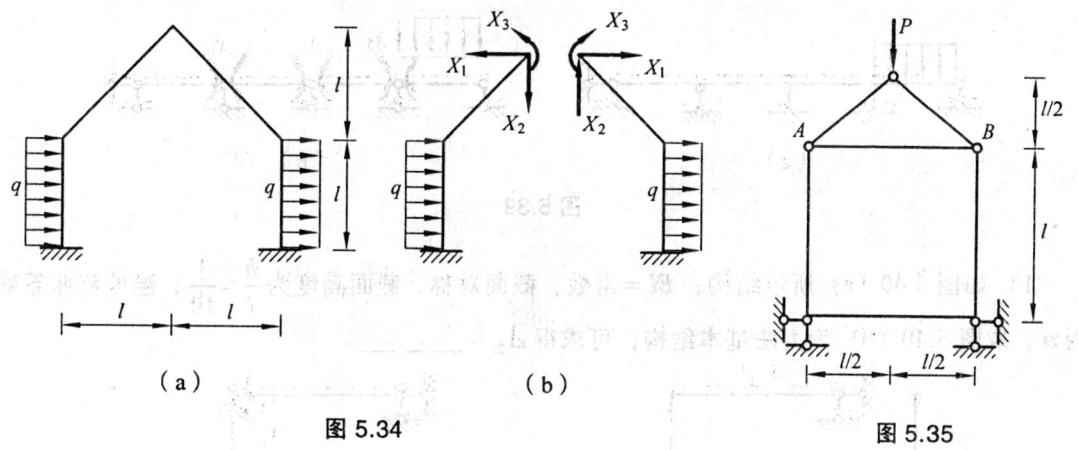

图 5.34　　　　　　　　　　图 5.35

9. 力法典型方程中的主系数的符号必为_____，副系数和自由项可能为_____。

10. 如图 5.36（a）所示桁架，EA = 常数，若采用图 5.36（b）所示的基本结构，则力法典型方程中的 Δ_{1P} = _____。

图 5.36

11. 如图 5.37 所示的桁架，各杆 EA 相同，则 BD 杆内力为_____。

12. 如图 5.38 所示结构，横梁 $EA=\infty$，柱 $EI=$ 常数，当支座 B 产生水平位移 Δ 时，$M_{AC}=$ _____、_____侧受拉。

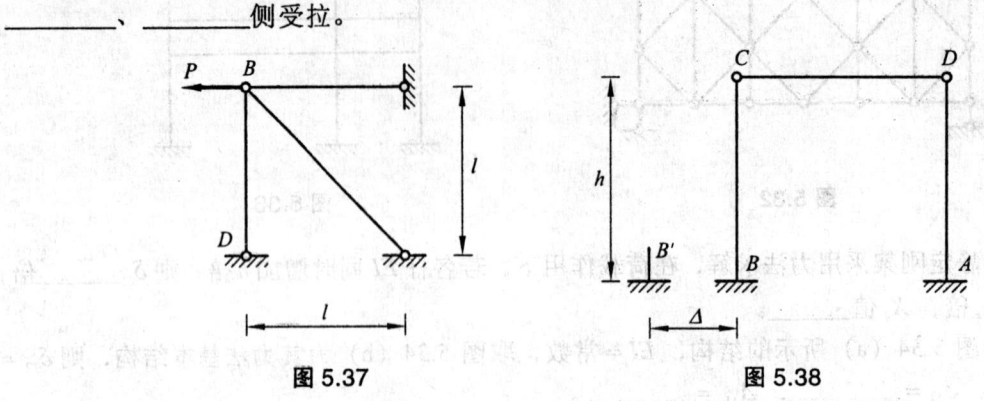

图 5.37　　　　　图 5.38

13. 如图 5.39（a）所示的结构，若取图 5.39（b）所示的基本结构，则在力法典型方程中的副系数_____等于零，自由项_____等于零。

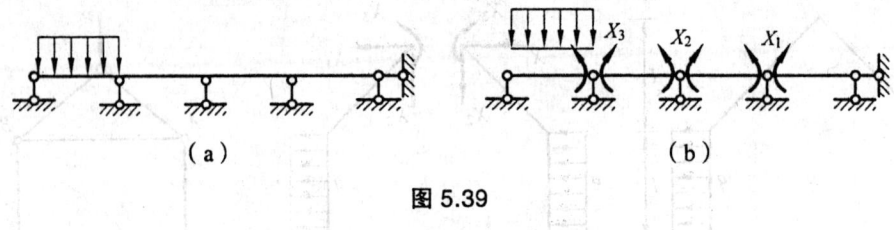

（a）　　　　　（b）

图 5.39

14. 如图 5.40（a）所示结构，$EI=$ 常数，截面对称，截面高度为 $\dfrac{h}{l}=\dfrac{1}{10}$，温度膨胀系数为 α，取图 5.40（b）为力法基本结构，可求得 $\Delta_{2t}=$ _____。

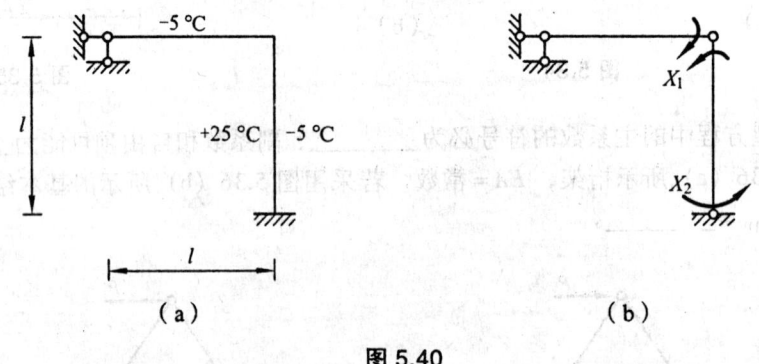

（a）　　　　　（b）

图 5.40

15. 如图 5.41 所示的桁架，当支座 B 产生竖向位移 Δ 时，则 C 点的竖向位移等于____。

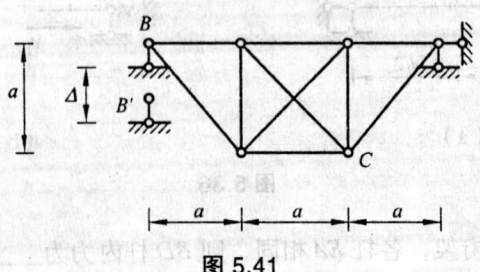

图 5.41

四、计算题

1. 作图 5.42 所示对称结构由支座移动引起的 M 图，EI = 常数。

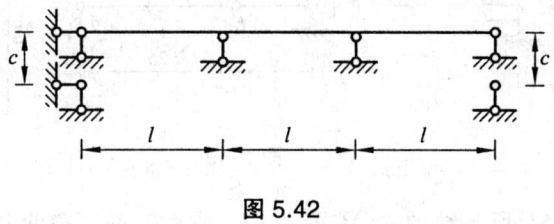

图 5.42

2. 如图 5.43 所示为力法基本结构，求力法典型方程中的系数 δ_{11} 和自由项 Δ_{1P}，各杆 EI 相同。

3. 如图 5.44 所示为力法基本结构，各杆 EI 相同，设 X_1 为力法基本未知量，试作 M 图。

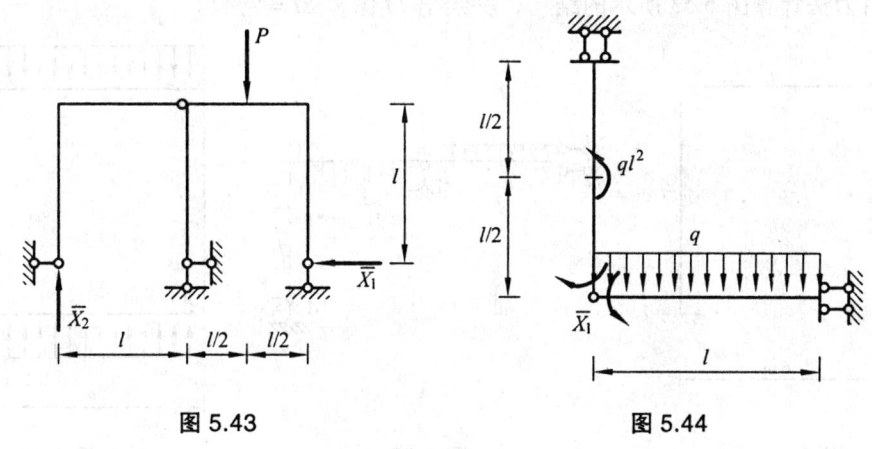

图 5.43   图 5.44

4. 如图 5.45 所示的结构，各杆 EI 相同，杆长均为 3 m，$q = 28$ kN/m，用力法作 M 图。

5. 如图 5.46 所示的结构，各杆 EI 相同，杆长均为 l，用力法作 M 图。

6. 如图 5.47 所示的结构，各杆 EI 相同，杆长均为 2 m，$q = 31$ kN/m，用力法作 M 图。

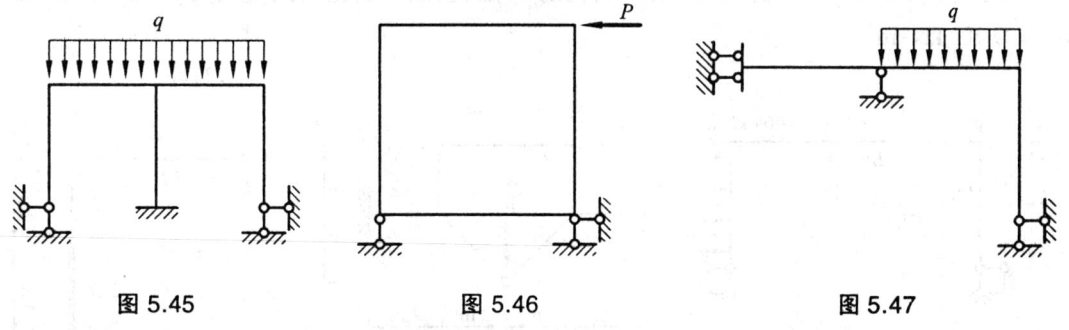

图 5.45   图 5.46   图 5.47

7. 如图 5.48 所示的结构，各杆 EI 相同，$q = 9$ kN/m，用力法作 M 图。

8. 如图 5.49 所示的结构，各杆 EA 相同，用力法求杆 DE 的轴力。

9. 用力法作图 5.50 所示排架的 M 图，链杆 $EA = \infty$。

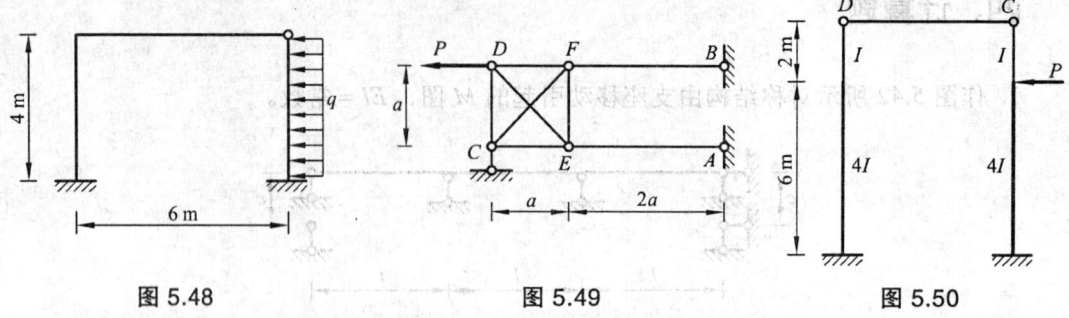

图 5.48　　　　　图 5.49　　　　　图 5.50

10. 用力法作图 5.51 所示结构的 M 图，$EI=$ 常数，截面高度 h 均为 1 m，$t=20\ ^\circ\mathrm{C}$，$+t$ 为温升，$-t$ 为温降，温度膨胀系数为 α。

11. 已知图 5.52 所示结构的 M 图（仅 BD 杆承受向下均布荷载），求 C 点竖向位移 Δ_{Cy}，各杆 EI 相同，杆长均为 $l=2$ m。

13. 用力法计算图 5.53 所示的结构，并绘出 M 图，$EI=$ 常数。

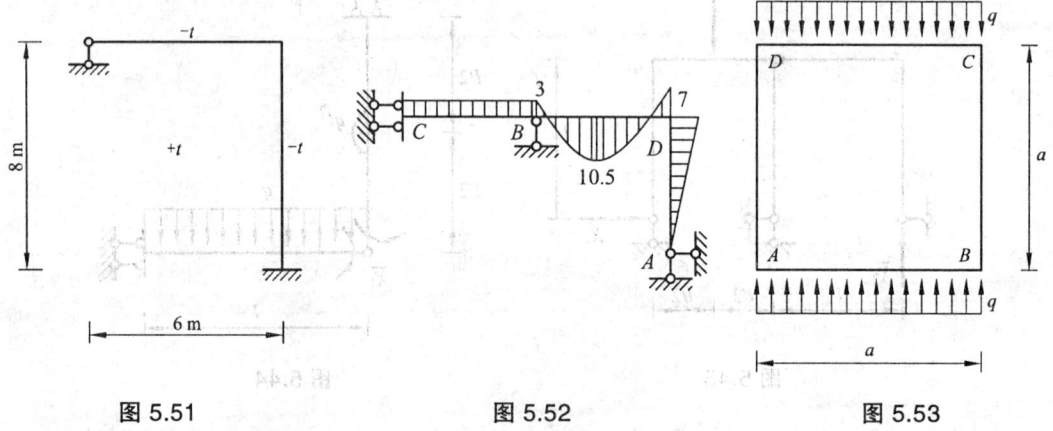

图 5.51　　　　　图 5.52　　　　　图 5.53

13. 用力法计算图 5.54 所示的结构，并作 M 图。
14. 用力法计算图 5.55 所示的结构，并绘出 M 图，$EI=$ 常数。
15. 用力法计算并作出图 5.56 所示结构的 M 图，已知 B 支座的柔度系数 $f=0.001$ m/kN，$EI=2\times10^4\ \mathrm{kN\cdot m^2}$。

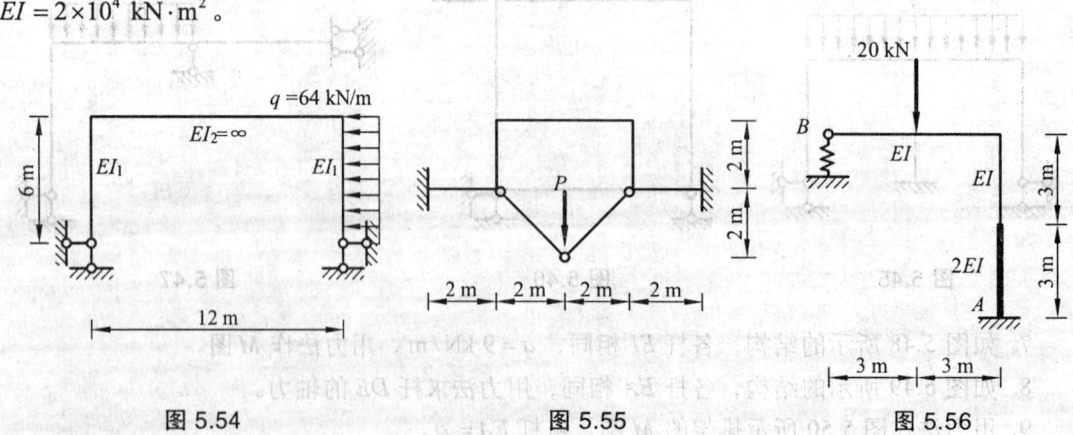

图 5.54　　　　　图 5.55　　　　　图 5.56

第6章 位移法

6.1 内容提要

一、位移法的基本原理

位移法是以结点位移为基本未知量进行求解的方法。

先将结构拆成杆件，建立单杆刚度方程；再将各杆件组装成原结构，利用该结构结点的平衡条件（力矩平衡方程）和截面平衡条件（力的平衡方程）建立位移法基本方程，由基本方程解出结点位移，再由单杆刚度方程求出结点内力。

二、位移法的基本未知量

结构中刚结点的角位移 φ 和独立的结点线位移 Δ 为位移法的基本未知量。

基本未知量中结点角位移数等于刚结点和组合结点的角位移数量。

确定独立结点线位移的方法：在结点处附加支座链杆，阻止全部独立结点线位移所需最少支座链杆数，即为独立结点线位移数量。

三、等截面直杆的杆端弯矩公式

（一）正负号规定

杆端角位移 φ、弦转角 θ、弯矩 M、剪力 F_S 均以顺时针方向转动为正。

（二）杆端弯矩公式

（1）两端刚结杆的杆端弯矩，如图 6.1 所示。

$$\begin{cases} M_{AB} = 4i\varphi_A + 2i\varphi_B - \dfrac{6i}{l}\Delta_{AB} + M^F_{AB} \\ M_{BA} = 2i\varphi_A + 4i\varphi_B - \dfrac{6i}{l}\Delta_{AB} + M^F_{BA} \end{cases} \tag{6.1}$$

（2）A 端刚结、B 端铰结杆的杆端弯矩，如图 6.2 所示。

$$\begin{cases} M_{AB} = 3i\varphi_A - \dfrac{3i}{l}\Delta_{AB} + M_{AB}^F \\ M_{BA} = 0 \end{cases} \quad (6.2)$$

(3) A 端刚结、B 端滑动杆的杆端弯矩，如图 6.3 所示。

$$\begin{cases} M_{AB} = i\varphi_A - i\varphi_B + M_{AB}^F \\ M_{BA} = -i\varphi_A + i\varphi_B + M_{BA}^F \end{cases} \quad (6.3)$$

式中：$i = \dfrac{EI}{l}$，称为单元线刚度；M_{AB}^F 和 M_{BA}^F 为固端弯矩。

利用式（6.1）、（6.2）、（6.3）求出杆端弯矩后，杆端剪力可由相应的杆端弯矩及跨间荷载根据杆件的静力平衡条件求出。

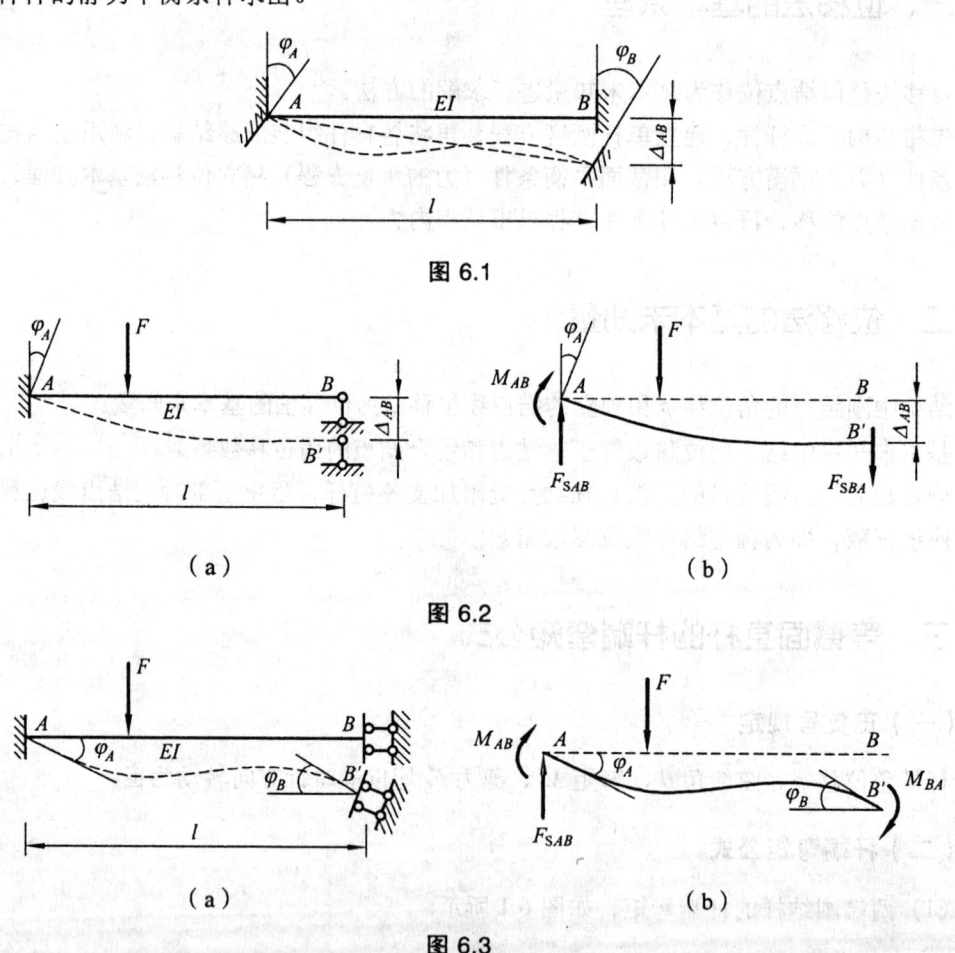

图 6.1

图 6.2

图 6.3

四、位移法的基本方程

位移法的基本方程是静力平衡方程，方程数量与基本未知量数量相等，建立位移法基本方程的方法有以下两种：

（一）直接列平衡方程的方法

利用式（6.1）、（6.2）、（6.3），对每个刚结点可以列出一个结点力矩平衡方程，而对于每个独立的结点线位移可以列出一个投影平衡方程。列出所有的平衡方程，即为位移法的基本方程。

（二）位移法基本体系与位移法典型方程

在原结构中附加转动约束以控制刚结点转角，附加支座链杆以控制独立结点线位移，所得到的超静定单杆的组合体成为位移法基本体系。解除所有附加约束，按约束反力等于零的平衡条件建立静力平衡方程，得到位移法的基本方程为

$$\begin{cases} k_{11}\Delta_1 + k_{12}\Delta_2 + \cdots + k_{1n}\Delta_n + F_{1P} = 0 \\ k_{21}\Delta_1 + k_{22}\Delta_2 + \cdots + k_{2n}\Delta_n + F_{2P} = 0 \\ \qquad\qquad\qquad \vdots \\ k_{n1}\Delta_1 + k_{n2}\Delta_2 + \cdots + k_{nn}\Delta_n + F_{nP} = 0 \end{cases} \quad (6.4)$$

式（6.4）称为位移法基本方程，也称为位移法典型方程。其中 Δ_i（$i=1,2,\cdots,n$）为位移法基本未知量，k_{ij} 称为刚度系数，其物理意义是在基本结构中沿 j 位移方向发生单位位移时，沿 i 位移方向产生的相应约束力；F_{iP} 是荷载引起的沿 i 方向的约束力。

根据反力互等定理可知：$k_{ij} = k_{ji}$。

五、对称性的利用

（1）对称结构在对称荷载作用下，对称位置的结点角位移大小相等，转向相反；对称位置的线位移互不独立，由此利用对称性来计算，可以使基本未知量减少一半。

（2）对称结构在反对称荷载作用下，对称位置的结点角位移大小相等，转向相同，对称位置的线位移互不独立，未知量也减少一半。

（3）对称结构在对称荷载或反对称荷载作用下，均可利用对称性取一半结构进计算，半边结构在原对称截面切断处需加上与变形性质相当的约束以保证变形性质不变。

6.2　学习提示

一、学习要求

（1）掌握位移法的基本原理及解题思路、方法，重点是正确选择位移法基本结构，明确位移法典型方程的物理意义。

（2）熟练掌握在荷载作用下超静定梁、超静定刚架、超静定排架、超静定桁架及超静定组合结构内力的求解方法。

(3) 掌握利用位移法典型方程求解在支座发生位移时，梁和刚架的内力的计算方法。
(4) 熟练地利用对称性进行简化和计算。
(5) 掌握温度变化、材料收缩及制造误差时超静定结构的内力的计算方法。
(6) 掌握超静定结构的位移计算和对变形条件进行校核。

二、学习方法提示

(1) 要抓住三个环节：位移法的基本结构、位移法基本未知量和位移法典型方程。

(2) 式 (6.1)、(6.2)、(6.3) 表示的角位移方程是位移法的基本方程，要清楚其物理意义，牢记并熟练使用。

(3) 要能正确确定位移法基本未知量。结点角位移数目等于刚结点与组合结点数量；线位移未知量数量等于独立的结点线位移数量；当结构中包含弹性支座时，该弹性支座处的位移应作为位移法的基本未知量，并在刚度系数的计算中相应加上该弹簧刚度。

(4) 正确理解刚度系数的意义，它表示单位位移引起的约束力；与单位转角对应的刚度系数称为转动刚度；与单位线位移对应的刚度系数称为抗剪刚度。

(5) 在位移法中，基本未知量与平衡方程一一对应，对于刚结点角位移，存在与该结点对应的力矩平衡方程；对于每个独立的结点线位移，存在一个独立的投影平衡方程。

(6) 位移法的适用条件是：线弹性体系，且满足小变形假设，由此可以使用叠加原理。

(7) 用位移法不仅能计算超静定结构，也能计算静定结构。

6.3 解题指导

一、解题方法与步骤

（一）直接列平衡方程的解题步骤

(1) 确定位移法的基本未知量，即刚结点的角位移 φ_i 和独立结点线位移 Δ_i。

(2) 根据式 (6.1)、(6.2)、(6.3)，利用基本未知量 φ_i、Δ_i 及固端弯矩、剪力（见表 6.1）来表示杆端弯矩和剪力。

(3) 建立位移法基本方程，逐个对每一刚结点建立力矩平衡方程，对每一独立线位移列相应的截面投影平衡方程。

(4) 求解基本未知量 φ_i、Δ_i。

(5) 将 φ_i、Δ_i 值回代以求杆端弯矩。

(6) 作弯矩图、剪力图、轴力图。

（二）位移法典型方程的解题步骤

(1) 确定位移法的基本未知量 Δ_i。即刚结点角位移 φ_i 和独立结点线位移 Δ_i，统一用 Δ_i 表示。

(2) 求刚度系数。求出基本结构中当 $\Delta_i=1$ 时的弯矩图 $\overline{M}_i$，以得到相应的刚度系数 k_{ij}。

(3) 求自由项。求实际荷载（包括温度变化、支座移动）作用下的弯矩图 M_P，以得到相应的自由项 F_{iP}。

(4) 列位移法典型方程。将 k_{ij} 和 F_{iP} 代入式（6.4）得到位移法典型方程。

(5) 解位移法典型方程。求基本未知量 Δ_i。

(6) 利用叠加法作弯矩图（或剪力图、轴力图）：

$$M = \sum \overline{M}_i \Delta_i + M_P \tag{6.5}$$

（三）注意事项

(1) 基本未知量的方向。角位移假设以顺时针方向为正；结点线位移沿水平方向时假设向右为正；结点线位移沿铅垂方向时假设向下为正。

(2) 对应关系。角位移方向对应弯矩，线位移方向对应剪力。

(3) 固端弯矩、剪力的正负号。从表6.1中去体会其正负号。

(4) 结点荷载。直接作用于刚结点上的集中力偶、集中力应直接列入平衡方程中。

(5) 在各刚结点对应的力矩平衡方程中，力对点之矩以逆时针方向为正；在力的平衡方程中，一般规定向上、向右为正。

(6) 表6.1给出了等截面单跨超静定梁的杆端弯矩和剪力，最好能记住一些常用的。

表6.1 等截面单跨超静定梁的杆端弯矩和剪力

类型	梁的简图和变形曲线	弯矩图	剪力	
			F_{SAB}	F_{SBA}
1	$\varphi=1$, EI, l	$4i$, $2i$	$-\dfrac{6i}{l}$	$-\dfrac{6i}{l}$
2	EI, l	$6\dfrac{i}{l}$, $6\dfrac{i}{l}$	$\dfrac{12i}{l^2}$	$\dfrac{12i}{l^2}$
3	$\varphi=1$, l	$3i$	$-\dfrac{3i}{l}$	$-\dfrac{3i}{l}$
4	l	$3\dfrac{i}{l}$	$\dfrac{3i}{l^2}$	$\dfrac{3i}{l^2}$
5	$\varphi=1$, l	i, i	0	0

续表 6.1

类型	梁的简图和变形曲线	弯矩图	剪力 F_{SAB}	剪力 F_{SBA}
6		$\frac{Fa(l-b)}{2l}$，$\frac{Fa^2}{2l}$	F	0
	当 $a=b=\frac{l}{2}$ 时			
7		$\frac{a(3b-l)}{l^2}M$，$\frac{b(3a-l)}{l^2}M$	$-\frac{6ab}{l^3}M$	$-\frac{6ab}{l^3}M$
	当 $a=b=\frac{l}{2}$ 时		$-\frac{3}{2}\frac{M}{l}$	$-\frac{3}{2}\frac{M}{l}$
8		$\frac{Fab^2}{l^2}$，$\frac{Fa^2b}{l^2}$	$\frac{Fb^2(l+2a)}{l^3}$	$\frac{Fa^2(l+2b)}{l^3}$
	当 $a=b=\frac{l}{2}$ 时		$\frac{1}{2}Fl$	$-\frac{1}{2}Fl$
9		$\frac{1}{12}ql^2$，$\frac{1}{12}ql^2$，$\frac{1}{24}ql^2$	$\frac{1}{2}ql$	$-\frac{1}{2}ql$
10		$\frac{l^2-3b^2}{2l^2}M$	$-\frac{3(l^2-b^2)}{2l^3}M$	$-\frac{3(l^2-b^2)}{2l^3}M$
	当 $a=b=\frac{l}{2}$ 时		$-\frac{9}{8}\frac{M}{l}$	$-\frac{9}{8}\frac{M}{l}$
11		$\frac{Fab(l-b)}{2l^2}$	$\frac{Fb(3l^2-b^2)}{2l^3}$	$-\frac{Fa^2(2l+b)}{2l^3}$
	$a=b=\frac{l}{2}$ 时		$\frac{11}{16}F$	$-\frac{5}{16}F$
12		$\frac{1}{8}ql^2$	$\frac{5}{8}ql$	$-\frac{3}{8}ql$

续表 6.1

类型	梁的简图和变形曲线	弯矩图	剪力 F_{SAB}	剪力 F_{SBA}
13			$-\dfrac{3M}{2l}$	$-\dfrac{3M}{2l}$
14		$\dfrac{EI\alpha\Delta t}{h}$	0	0
15			F	0
16			ql	0
17		$\dfrac{3EI\alpha\Delta t}{2h}$	$\dfrac{3EI\alpha\Delta t}{2hl}$	$\dfrac{3EI\alpha\Delta t}{2hl}$
18		$\dfrac{EI\alpha\Delta t}{h}$	0	0

注：表中，$i=\dfrac{EI}{l}$，称为线刚度。

二、例题分析

【例 6.1】 如图 6.4（a）所示结构，各杆 EI = 常数，用位移法计算并作 M 图。

解：（1）确定位移法基本未知量。以铰支座 C 处的竖向位移 Δ_C 作为位移法的基本未知量。

（2）求刚度系数。令 $\Delta_C=1$，作弯矩图，如图 6.4（b）所示，查表 6.1 的类型 4 得到：

$$k_{11}=\dfrac{3i}{l^2}+\dfrac{3i}{l^2}=\dfrac{6i}{l^2}=\dfrac{6EI}{l^3} \quad （线刚度 i=\dfrac{EI}{l}）$$

（3）求自由项。CB 段受集中力 P 作用，查表 6.1 类型 11 得，$F_{1P}=-\dfrac{5}{16}P$（剪力）。

（4）列位移法典型方程。

将求得的刚度系数和自由项代入式（6.4），得到位移法基本方程：

$$k_{11}\Delta_C+F_{1P}=0$$

即

$$\frac{6EI}{l^3}\Delta_C - \frac{5}{16}P = 0$$

(5) 解位移法基本方程。

解上述方程得到：

$$\Delta_C = \frac{5Pl^3}{96EI}$$

(6) 利用叠加法作弯矩图。

根据式（6.5）作弯矩图，如图 6.4（e）所示。

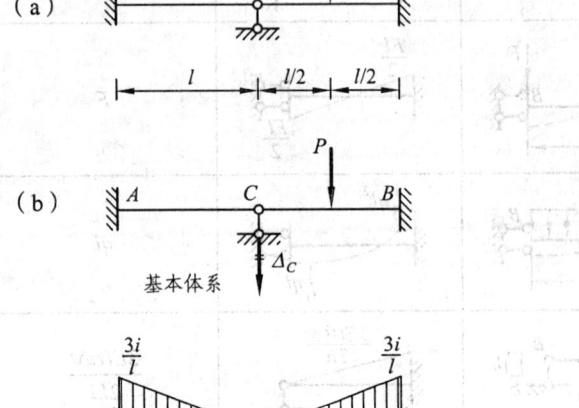

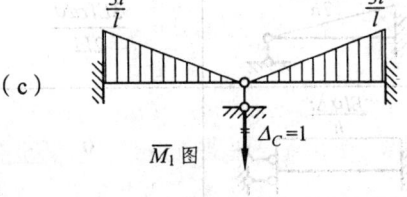

$\overline{M}_1$ 图

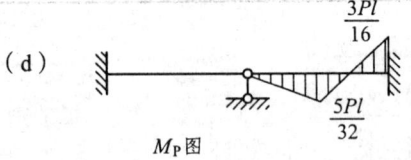

M_P 图

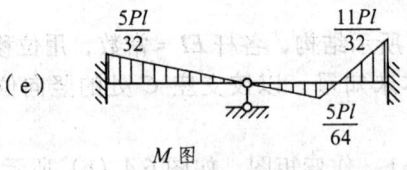

M 图

图 6.4

【例 6.2】 如图 6.5（a）所示结构，A 处弹簧刚度为 $k = \dfrac{3EI}{l^3}$，用位移法求解并作 M 图。

解：(1) 确定位移法基本未知量。结点 A 处的竖向线位移 Δ_A 和截面 B 处的角位移 φ_B。

(2) 求刚度系数。

① 令 $\Delta_A = 1$，作弯矩图，如图 6.5（b）所示，查表 6.1 的类型 4 得到：

$$k_{11} = \frac{3i}{l^2} + k, \quad k_{12} = +\frac{3i}{l} \quad （设线刚度 i = \frac{EI}{l}，下同）$$

132

注意：在计算 k_{11} 的时候，除了 $\Delta_A=1$ 所引起的 $k_{11}=\dfrac{3i}{l^2}$ 外，还要加上 A 处弹簧的刚度 k。

② 令 $\varphi_B=1$，作弯矩图，如图 6.5（c）所示，查表 6.1 的类型 3 得到：

$$k_{21}=+\frac{3i}{l}, \quad k_{22}=3i+3i=6i$$

（3）求自由项。

BC 段受均布荷载 q 作用，作弯矩图如图 6.5（d）所示，由此 $F_{2P}=M_{BC}=-\dfrac{1}{8}ql^2$（查表 6.1 的类型 12）；

AB 段无荷载作用，因此，$F_{1P}=0$

（4）列位移法典型方程。

将位移法典型方程（6.4）改写成：

$$\begin{cases} k_{11}\Delta_A+k_{12}\varphi_B+F_{1P}=0 \\ k_{21}\Delta_A+k_{22}\varphi_B+F_{2P}=0 \end{cases}$$

代入数据得到：

$$\begin{cases} \left(\dfrac{3i}{l^2}+k\right)\Delta_A+\dfrac{3i}{l}\varphi_B+0=0 \\ +\dfrac{3i}{l}\Delta_A+6i\varphi_B-\dfrac{1}{8}ql^2=0 \end{cases}$$

（5）解位移法基本方程。

解上述方程得到：

$$\Delta_A=-\frac{ql^4}{72EI}, \quad \varphi_B=\frac{ql^3}{36EI}$$

（6）利用叠加法作弯矩图。

根据式（6.5）作弯矩图，如图 6.5（e）所示。

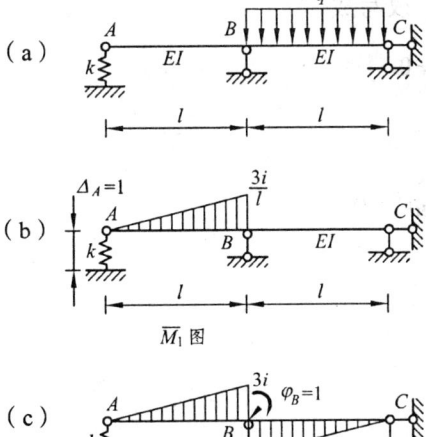

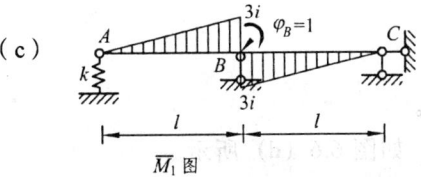

(d)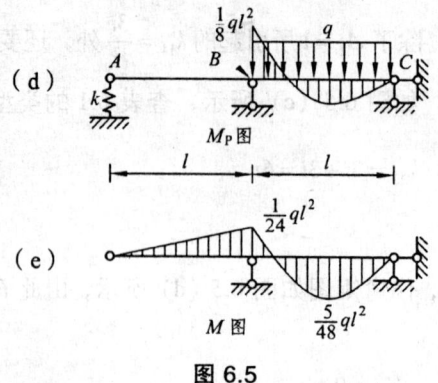

(e)

图 6.5

【例 6.3】 如图 6.6（a）所示结构，$EI=$ 常数，用位移法计算并作 M 图。

解：(1) 位移法典型方程求解。

① 确定位移法基本未知量。

由于不考虑轴向变形，ABC 杆无轴向水平位移，由此只有 B 处的角位移 φ_B。

② 求刚度系数。

由于各杆长度 l 相等，刚度 EI 也相等，由此线刚度相等，$i_{BA}=i_{BC}=i_{BD}=\dfrac{EI}{l}$。

令 $\varphi_B=1$ 作弯矩图，如图 6.6（b）所示，因此有：

$$k_{11}=4i+4i+i=9i=9\dfrac{EI}{l}$$

③ 求自由项。

作 AB、BC 段的弯矩图，如图 6.6（c）所示，由此得到：

$$F_{1P}=-\dfrac{1}{3}ql^2+\dfrac{1}{12}ql^2=-\dfrac{1}{4}ql^2$$

④ 列位移法典型方程。

将位移法典型方程（6.4）改写成：

$$k_{11}\varphi_B+F_{1P}=0$$

代入数据解得到：

$$9\dfrac{EI}{l}\varphi_B-\dfrac{1}{4}ql^2=0$$

⑤ 解位移法基本方程。

解上述方程得到：

$$\varphi_B=\dfrac{ql^3}{36EI}$$

⑥ 利用叠加法作弯矩图。

根据式（6.5）作弯矩图，如图 6.6（d）所示。

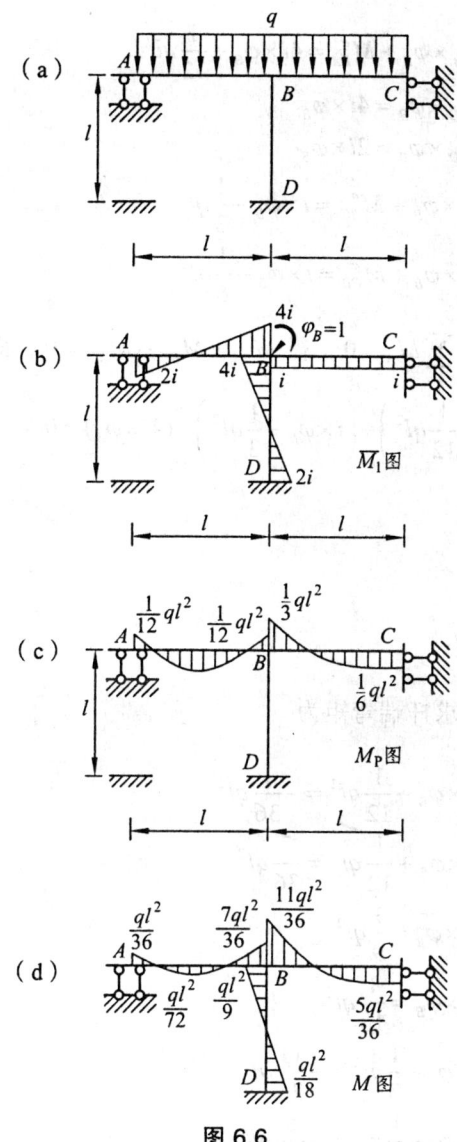

图 6.6

(2) 直接列平衡方程。

① 确定位移法基本未知量。由于不考虑轴向变形,ABC 杆无水平位移,由此只有 B 处的角位移 φ_B。

② 计算固端弯矩。

$$M_{AB}^q = -\frac{1}{12}ql^2, \quad M_{BA}^q = \frac{1}{12}ql^2$$

$$M_{BC}^q = -\frac{1}{3}ql^2, \quad M_{CB}^q = -\frac{1}{6}ql^2$$

③ 建立位移法基本方程。计算各杆端弯矩及转角位移方程为

$$M_{AB} = 2i_{AB} \times \varphi_B + M_{AB}^q = 2i \times \varphi_B - \frac{1}{12}ql^2$$

$$M_{BA} = 4i_{AB} \times \varphi_B + M_{BA}^q = 4i \times \varphi_B + \frac{1}{12}ql^2$$

$$M_{BD} = 4i_{BD} \times \varphi_B = 4i \times \varphi_B$$

$$M_{DB} = 2i_{BD} \times \varphi_B = 2i \times \varphi_B$$

$$M_{BC} = i_{BC} \times \varphi_B + M_{BC}^q = i \times \varphi_B - \frac{1}{3}ql^2$$

$$M_{CB} = i_{BC} \times \varphi_B + M_{CB}^q = i \times \varphi_B - \frac{1}{6}ql^2$$

根据结点 B 的平衡方程 $\sum M_B = 0$，得 $M_{BA} + M_{BC} + M_{BD} = 0$，即

$$\left(4i \times \varphi_B + \frac{1}{12}ql^2\right) + \left(i \times \varphi_B - \frac{1}{3}ql^2\right) + (4i \times \varphi_B) = 0$$

④ 求解基本未知量。
解上述方程得：

$$\varphi_B = \frac{ql^3}{36EI}$$

⑤ 将 $\varphi_B = \frac{ql^3}{36EI}$ 回代以求杆端弯矩为

$$M_{AB} = 2i \times \varphi_B - \frac{1}{12}ql^2 = -\frac{1}{36}ql^2$$

$$M_{BA} = 4i \times \varphi_B + \frac{1}{12}ql^2 = \frac{7}{36}ql^2$$

$$M_{BD} = 4i \times \varphi_B = \frac{1}{9}ql^2$$

$$M_{DB} = 2i \times \varphi_B = \frac{1}{18}ql^2$$

$$M_{BC} = i \times \varphi_B - \frac{1}{3}ql^2 = -\frac{11}{36}ql^2$$

$$M_{CB} = i \times \varphi_B - \frac{1}{6}ql^2 = -\frac{5}{36}ql^2$$

⑥ 作弯矩图。根据各杆端弯矩作弯矩图，如图 6.6（d）所示。
相比之下，利用位移法典型方程来计算要方便一些。

【例 6.4】 如图 6.7（a）所示的结构，$EI = 4.8 \times 10^4 \text{ kN} \cdot \text{m}^2$，用位移法计算并作 M 图。
解：利用对称性取半结构计算，得基本结构，如图 6.7（b）所示。
（1）确定位移法基本未知量。以刚结点 B 的角位移 φ_B 为基本未知量。
（2）求刚度系数。
① 计算各杆线刚度：$i_{AB} = \frac{EI}{l_{AB}} = \frac{EI}{4}$，$i_{BC} = \frac{EI}{l_{BC}} = \frac{EI}{6}$
② 令 $\varphi_B = 1$ 作弯矩图，如图 6.7（c）所示，因此有：

$$k_{11} = 4i_{AB} + 4i_{BC} = EI + \frac{2}{3}EI = \frac{5EI}{3}$$

(3) 求自由项。

计算由支座移动所引起的弯矩。作弯矩图,如图 6.7(d)所示,因此有:

$$M_{BC} = -\frac{6i_{BC}}{l_{BC}}\Delta = -\frac{6EI}{l_{BC}^2}\Delta = -\frac{6\times 4.8\times 10^4}{36}\times 0.01 = -80 \text{ kN}\cdot\text{m} = F_{1P}$$

(4) 列位移法典型方程。

将位移法典型方程(6.4)改写成:

$$k_{11}\varphi_B + F_{1P} = 0$$

代入数据得到:

$$\frac{5EI}{3}\varphi_B - 80 = 0$$

(5) 解位移法基本方程。

解上述方程得到:

$$\varphi_B = \frac{48}{EI}$$

(6) 利用叠加法作弯矩图。

根据式(6.5)作弯矩图,整个结构的弯矩图如图 6.7(e)所示。

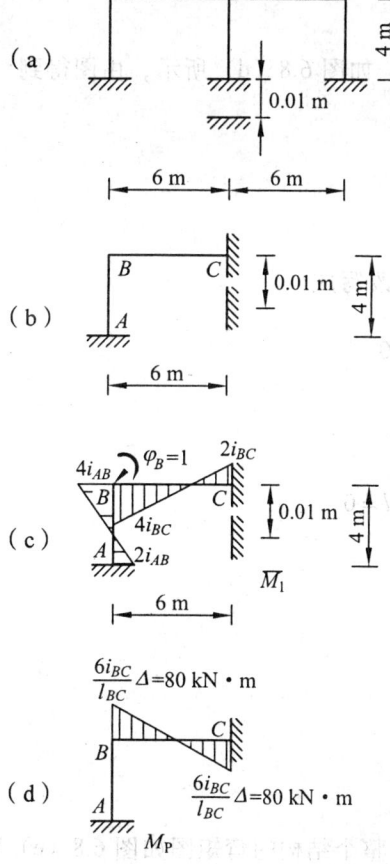

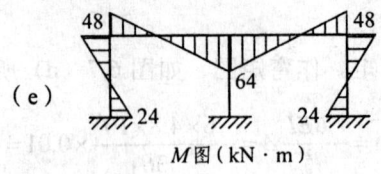

M 图 (kN·m)

图 6.7

【例 6.5】 如图 6.8（a）所示结构，除 EG 杆外其余各杆 EI = 常数，用位移法计算并作 M 图。

解：利用对称性取半结构计算，得基本结构，如图 6.8（b）所示。

(1) 确定位移法基本未知量。以刚结点 C 的角位移 φ_C 为基本未知量。

(2) 求刚度系数。

① 计算各杆线刚度：

$$i_{AC} = \frac{EI}{l_{AC}} = \frac{EI}{l}, \quad i_{CE} = \frac{EI}{l_{CE}} = \frac{EI}{l}$$

② 令 $\varphi_C = 1$ 作弯矩图，如图 6.8（c）所示，因此有：

$$k_{11} = 4i_{AC} + 3i_{CE} = \frac{7EI}{l}$$

(3) 求自由项。

作实际荷载作用下弯矩图，如图 6.8（d）所示，由图得到：

$$F_{1P} = \frac{1}{8}Pl$$

(4) 列位移法典型方程。

将位移法典型方程 (6.4) 改写成：

$$k_{11}\varphi_C + F_{1P} = 0$$

代入数据得到：

$$\frac{7EI}{l}\varphi_C + \frac{1}{8}Pl = 0$$

(5) 解位移法基本方程。

解上述方程得到：

$$\varphi_C = -\frac{Pl^2}{56EI}$$

(6) 利用叠加法作弯矩图。

根据式 (6.5) 作弯矩图，整个结构的弯矩图如图 6.8（e）所示。

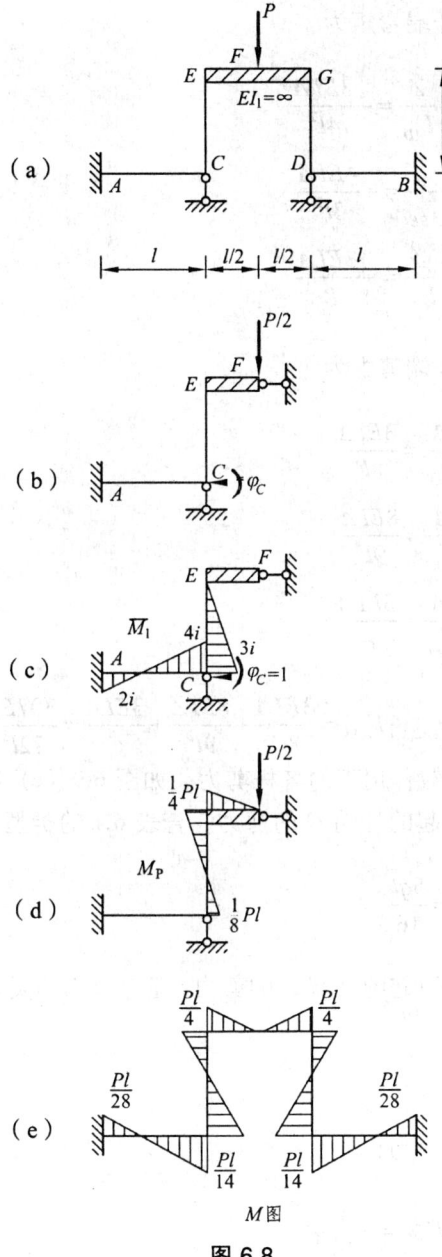

图 6.8

【**例 6.6**】 如图 6.9（a）所示的结构，EI = 常数，用位移法计算并作 M 图。

解：（1）确定位移法基本未知量。

由于 DE、EF 杆的抗拉压刚度 $EA=\infty$，由此各杆 D、E、F 端的水平位移相等，设为 Δ，如图 6.9（b）所示。

（2）求刚度系数。

① 各杆线刚度：

$$i_{DA}=\frac{EI}{l_{DA}}=\frac{EI}{2l}, \quad i_{EB}=\frac{EI}{l_{EB}}=\frac{2EI}{3l}, \quad i_{FC}=\frac{EI}{l_{FC}}=\frac{EI}{l}$$

② 水平位移 Δ 引起的各杆端弯矩为

$$M_{AD}^{\Delta} = -3i_{AD}\frac{\Delta}{l_{AD}} = -\frac{3EI\Delta}{4l^2}$$

$$M_{BE}^{\Delta} = -3i_{BE}\frac{\Delta}{l_{BE}} = -\frac{4EI\Delta}{3l^2}$$

$$M_{CF}^{\Delta} = -3i_{CF}\frac{\Delta}{l_{CF}} = -\frac{3EI\Delta}{l^2}$$

③ 水平位移 Δ 引起的各杆端剪力为

$$F_{sDA}^{\Delta} = 3i_{DA}\frac{\Delta}{l_{DA}^2} = \frac{3EI\Delta}{8l^3}$$

$$F_{sEB}^{\Delta} = 3i_{EB}\frac{\Delta}{l_{EB}^2} = \frac{8EI\Delta}{9l^3}$$

$$F_{sFC}^{\Delta} = 3i_{DA}\frac{\Delta}{l_{DA}^2} = \frac{3EI\Delta}{l^3}$$

由此

$$k_{11} = F_{sDA} + F_{sEB} + F_{sDA} = \frac{3EI\Delta}{8l^3} + \frac{8EI\Delta}{9l^3} + \frac{3EI\Delta}{l^3} = \frac{307EI}{72l^3}$$

（3）求自由项，即实际荷载作用下的各杆剪力，如图 6.9（c）所示。

① AD 杆受集中力作用引起的杆端 D 的剪力，查表 6.1 的类型 11 得：

$$F_{sDA}^{ql} = \frac{5}{16}F = \frac{5ql}{16}$$

② CF 杆受均布荷载作用引起的杆端 F 的剪力，查表 6.1 的类型 12 得：

$$F_{sFC}^{\Delta} = -\frac{3ql}{8}$$

由此，实际荷载作用下杆端剪力为：

$$F_{1P} = F_{sDA}^{ql} + F_{sFC}^{\Delta} = -\frac{1}{16}ql$$

代入位移法典型方程（6.4）得到

$$k_{11}\Delta + F_{1P} = 0$$

解得

$$\Delta = \frac{9ql^4}{614EI}$$

或者按下面的方法计算：

（4）列位移法典型方程并求解。

取柱顶桁梁部分为隔离体，如图 6.9（d）所示，由水平方向的平衡方程 $\sum F_x = 0$ 得：

$$-\frac{5ql}{16} - F_{sDA}^{\Delta} - F_{sEB}^{\Delta} - F_{sFC}^{\Delta} + \frac{3ql}{8} = 0$$

即 $\qquad \dfrac{307EI}{72l^3}\Delta = \dfrac{1}{16}ql$

解得 $\qquad \Delta = \dfrac{9ql^4}{614EI}$

(5) 将 $\Delta = \dfrac{9ql^4}{614EI}$ 代入上式得到：

$$M_{AD} = M_{AD}^{ql} + M_{AD}^{\Delta} = \frac{3}{8}ql^2 - \frac{3EI\Delta}{4l^2} = \frac{447}{1\,228}ql^2 \approx 0.364ql^2$$

$$M_{BE} = M_{BE}^{\Delta} = -\frac{4EI\Delta}{3l^2} = -\frac{6}{307}ql^2 \approx 0.019\,6ql^2$$

$$M_{CF} = M_{CF}^{q} + M_{CF}^{\Delta} = -\frac{1}{8}ql^2 - \frac{3EI\Delta}{l^2} = -\frac{415}{2\,456}ql^2 \approx -0.169ql^2$$

AD 杆的中点 K 的弯矩为

$$M_{KD} = M_{KD}^{ql} + M_{KD}^{\Delta} = \frac{5}{16}ql^2 - \frac{3EI\Delta}{4l^2} \times \frac{1}{2} = \frac{377}{1\,228}ql^2 \approx 0.307ql^2$$

FC 杆的中点 G 的弯矩为

$$M_{GF} = M_{GF}^{ql} + \frac{1}{2}M_{KD}^{\Delta} = \frac{1}{16}ql^2 + \frac{3EI\Delta}{2l^2} = \frac{415}{4\,912}ql^2 \approx 0.084\,5ql^2$$

(6) 作弯矩图。利用叠加法作弯矩图，如图 6.9（e）所示。

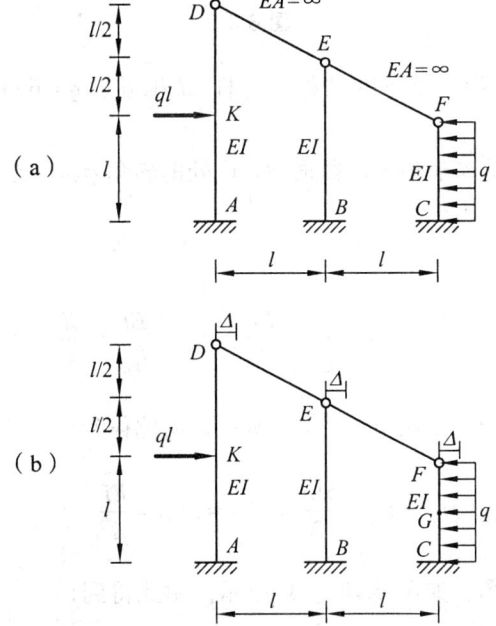

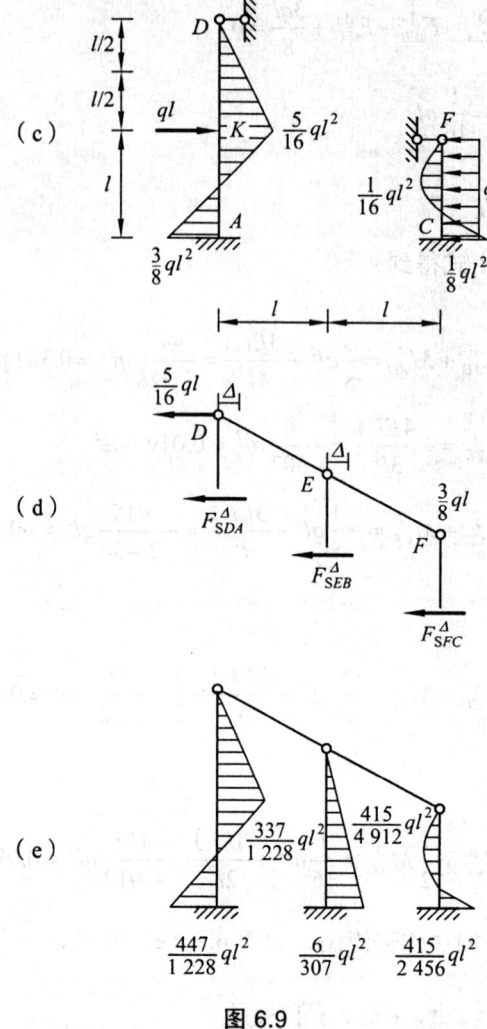

图 6.9

【例 6.7】 如图 6.10（a）所示的结构，各杆 EI 相同，$q = 60 \text{ kN/m}$，用位移法计算并作 M 图。

解：(1) 确定位移法基本未知量。截面 B、C 处的转角 φ_B、φ_C。

(2) 求刚度系数。

① 各杆的线刚度：

$$i_{AB} = \frac{EI}{l_{AB}} = \frac{EI}{2}, \quad i_{BC} = \frac{EI}{l_{BC}} = \frac{EI}{4}, \quad i_{BD} = \frac{EI}{l_{BD}} = \frac{EI}{4}, \quad i_{CE} = \frac{EI}{l_{CE}} = \frac{EI}{3}$$

② 令 $\varphi_B = 1$，作弯矩图，如图 6.10（b）所示，由此得到：

$$k_{11} = 4i_{BD} + 4i_{BC} + i_{BA} = \frac{5EI}{2}, \quad k_{12} = 2i_{BC} = \frac{EI}{2}$$

③ 令 $\varphi_C = 1$，作弯矩图，如图 6.10（c）所示，由此得到：

$$k_{22} = 4i_{CB} + 3i_{CE} = 2EI , \quad k_{21} = 2i_{CB} = \frac{EI}{2}$$

(3) 求自由项。

CB 段受均布荷载 q 作用，作弯矩图，如图 6.10（d）所示，因此有：

$$F_{1P} = -\frac{1}{12}ql^2 = -80 \text{ kN} \cdot \text{m}$$

$$F_{2P} = +\frac{1}{12}ql^2 = +80 \text{ kN} \cdot \text{m}$$

(4) 列位移法典型方程。

将位移法典型方程（6.4）改写成：

$$\begin{cases} k_{11}\varphi_B + k_{12}\varphi_C + F_{1P} = 0 \\ k_{21}\varphi_B + k_{22}\varphi_C + F_{2P} = 0 \end{cases}$$

代入数据得到：

$$\begin{cases} \dfrac{5EI}{2}\varphi_B + \dfrac{EI}{2}\varphi_C - 80 = 0 \\ \dfrac{EI}{2}\varphi_B + 2EI\varphi_C + 80 = 0 \end{cases}$$

(5) 解位移法基本方程。

解上述方程得到：

$$\varphi_B = +\frac{800}{19EI} , \quad \varphi_C = -\frac{960}{19EI}$$

(6) 利用叠加法作弯矩图。

根据式（6.5）作弯矩图，如图 6.10（e）所示。

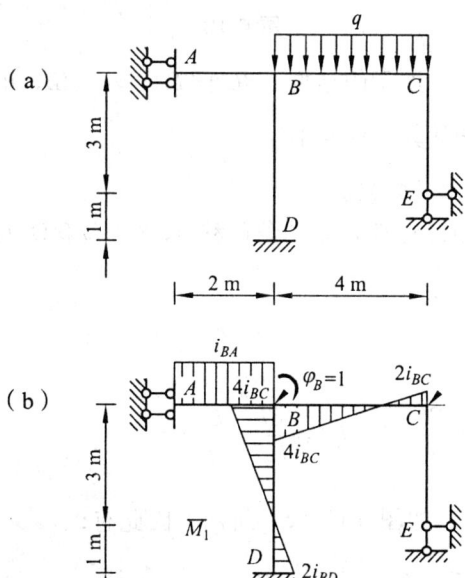

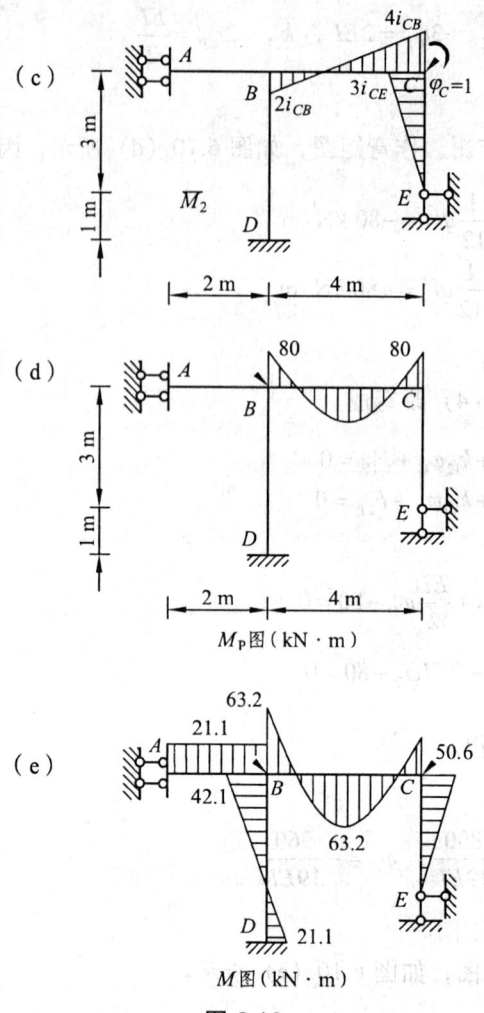

图 6.10

【例 6.8】 如图 6.11（a）所示的结构，BC 杆 $EA=\infty$，AB、BC 杆 $EI=$ 常数，支座 D 处弹簧刚度 $k=\dfrac{3EI}{l}$，用位移法计算并作 M 图。

解：（1）确定位移法基本未知量。

结点 C 的水平位移 Δ_1 和铰支座 D 处的角位移 Δ_2 作为位移法的基本未知量，如图 6.11(b) 所示。

（2）求刚度系数。

① 计算各杆线刚度：

$$i_{AB}=\frac{EI}{l_{AB}}=\frac{EI}{l}=i,\quad i_{CD}=\frac{EI}{l_{CD}}=\frac{EI}{l}=i$$

② 令 $\Delta_1=1$，作弯矩图，如图 6.11（c）所示，因此有：

$$k_{11}=\frac{3i}{l^2}+\frac{3i}{l^2}=\frac{6i}{l^2},\quad k_{12}=-\frac{3i}{l}$$

③ 令 $\Delta_2 = 1$，作弯矩图，如图 6.11（d）所示，因此有：

$$k_{22} = 3i + k = 6i , \quad k_{21} = -\frac{3i}{l}$$

注意：在计算 k_{22} 的时候，需要加上铰支座 D 处的弹簧转动刚度 k。

(3) 求自由项。

实际荷载作用时候，结点 C 处的剪力是 $-P$，铰支座 D 处的弯矩为零，由此有：

$$F_{1P} = -P , \quad F_{2P} = 0$$

(4) 列位移法典型方程。

将位移法典型方程（6.4）改写成：

$$\begin{cases} k_{11}\Delta_1 + k_{12}\Delta_2 + F_{1P} = 0 \\ k_{21}\Delta_1 + k_{22}\Delta_2 + F_{2P} = 0 \end{cases}$$

代入数据得到

$$\begin{cases} \dfrac{6i}{l^2}\Delta_1 - \dfrac{3i}{l}\Delta_2 - P = 0 \\ -\dfrac{3i}{l}\Delta_1 + 6i\Delta_2 = 0 \end{cases}$$

(5) 解位移法基本方程。

解上述方程得到：

$$\Delta_1 = \frac{2Pl^2}{9i} = \frac{2Pl^3}{9EI} , \quad \Delta_2 = \frac{Pl}{9i} = \frac{Pl^2}{9EI}$$

(6) 利用叠加法作弯矩图。

根据式（6.5）作弯矩图，如图 6.11（e）所示。

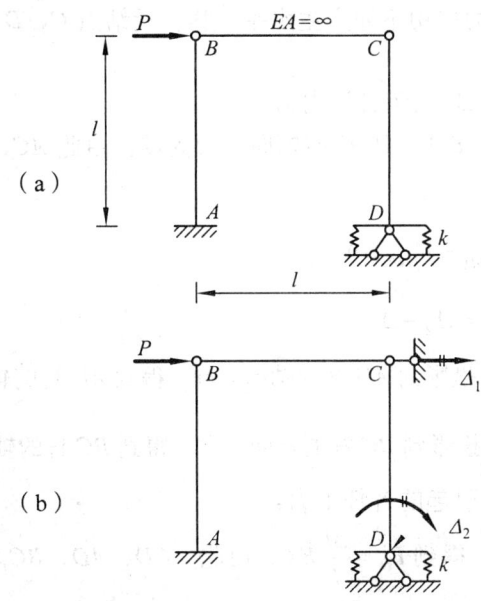

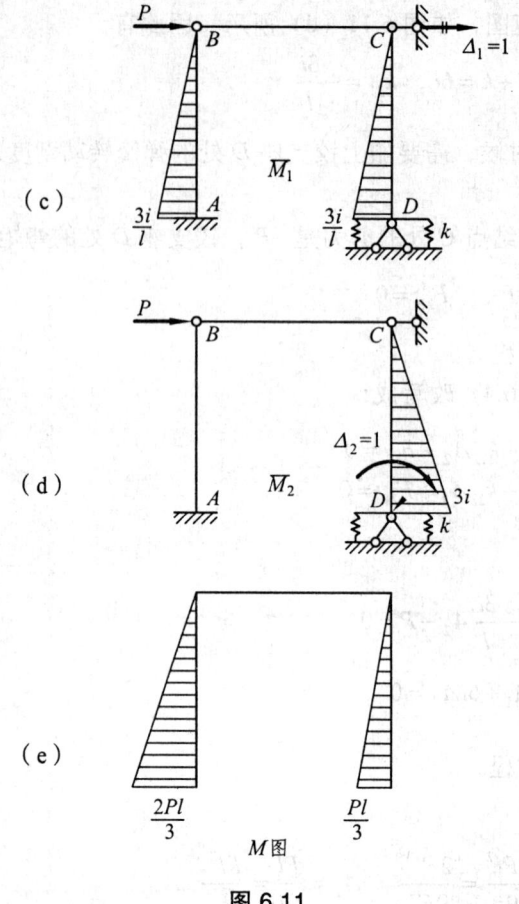

(c) $\overline{M}_1$ $\frac{3i}{l}$ $\frac{3i}{l}$

(d) $\overline{M}_2$ $3i$

(e) $\frac{2Pl}{3}$ $\frac{Pl}{3}$ M 图

图 6.11

【例 6.9】 如图 6.12（a）所示的桁架，各杆 $EA=$ 常数，用位移法计算各杆内力。

解： (1) 确定位移法基本未知量。

只有结点 C、D 处在外力作用下才产生水平位移，设结点 C、D 的水平位移分别为 Δ_1、Δ_2，如图 6.12（b）所示。

(2) 用基本未知量 Δ_1、Δ_2 表示各杆内力。

① 计算各杆变形。AC、BD、AB 杆的轴向变形为零，由此 AC、BD、AB 杆的轴力也为零，即

$$F_{NAC} = F_{NBD} = F_{NAB} = 0$$

CD 杆的轴向变形：$\Delta_{CD} = \Delta_2 - \Delta_1$；

将结点 D 的水平位移 Δ_2 投影到 AD 杆的轴向方向，得到 AD 杆的轴向拉伸变形 $\Delta_{AD} = \frac{3}{5}\Delta_2$；

将结点 C 的水平位移 Δ_1 投影到 BC 杆的轴向方向，得到 BC 杆的轴向压缩变形 $\Delta_{BC} = \frac{3}{5}\Delta_1$。

② 计算由变形 Δ_1、Δ_2 引起的各杆轴力。

根据胡克定律 $\Delta l = \dfrac{F_N l}{EA}$，得到 $F_N = \dfrac{\Delta l}{l}EA$，由此，$CD$、$AD$、$BC$ 杆的轴力分别为

$$F_{NCD} = \frac{\Delta_{CD}}{l_{CD}} EA = \frac{\Delta_2 - \Delta_1}{3} EA = \frac{1}{3} EA \times (\Delta_2 - \Delta_1)$$

$$F_{NAD} = \frac{\Delta_{AD}}{l_{AD}} EA = \frac{3\Delta_2}{5 \times 5} EA = \frac{3}{25} EA \times \Delta_2$$

$$F_{NBC} = -\frac{\Delta_{BC}}{l_{BC}} EA = -\frac{3\Delta_1}{5 \times 5} EA = -\frac{3}{25} EA \times \Delta_1$$

（3）列位移法典型方程。

根据结点 C、结点 D 在水平方向的平衡方程得到：

$$\begin{cases} F_{NCD} + \dfrac{3}{5} F_{NBC} + F_{NFC} = 0 \\ F_{NCD} + \dfrac{3}{5} F_{NAD} = 0 \end{cases}$$

即

$$\begin{cases} \dfrac{1}{3} EA \times (\Delta_2 - \Delta_1) - \dfrac{3}{5} \times \dfrac{3}{25} EA \times \Delta_1 + P = 0 \\ \dfrac{1}{3} EA \times (\Delta_2 - \Delta_1) + \dfrac{3}{5} \times \dfrac{3}{25} EA \times \Delta_2 = 0 \end{cases}$$

（4）求解基本未知量。

解上述方程得：

$$\Delta_1 = \frac{19\,000}{2\,493} \times \frac{P}{EA}, \quad \Delta_2 = \frac{15\,625}{2\,493} \times \frac{P}{EA}$$

（5）计算各杆轴力。

$$F_{NCD} = \frac{1}{3} EA \times (\Delta_2 - \Delta_1) = -\frac{125}{277} P \approx -0.451\,26P$$

$$F_{NAD} = \frac{3}{25} EA \times \Delta_2 = \frac{625}{831} P \approx 0.752\,106P$$

$$F_{NBC} = -\frac{3}{25} EA \times \Delta_1 = -\frac{760}{831} P \approx -0.914\,561P$$

由此 $F_{NAC} = F_{NBD} = F_{NAB} = 0$，$F_{NCD} = -\dfrac{125}{277} P$，$F_{NAD} = \dfrac{625}{831} P$，$F_{NBC} = -\dfrac{760}{831} P$

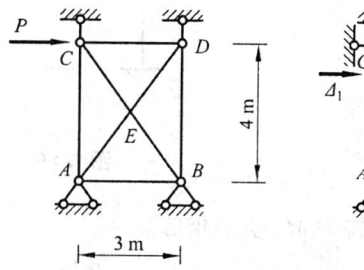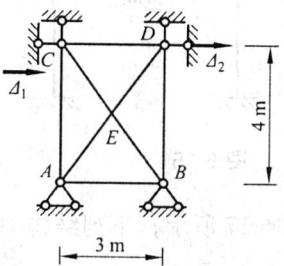

图 6.12

6.4 基础训练与考研辅导

一、判断题

1. (   ) 超静定结构中杆端弯矩只取决于杆端位移。
2. (   ) 结构按位移法计算时，其典型方程的数目与结点位移数目相等。
3. (   ) 位移法的基本结构为超静定结构。
4. (   ) 位移法的典型方程与位移法的典型方程一样，都是变形谐调方程。
5. (   ) 用位移法可以计算超静定结构，也可以计算静定结构。
6. (   ) 图 6.13（a）中 Δ_1、Δ_2 为位移法的基本未知量，i = 常数；图 6.13（b）是 Δ_2 = 1、Δ_1 = 0 时的弯矩图，即 $\bar{M}_2$ 图。
7. (   ) 图 6.14（a）所示的结构弯矩图如图 6.14（b）所示。

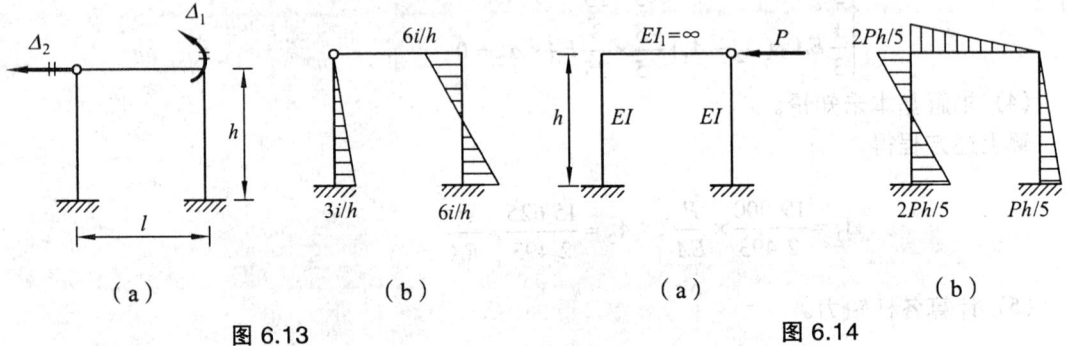

图 6.13　　　　图 6.14

8. (   ) 图 6.15（a）所示的对称结构可简化为图 6.15（b）来计算。
9. (   ) 如图 6.16 所示的结构，用位移求解的基本未知量数目最少为 3。

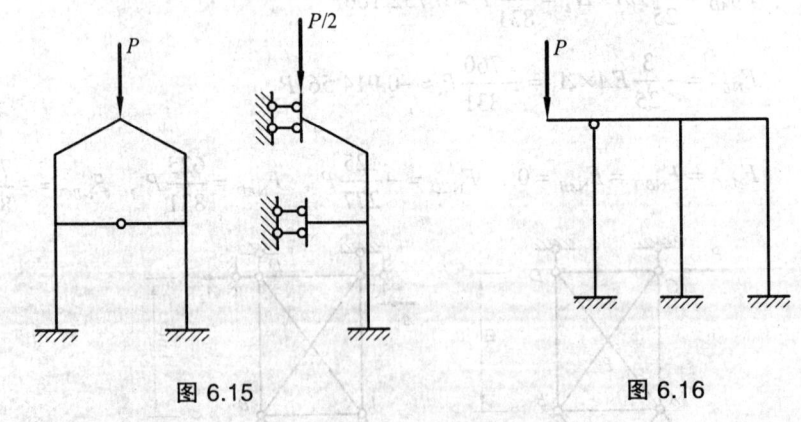

图 6.15　　　　图 6.16

10. (   ) 如图 6.17 所示，下列结构中 M_A 全部相等。
11. (   ) 如图 6.18 所示的结构，用位移法求解时 $\Delta_1 = \dfrac{Pl^3}{30EI}(\rightarrow)$。

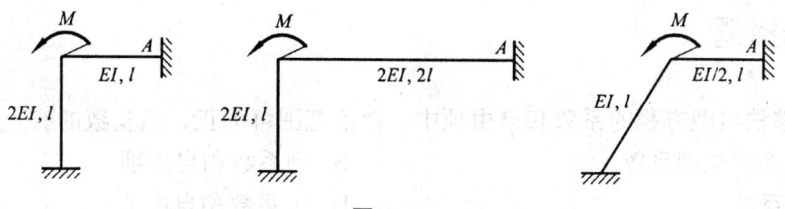

图 6.17

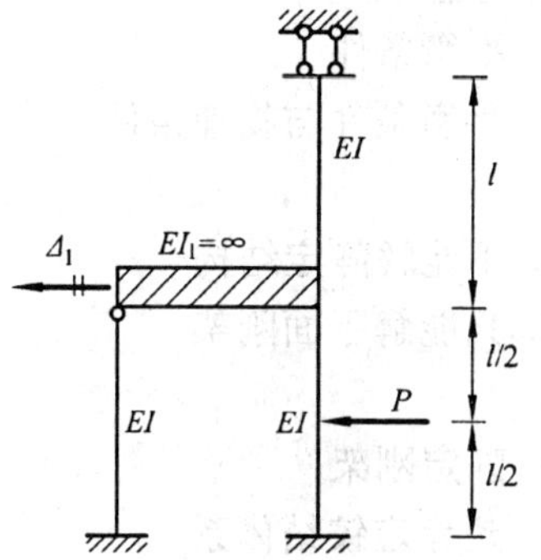

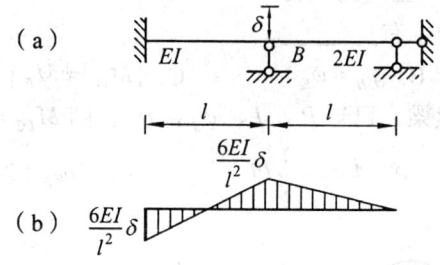

图 6.18 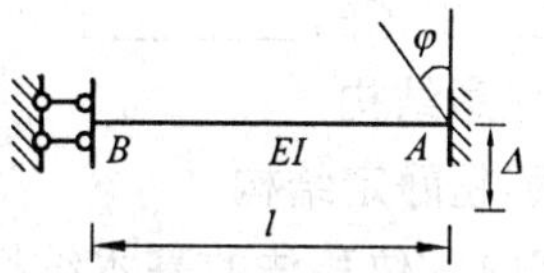   图 6.19

12. （ ） 如图 6.19 所示的结构，其杆端弯矩 $M_{AB} = \dfrac{4EI}{l}\varphi + \dfrac{6EI}{l^2}\Delta$。

13. （ ） 如图 6.20（a）所示的结构，支座 B 上升 δ，其 M 图如图 6.20（b）所示。

（a）

（b） $\dfrac{6EI}{l^2}\delta$ $\dfrac{6EI}{l^2}\delta$

图 6.20

14. （ ） 用位移法计算图 6.21 所示的结构，得出 $M_{BA}=0$、$M_{CD}=0$，设各杆 EI = 常数。

15. （ ） 如图 6.22 所示的结构，B 点的竖向位移为 $\dfrac{Pl^3}{51EI}$。

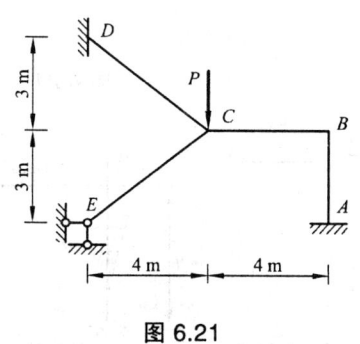

图 6.21

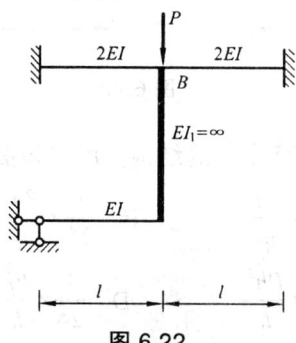

图 6.22

二、选择题

1. 在位移法典型方程的系数和自由项中，数值范围可为正、负实数的有_____。
   A. 主系数和副系数　　　　　　　　B. 副系数和自由项
   C. 主系数　　　　　　　　　　　　D. 主系数和自由项

2. 用位移法计算超静定结构时考虑的条件是_____。
   A. 平衡条件与几何条件　　　　　　B. 平衡条件
   C. 物理条件、几何条件和平衡条件　D. 平衡条件与物理条件

3. 位移法的适用范围_____。
   A. 可解任意结构　　　　　　　　　B. 不能解静定结构
   C. 只能解超静定结构　　　　　　　D. 只能解平面刚架

4. 计算刚架时，位移法的基本结构是_____。
   A. 单跨静定梁的集合体　　　　　　B. 静定刚架
   C. 单跨超静定梁的集合体　　　　　D. 超静定铰结体系

5. 在位移法基本方程中，系数 k_{ij} 代表_____。
   A. 只有 Δ_j 时，由于 $\Delta_j = 1$ 在附加约束 i 处产生的约束力
   B. 只有 Δ_i 时，由于 $\Delta_i = 1$ 在附加约束 j 处产生的约束力
   C. $\Delta_j = 1$ 时，在附加约束 i 处产生的约束力
   D. $\Delta_j = 1$ 在附加 j 处产生的约束力

6. 图 6.23 所示的两结构中有_____。
   A. $M_A = M_D$　　B. $\varphi_B = \varphi_E$　　C. $|M_D| = |M_F|$　　D. $|M_A| = |M_C|$

7. 如图 6.24 所示的连续梁，已知 P、l、φ_B、φ_C，则 $M_{BC} =$ _____。
   A. $4i\varphi_B + \dfrac{1}{8}Pl$　　B. $4i\varphi_B - \dfrac{1}{8}Pl$　　C. $4i\varphi_B + 2i\varphi_C$　　D. $4i\varphi_B + 4i\varphi_C$

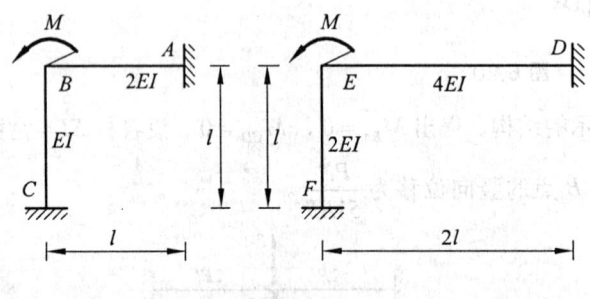

图 6.23

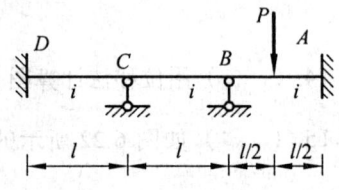

图 6.24

8. 如图 6.25 所示的结构，用位移法求解可得 $\Delta =$ _____。
   A. $\dfrac{1}{12} \times \dfrac{Ph}{i_1}$　　B. $\dfrac{1}{24} \times \dfrac{Ph^2}{i_1}$
   C. $\dfrac{1}{12} \times \dfrac{Ph^2}{i_1}$　　D. $\dfrac{1}{24} \times \dfrac{Ph}{i_1}$

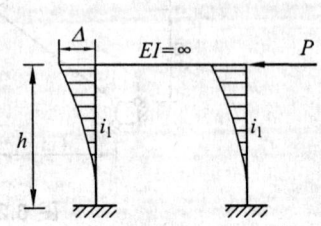

图 6.25

9. 如图 6.26 所示，在下列结构中，用位移法求解比较方

便的结构为_____。

A. 图 (a)、(c) 和 (d)　　　　　B. 图 (b)、(c)、(e) 和 (f)
C. 图 (a)、(e) 和 (f)　　　　　D. 都不宜用位移法求解

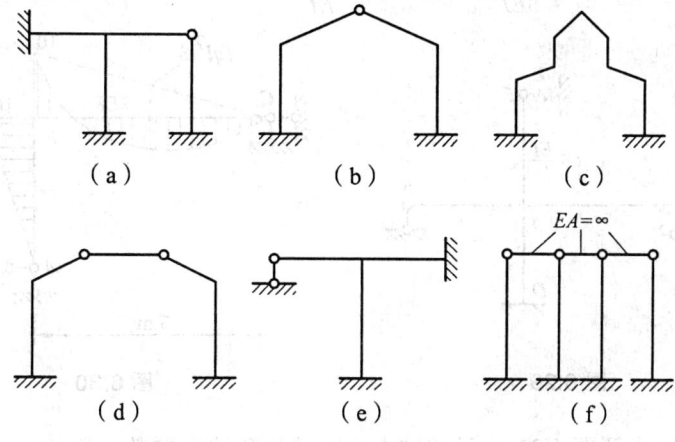

图 6.26

10. 如图 6.27 所示简支的等截面框架结构,当 $P_2:P_1=$ _____时,四个角点 A、B、C、D 处的转角都等于零。

A. $\dfrac{h^2}{l^2}$　　　B. $\dfrac{l}{h}$　　　C. $\dfrac{l^2}{h^2}$　　　D. $\dfrac{h}{l}$

11. 如图 6.28 所示的刚架用位移法计算时,自由项 $F_{1P}=$ _____。

A. -10　　　B. 14　　　C. 26　　　D. 10

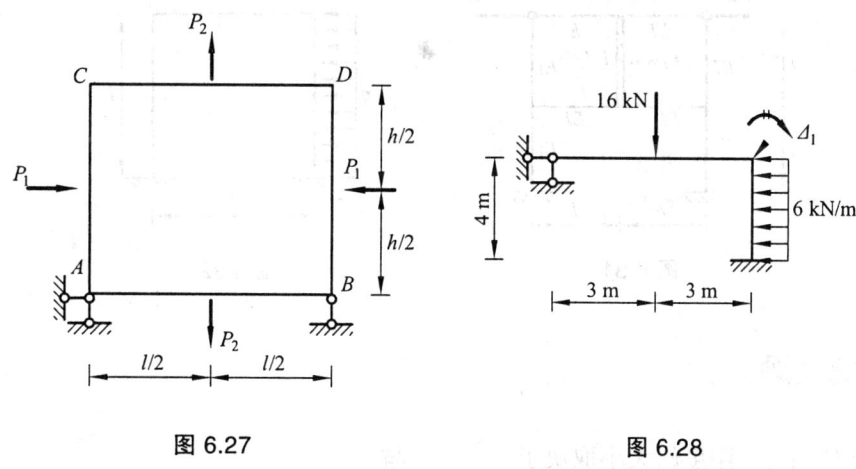

图 6.27　　　　　　　　　　　图 6.28

12. 如图 6.29 所示结构各杆的长度 l 及线刚度 $i=EI/l$ 相同,E 处支座弹簧拉压刚度为 k,C 处支座弹簧转动刚度为 k_φ,$k_\varphi=kl^2$,则 AC 杆 A 端的转动刚度 S_{AC} 值的范围为_____。

A. $S_{AB}-kl^2 \leqslant S_{AC} \leqslant S_{AB}$　　　B. $S_{AD} \leqslant S_{AC} \leqslant S_{AD}+kl^2$
C. $S_{AE} \leqslant S_{AC} \leqslant S_{AB}$　　　D. $S_{AB} \leqslant S_{AC} \leqslant S_{AD}$

13. 已知刚架的弯矩图如图 6.30 所示，AB 杆的抗弯刚度为 EI，BC 杆的为 $2EI$，则结点 B 的角位移 $\varphi =$ _____。

A. $\dfrac{20}{3EI}$ B. $\dfrac{10}{3EI}$ C. $\dfrac{20}{EI}$ D. 由于荷载未给出，无法求出

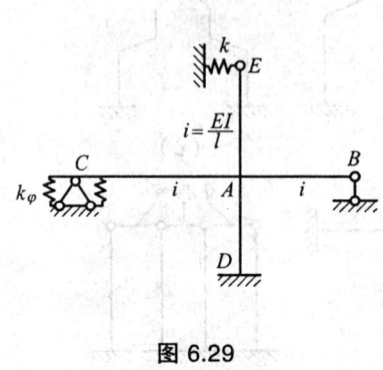

图 6.29

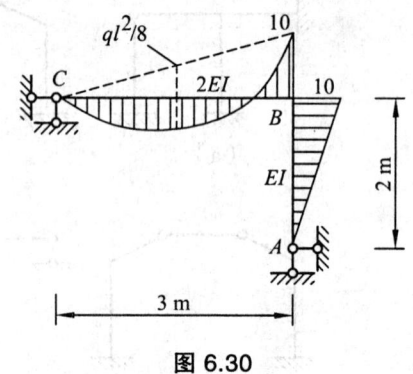

图 6.30

14. 利用对称性求解图 6.31 所示结构内力时的位移法未知数个数为_____。

A. 3 B. 4 C. 5 D. 2

15. 如图 6.32 所示的结构，$EI =$ 常数，已知结点 C 的水平线位移为 $\Delta_{Cx} = \dfrac{7ql^4}{184EI}(\rightarrow)$，则结点 C 的角位移 $\varphi_C =$ _____，方向为_____时针方向。

A. $\dfrac{3}{92} \times \dfrac{ql^3}{EI}$，顺

B. $\dfrac{1}{46} \times \dfrac{ql^3}{EI}$，顺

C. $-\dfrac{1}{46} \times \dfrac{ql^3}{EI}$，逆

D. $-\dfrac{3}{92} \times \dfrac{ql^3}{EI}$，逆

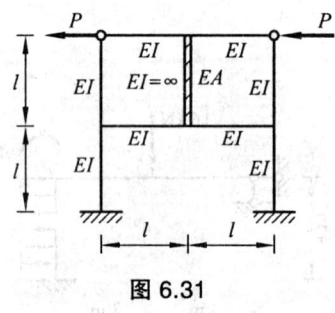

图 6.31

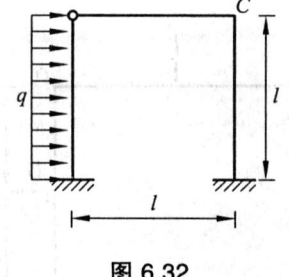

图 6.32

三、填空题

1. 杆件杆端转动刚度的大小取决于_____与_____。
2. 位移法典型方程实质是_____。
3. 位移法典型方程中各副系数是关于主对角线对称的，即有等式 $k_{ij} = k_{ji}$ $(i \neq j)$，它的理论依据是_____。
4. 单跨超静定梁由于其两端支座位移所引起的杆端弯矩及剪力，与杆件的_____有关。

5. 位移法典型方程中系数 k_{ij} 的两个下标的含义：第一个表示_____，第二个表示_____。

6. 如图 6.33 所示的刚架，各杆线刚度 i 相同，不计轴向变形，用位移法求得 $M_{AD}=$ _____，$M_{BA}=$ _____。

7. 如图 6.34 所示的刚架，欲使 $\varphi_A=\dfrac{\pi}{180}$，则需要施加的力偶矩 $M=$ _____。

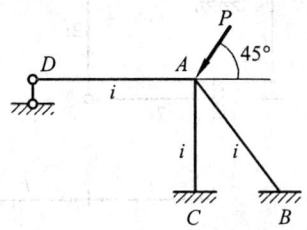
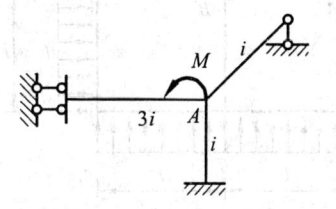

图 6.33   图 6.34

8. 如图 6.35 所示的排架，$F_{SBA}=$ _____，$F_{SDC}=$ _____，$F_{SFE}=$ _____。

9. 如图 6.36 所示的结构，$M_{BA}=$ _____，_____侧受拉。

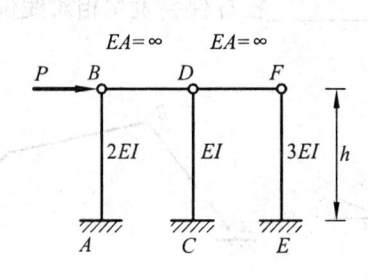
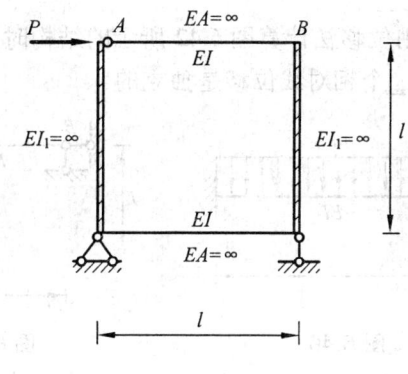

图 6.35   图 6.36

10. 用位移法计算图 6.37 所示的结构时，其基本结构已选定，典型方程式中的自由项 $F_{2P}=$ _____ kN。

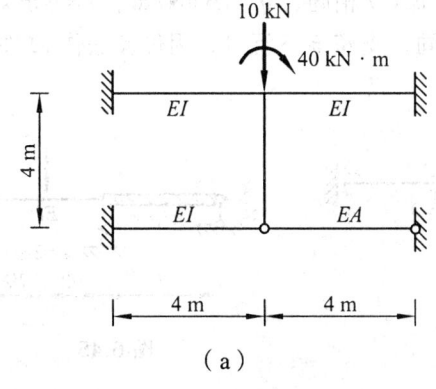
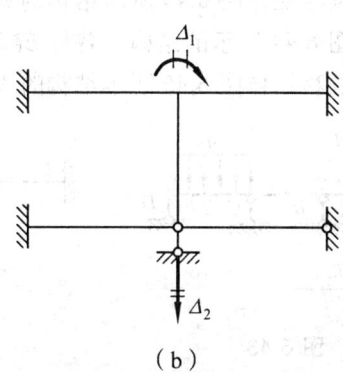

（a）   （b）

图 6.37

11. 图 6.38 所示超静定刚架 A 结点的转角 $\varphi_A =$ _____，杆端弯矩 $M_{BA} =$ _____，_____侧受拉，设各杆 $EI =$ 常数。

12. 用位移法解图 6.39 所示的结构时，若取结点 1 的转角为 Δ_1（顺时针），结点 2 的竖向线位移为 $\Delta_2(\downarrow)$，则 $k_{11} =$ _____，$k_{12} = k_{21} =$ _____，$k_{22} =$ _____。

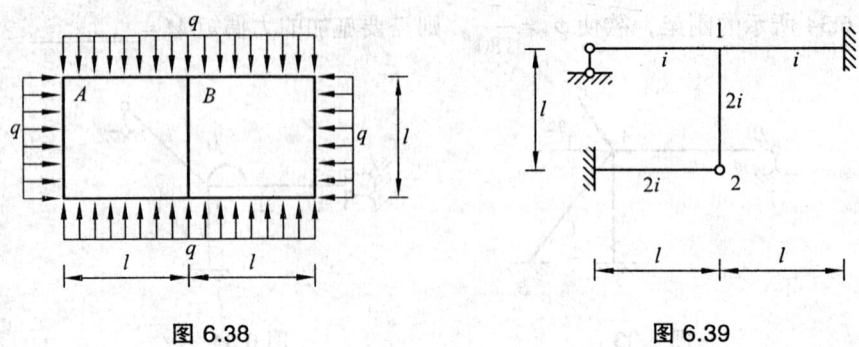

图 6.38　　　　　　图 6.39

13. 用位移法可求得图 6.40 所示梁 B 端的竖向位移为_____。

14. 图 6.41 所示刚架支座 A 发生顺时针的角位移 φ_A，用位移法计算时典型方程中的自由项 = _____。

15. 用位移法计算图 6.42 所示的结构时，有_____根杆件会发生相对线位移，其中有_____个相对线位移是独立的。

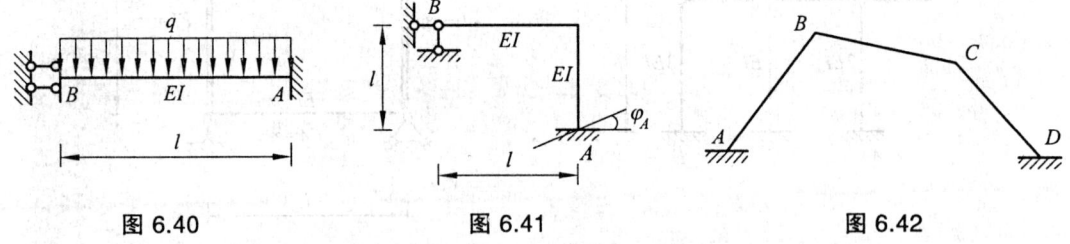

图 6.40　　　　　　图 6.41　　　　　　图 6.42

四、计算题

1. 用位移法作图 6.43 所示结构的 M 图，各杆 EI、l 相同，$q = 26 \text{ kN/m}$，$l = 6 \text{ m}$。

2. 如图 6.44 所示的结构，各杆 EI 和长度 l 相同，支座 B 下沉 Δ，用位移法作 M 图。

3. 用位移法作图 6.45 所示结构的 M 图。

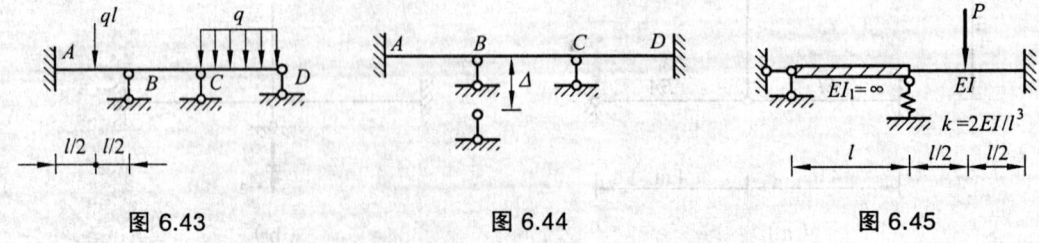

图 6.43　　　　　　图 6.44　　　　　　图 6.45

4. 用位移法计算图 6.46 所示结构并作其 M 图，各杆 $EI =$ 常数。

5. 用位移法作图 6.47 所示结构的 M 图，$q = 5 \text{ kN/m}$，$l = 6 \text{ m}$。

6. 用位移法作图 6.48 所示结构的 M 图，已知右柱 $EI_1 = \infty$，其余各杆 EI 相同（略去剪切、轴向变形影响）。

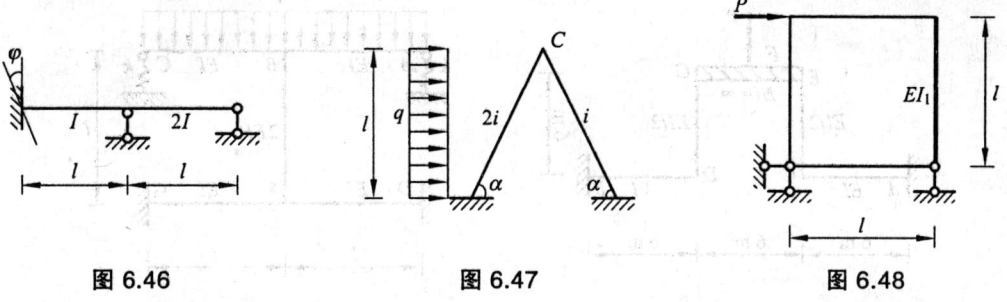

图 6.46　　　　　　图 6.47　　　　　　图 6.48

7. 用位移法计算图 6.49 所示的结构，并作 M 图，$EI =$ 常数。

8. 用位移法计算图 6.50 所示的刚架，并作 M 图，除注明者外各杆 $EI =$ 常数。

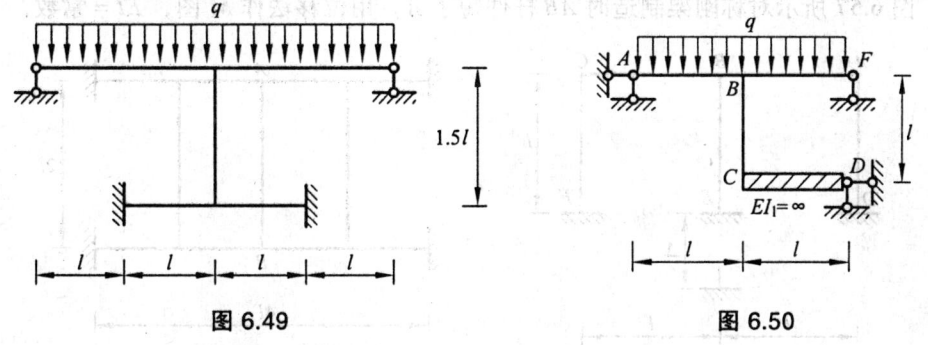

图 6.49　　　　　　图 6.50

9. 用位移法作图 6.51 所示结构的 M 图。

10. 用位移法作图 6.52 所示结构的 M 图，$EI =$ 常数，刚结点 C 有转动弹性支座，抗转刚度 $k = \dfrac{EI}{l}$。

11. 如图 6.53 所示的结构，横梁刚度无限大，已知柱顶的水平位移为 $\dfrac{512}{3EI}(\rightarrow)$，求对应的荷载集度 q。

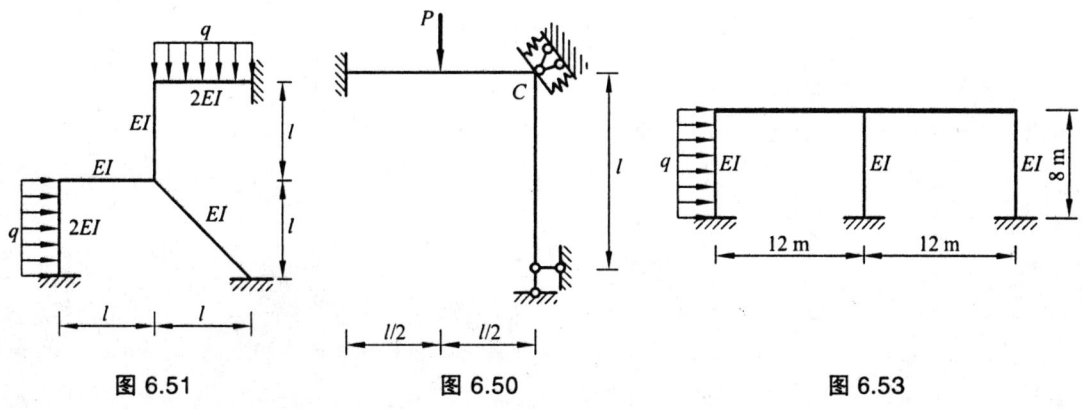

图 6.51　　　　　　图 6.50　　　　　　图 6.53

12. 用位移法计算图 6.54 所示的对称刚架,并作 M 图,$P=12$ kN,EI = 常数。

13. 用位移法求图 6.55 所示结构弹簧支座 A 的反力 F_{RA},设 $k = \dfrac{3EI}{l^3}$。

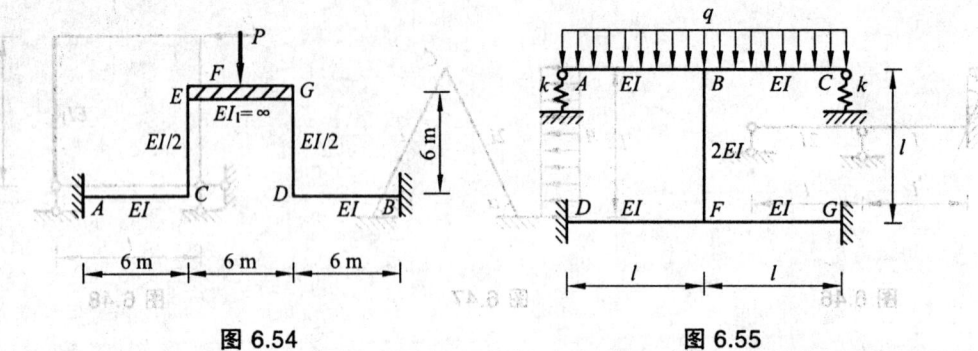

图 6.54   图 6.55

14. 已知图 6.56 所示刚架支座 E 下沉 $\varDelta$,用位移法作 M 图,EI = 常数。

15. 图 6.57 所示对称刚架制造时 AB 杆件短了 $\varDelta$,用位移法作 M 图,EI = 常数。

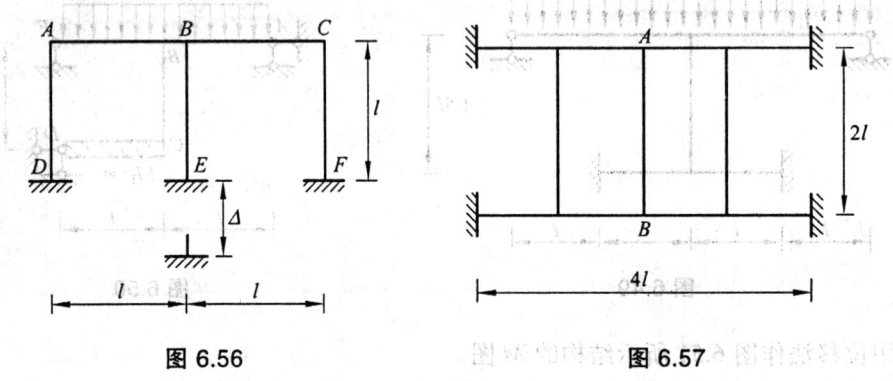

图 6.56   图 6.57

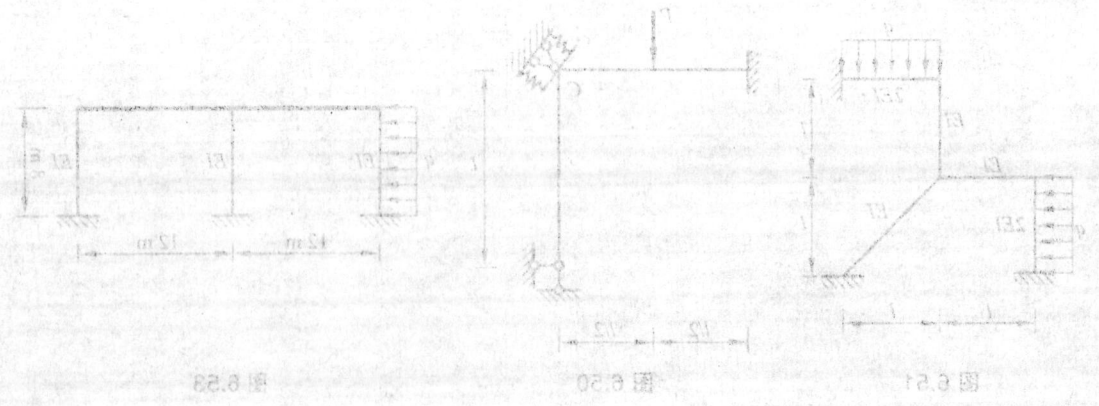

第 7 章　力矩分配法

7.1　内容提要

一、力矩分配法

（一）正负号的规定

杆端弯矩以顺时针转动方向为正，结点力偶矩及转动约束中的约束力偶矩均以顺时针方向转动为正。

（二）力矩分配法的适用范围

连续梁、结点无未知线位移的刚架。

（三）基本参数

1. 转动刚度 S

使杆端发生单位转角时，需在该端（通常称为近端）施加的杆端力矩，称为转动刚度，用 S 表示。

转动刚度的大小与远端支承情况有关，见表 7.1 所示。

2. 分配系数 μ

杆 AB 在结点 A 的力矩分配系数 μ_{AB}，等于该杆 A 端的转动刚度 S_{AB} 与交于结点 A 的各杆转动刚度之和 $\sum S_A$ 的比值，即

$$\mu_{AB} = \frac{S_{AB}}{\sum S_A} \tag{7.1}$$

因此，同一结点各杆分配系数之和等于 1，即 $\sum \mu_{Ai} = 1$。

3. 传递系数 C

当杆件的近端有转角时，远端弯矩与近端弯矩之比，即

$$C_{AB} = \frac{M_{BA}}{M_{AB}} \tag{7.2}$$

传递系数 C_{AB} 与远端支承情况有关，见表 7.1 所示。

表 7.1 等截面杆的转动刚度与传递系数

序号	远端支承情况	梁的简图及变形曲线	弯矩图	近端转动刚度 S_{AB}	远端转动刚度 S_{BA}	传递系数 C
1	远端固定			$4i$	$2i$	$\dfrac{1}{2}$
2	远端铰支			$3i$	0	0
3	远端滑动			i	i	-1
4	远端自由			0	0	
5	远端抗剪弹簧			$\dfrac{3}{1+\dfrac{3EI}{kl^3}}i$	0	
6	远端抗转弹簧			$\dfrac{k+3i}{k+4i}\times 4i$	$\dfrac{k}{k+4i}\times 2i$	$\dfrac{1}{2}\times\dfrac{k}{k+3i}$

注：表中 $i=\dfrac{EI}{l}$，称为线刚度；k 为弹簧刚度。

（四）单结点力矩分配法的解题步骤

(1) 在该结点上加一个阻止转动的约束，求分配系数；
(2) 计算杆端产生的固端弯矩；
(3) 放松结点进行力矩分配与传递；
(4) 使用叠加法计算各杆端弯矩；
(5) 作弯矩图。

（五）多结点力矩分配法的解题步骤

对于有多个结点的连续梁和无侧移刚架，只要逐次对每一结点应用单结点力矩分配法进行计算，就可求出杆端弯矩。为提高计算速度，加快收敛，应从不平衡力矩绝对值最大的结点开始进行力矩的分配与传递。一般情况下，对每结点进行 2～3 次循环，即可达到较高的精度。主要步骤分为：

1. 锁紧结点

增加约束锁紧全部刚结点，计算各杆固端弯矩与各结点的约束力矩。

2. 逐次放松每个结点

每次仅放松一个结点，进行力矩分配、传递。使每个结点轮流放松，进行力矩分配、传递，多次循环后，结点渐趋平衡。

3. 叠加法作弯矩图

将各次计算所得的杆端弯矩叠加，得到实际杆端弯矩，即

$$M = M_F + \sum M_\mu + \sum M_C$$

式中　M_F——固端弯矩；
　　　M_μ——分配弯矩；
　　　M_C——传递弯矩。

二、无剪力分配法

（一）无剪力分配法的适用条件

刚架中除两端无相对线位移的杆件外，其余有侧移的杆都是剪力静定杆。

（二）剪力静定杆的固端弯矩

先根据静力平衡条件求出杆端剪力，然后将杆端剪力看做杆端荷载，按该端滑动、另一端固定的杆件进行计算。

（三）零剪力杆件的转动刚度和传递系数

在结点力偶作用下，刚架中的剪力静定杆件都是零剪力杆件，按"远端滑动"的等截面直杆来计算，即转动刚度 $S = i$，传递系数 $C = -1$。

（四）无剪力分配法计算步骤

(1) 可求解有结点线位移的刚架。
(2) 位移法只控制体系的结点线位移，而不控制角位移。
(3) 用力矩分配法计算基本结构，求基本方程中的系数和自由项。
(4) 使用叠加法画弯矩图：$M = M_P + \bar{M}_1 \Delta_1$。

7.2 学习提示

一、学习要求

（1）掌握力矩分配法中的基本参数：转动刚度、力矩分配系数、传递系数。
（2）熟练掌握力矩分配法计算连续梁和无侧移刚架。
（3）掌握无剪力分配法，能求解简单的刚架。
（4）了解用位移法和力矩分配法联合求解有一个结点线位移的侧移刚架。
（5）了解超静定结构反力、内力影响线及其绘制方法。

二、学习方法提示

（1）力矩分配法、无剪力分配法都是近似法，其正负号规定和基本原理都与位移法相同。它们的不同之处在于：近似解法是逐次轮流放松各结点的约束，使杆端弯矩和结点位移逐步逼近精确解；而位移法是一次同时放松各结点的附加约束，使各结点同时满足静力平衡条件以求得精确解。

（2）力矩分配法应用于无未知结点线位移的结构时，可以解决结点角位移的影响；无剪力分配法可应用于有侧移杆件均为剪力静定杆的结构，同时解决了结点角位移和线位移的影响；力矩分配法与位移法联合应用可以求解有侧移刚架，此时位移法方程解决线位移的影响，求刚度系数和自由项时，用力矩分配法解决结点角位移的影响。

（3）力矩分配法和无剪力分配法的基本运算是单结点的力矩分配法，包括以下四个步骤：
① 根据杆上已知荷载求各杆固端弯矩和结点约束力矩；
② 利用分配系数求分配力矩；
③ 利用传递系数求传递力矩；
④ 利用叠加法求最终的杆端弯矩。

（4）利用多结点力矩分配法计算时，应从不平衡力矩绝对值最大的结点开始分配与传递，这样可以加快收敛速度，减少循环叠代次数。

（5）熟记基本结构的固端弯矩及其相应的弯矩图。

7.3 例题分析

【例 7.1】 如图 7.1（a）所示结构，$M = Pl$，用力矩分配法计算并作 M 图。

解：（1）计算分配系数。施加刚性约束，固定结点 B。
① 各杆线刚度：

$$i_{AB} = i_{BC} = \frac{EI}{l} = i \quad (\text{设 } i = \frac{EI}{l})$$

② 各杆转动刚度：

$$S_{BA} = 3i_{BA} = 3i, \quad S_{BC} = 4i_{BC} = 4i$$

③ 对于结点 B，分配系数为

$$\mu_{BA} = \frac{S_{BA}}{S_{BA} + S_{BC}} = \frac{3i}{3i+4i} = \frac{3}{7}$$

$$\mu_{BC} = \frac{S_{BC}}{S_{BA} + S_{BC}} = \frac{4i}{3i+4i} = \frac{4}{7}$$

(2) 计算固端弯矩。

锁住结点 B，计算各杆的固端弯矩：

$$M_{AB}^F = 0$$

$$M_{BA}^F = +\frac{3}{16}Pl$$

$$M_{BC}^F = 0 \quad (BC \text{ 杆上无荷载作用，故荷载引起的固端弯矩为零})$$

$$M_{CB}^F = 0$$

(3) 放松结点进行力矩分配与传递。

① 结点 B 的不平衡力矩为

$$M_B = M_{BA}^F + M_{BC}^F = +\frac{3}{16}Pl + Pl = +\frac{19}{16}Pl$$

注意：应将铰 B 处的力偶矩 $-Pl$ 反号以后与固端弯矩叠加一起进行分配。

② 杆端的分配力矩分别为

$$M_{BA}^{\mu} = \mu_{BA} \times (-M_B) = \frac{3}{7} \times \left(-\frac{19}{16}Pl\right) = -\frac{57}{112}Pl$$

$$M_{BC}^{\mu} = \mu_{BC} \times (-M_B) = \frac{4}{7} \times \left(-\frac{19}{16}Pl\right) = -\frac{76}{112}Pl = -\frac{19}{28}Pl$$

③ 杆端的传递力矩分别为

$$M_{AB}^C = C_{BA} \times M_{AB}^{\mu} = 0 \times M_{AB}^{\mu} = 0$$

$$M_{CB}^C = C_{BC} \times M_{BC}^{\mu} = -\frac{1}{2} \times \frac{19}{28}Pl = -\frac{19}{56}Pl$$

(4) 计算杆端弯矩。

$$M_{AB} = M_{AB}^F + M_{AB}^{\mu} + M_{AB}^C = 0 + 0 + 0 = 0$$

$$M_{BA} = M_{BA}^F + M_{BA}^{\mu} + M_{BA}^C = +\frac{3}{16}Pl - \frac{57}{112}Pl + 0 = -\frac{9}{28}Pl$$

$$M_{BC} = M_{BC}^F + M_{BC}^{\mu} + M_{BC}^C = 0 - \frac{19}{28}Pl + 0 = -\frac{19}{28}Pl$$

$$M_{CB} = M_{CB}^F + M_{CB}^{\mu} + M_{CB}^C = 0 + 0 - \frac{19}{56}Pl = -\frac{19}{56}Pl$$

力矩分配与传递过程，如图 7.1（b）所示。

(5) 作弯矩图，如图 7.1 (c) 所示。

特别提示：支座处力偶矩的处理方法。

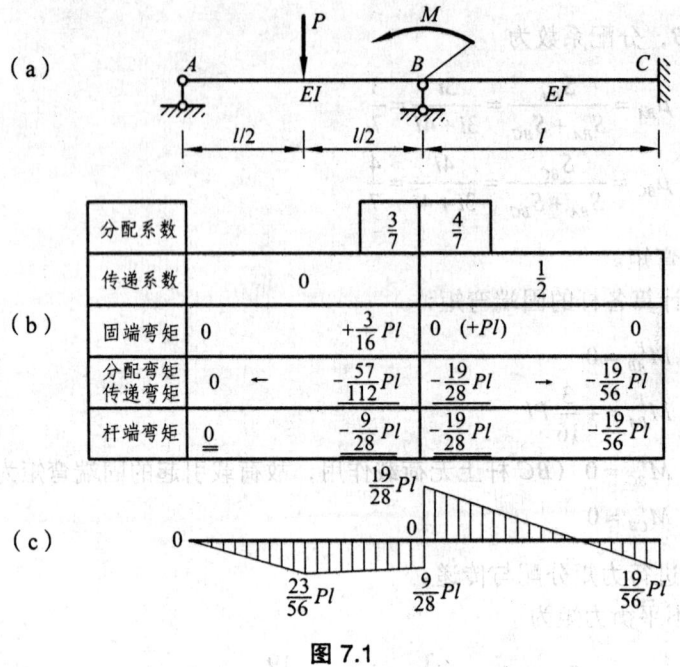

图 7.1

【例 7.2】 如图 7.2 (a) 所示的结构，A 处弹簧刚度为 $k=\dfrac{3EI}{l^3}$，用力矩分配法计算并作 M 图。

解：(1) 计算分配系数。施加刚性约束，固定结点 B。

① 线刚度：

$$i_{AB}=i_{BC}=\frac{EI}{l}=i \quad (\text{设 } i=\frac{EI}{l})$$

② 转动刚度：

$$S_{BA}=\frac{3}{1+\dfrac{3EI}{kl^3}}i=\frac{3}{1+3/3}i=\frac{3}{2}i, \quad S_{BC}=3i_{BC}=3i \quad (\text{注意：弹性支座的处理})$$

③ 对于结点 B，分配系数为

$$\mu_{BA}=\frac{S_{BA}}{S_{BA}+S_{BC}}=\frac{3i/2}{3i/2+3i}=\frac{1}{3}$$

$$\mu_{BC}=\frac{S_{BC}}{S_{BA}+S_{BC}}=\frac{3i}{3i/2+3i}=\frac{2}{3}$$

(2) 计算固端弯矩。

锁住结点 B，计算各杆的固端弯矩为

$$M_{AB}^F=0$$

$$M_{BA}^F = 0$$
$$M_{BC}^F = -\frac{1}{8}ql^2$$
$$M_{CB}^F = 0$$

(3) 放松结点进行力矩分配与传递。
① 结点 B 的不平衡力矩为
$$M_B = M_{BA}^F + M_{BC}^F = -\frac{1}{8}ql^2$$

② 杆端的分配力矩分别为
$$M_{BA}^\mu = \mu_{BA} \times (-M_B) = \frac{1}{3} \times \left(\frac{1}{8}ql^2\right) = \frac{1}{24}ql^2$$
$$M_{BC}^\mu = \mu_{BC} \times (-M_B) = \frac{2}{3} \times \left(\frac{1}{8}ql^2\right) = \frac{1}{12}ql^2$$

③ 杆端的传递力矩分别为
$$M_{AB}^C = C_{BA} \times M_{AB}^\mu = 0 \times \frac{1}{24}ql^2 = 0$$
$$M_{CB}^C = C_{BC} \times M_{BC}^\mu = 0 \times \frac{1}{12}ql^2 = 0$$

(4) 计算杆端弯矩。
$$M_{AB} = M_{AB}^F + M_{AB}^\mu + M_{AB}^C = 0 + 0 + 0 = 0$$
$$M_{BA} = M_{BA}^F + M_{BA}^\mu + M_{BA}^C = 0 + \frac{1}{24}ql^2 + 0 = \frac{1}{24}ql^2$$
$$M_{BC} = M_{BC}^F + M_{BC}^\mu + M_{BC}^C = -\frac{1}{8}ql^2 + \frac{1}{12}ql^2 + 0 = -\frac{1}{24}ql^2$$
$$M_{CB} = M_{CB}^F + M_{CB}^\mu + M_{CB}^C = 0$$

力矩分配与传递过程，如图 7.2（b）所示。
(5) 作弯矩图，如图 7.2（c）所示。
特别提示：弹性支座的处理方法。

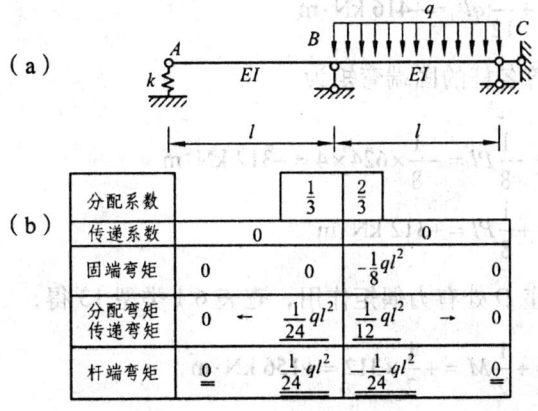

（c）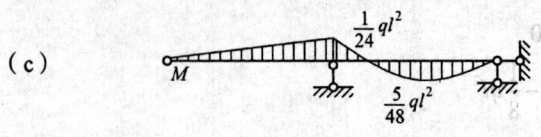

图 7.2

【例 7.3】 如图 7.3（a）所示的结构，$EI =$ 常数，用力矩分配法计算并作 M 图。

解：将图 7.3（a）所示的结构，简化为图 7.3（b）所示的结构来计算。

(1) 计算分配系数。施加刚性约束，固定结点 B、C。

① 各杆线刚度相等：

$$i_{AB} = i_{BC} = i_{CD} = \frac{EI}{4} = i$$

② 转动刚度：

$$S_{BA} = 4i, \quad S_{BC} = 4i, \quad S_{CD} = 3i$$

③ 对于结点 B，分配系数为

$$\mu_{BA} = \frac{S_{BA}}{S_{BA} + S_{BC}} = \frac{4i}{4i + 4i} = \frac{1}{2}$$

$$\mu_{BC} = \frac{S_{BC}}{S_{BA} + S_{BC}} = \frac{4i}{4i + 4i} = \frac{1}{2}$$

④ 对于结点 C，分配系数为

$$\mu_{CB} = \frac{S_{CB}}{S_{CB} + S_{CD}} = \frac{4i}{4i + 3i} = \frac{4}{7}$$

$$\mu_{CD} = \frac{S_{CD}}{S_{CB} + S_{CD}} = \frac{3i}{3i + 4i} = \frac{3}{7}$$

(2) 计算固端弯矩。

① 锁住结点 B，计算各杆的固端弯矩为

$$M_{AB}^F = -\frac{1}{12}ql^2 = -\frac{1}{12} \times 312 \times 4^2 = -416 \text{ kN} \cdot \text{m}$$

$$M_{BA}^F = +\frac{1}{12}ql^2 = +416 \text{ kN} \cdot \text{m}$$

② 锁住结点 C，计算各杆的固端弯矩为

$$M_{BC}^F = -\frac{1}{8}Pl = -\frac{1}{8} \times 624 \times 4 = -312 \text{ kN} \cdot \text{m}$$

$$M_{CB}^F = +\frac{1}{8}Pl = +312 \text{ kN} \cdot \text{m}$$

③ 由于 CD 杆的支座 D 处有力偶矩作用，查表 6.1 类型 13 得：

$$M_{CD}^F = +\frac{1}{2}M = +\frac{1}{2} \times 312 = +156 \text{ kN} \cdot \text{m}$$

$$M_{DC}^F = +M = +312 \text{ kN} \cdot \text{m}$$

(3) 放松结点进行力矩分配与传递。

① 结点 B 的不平衡力矩为

$$M_B = M_{BA}^F + M_{BC}^F = +416 - 312 = +104 \text{ kN} \cdot \text{m}$$

② 结点 C 的不平衡力矩为

$$M_C = M_{CB}^F + M_{CD}^F = +312 + 156 = +468 \text{ kN} \cdot \text{m}$$

(4) 计算杆端弯矩。

因结点 C 的不平衡力矩 $+468$ kN·m 比结点 B 的不平衡力矩 $+104$ kN·m 要大，为了简化计算，提高计算速度，减少叠代次数，应从不平衡力矩较大的结点 B 开始分配与传递。具体计算过程如图 7.3（c）所示。

(5) 作弯矩图。

先作出图 7.3（b）所示结构的弯矩图，如图 7.3（d）所示；然后叠加上 DE 段的弯矩图，即得图 7.3（a）所示结构的弯矩图，如图 7.3（e）所示。

特别注意：支座 B 处力偶矩（外伸端力偶矩）的处理方法。

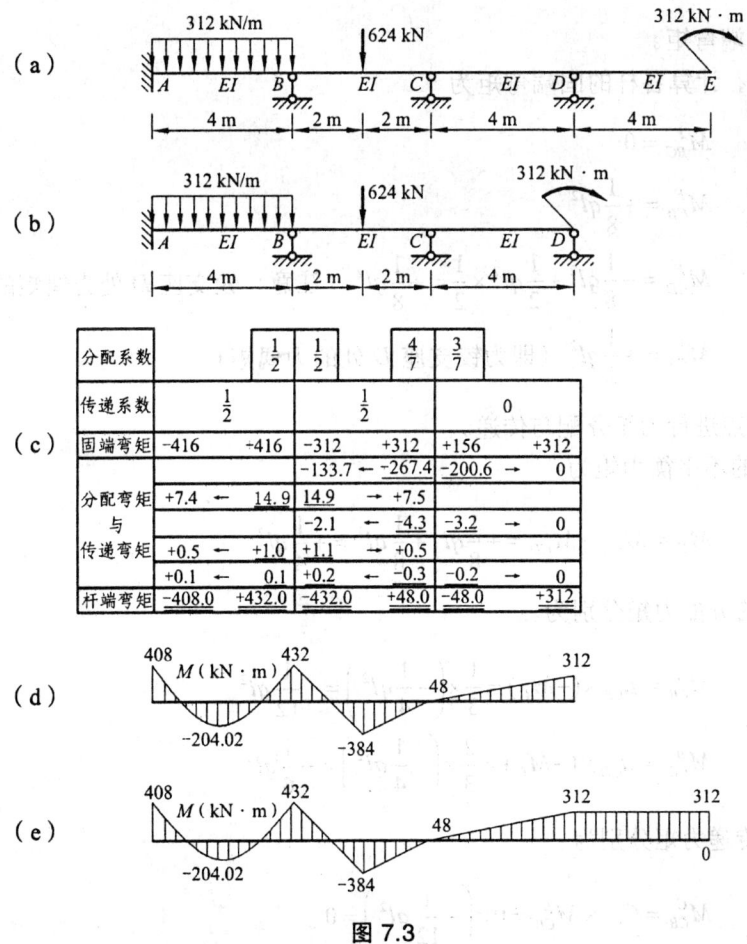

图 7.3

【例 7.4】 如图 7.4（a）所示的结构，用力矩分配法计算并作 M 图。

解：由于梁 AB 的刚度 $EI = \infty$，因此中间铰 B 处无竖向位移，弯矩为零，于是可以将其简化为如图 7.4（b）所示的结构，再将其进一步简化为 7.4（c）所示的结构，采用单结点力矩分配法进行计算。

（1）计算分配系数。施加刚性约束，固定结点 C。

① 线刚度：

$$i_{CB} = \frac{EI}{l} = i , \quad i_{CD} = \frac{2EI}{l} = 2i \quad (令 \ i = \frac{EI}{l})$$

② 动刚度：

$$S_{CB} = 3i_{CB} = 3i , \quad S_{CD} = 3i_{CD} = 6i$$

③ 对于结点 C，分配系数为

$$\mu_{CB} = \frac{S_{CB}}{S_{CB} + S_{CD}} = \frac{3i}{3i + 6i} = \frac{1}{3}$$

$$\mu_{CD} = \frac{S_{CD}}{S_{CB} + S_{CD}} = \frac{6i}{3i + 6i} = \frac{2}{3}$$

（2）计算固端弯矩。

锁住结点 C，计算各杆的固端弯矩为

$$M_{BC}^F = 0$$

$$M_{CB}^F = +\frac{1}{8}ql^2$$

$$M_{CD}^F = -\frac{1}{8}ql^2 + \frac{1}{2}ql^2 \times \frac{1}{2} = +\frac{1}{8}ql^2 \quad (注意：铰支座 D 处力偶矩的影响)$$

$$M_{CB}^F = +\frac{1}{2}ql^2 \quad (即为铰支座 D 处的力偶矩)$$

（3）放松结点进行力矩分配与传递。

① 结点 C 的不平衡力矩为

$$M_C = M_{CB}^F + M_{CD}^F = +\frac{1}{8}ql^2 + \frac{1}{8}ql^2 = +\frac{1}{4}ql^2$$

② 两杆端的分配力矩分别为

$$M_{CB}^\mu = \mu_{CB} \times (-M_C) = \frac{1}{3} \times \left(-\frac{1}{4}ql^2\right) = -\frac{1}{12}ql^2$$

$$M_{CD}^\mu = \mu_{CD} \times (-M_C) = \frac{2}{3} \times \left(-\frac{1}{4}ql^2\right) = -\frac{1}{6}ql^2$$

③ 杆端的传递力矩分别为

$$M_{CB}^C = C_{CB} \times M_{CB}^\mu = 0 \times \left(-\frac{1}{12}ql^2\right) = 0$$

$$M_{CD}^C = C_{CD} \times M_{CD}^\mu = 0 \times \left(-\frac{1}{6}ql^2\right) = 0$$

（4）计算杆端弯矩。杆端弯矩的计算，如图 7.4（d）所示。

（5）作弯矩图，如图 7.4（e）所示。

特别提示：在作 AB 段弯矩图的过程中，要考虑铰支座 B 处的支座反力对固定端 A 的弯矩的影响。

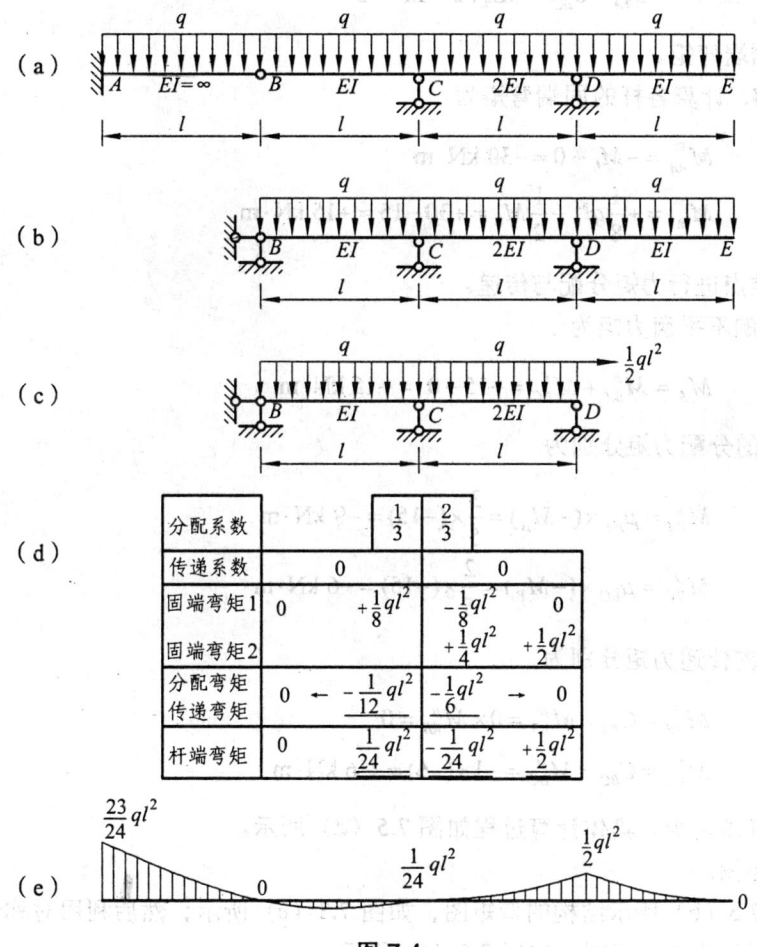

图 7.4

【例 7.5】 如图 7.5（a）所示的连续梁，用力矩分配法计算并作 M 图。

解：利用对称性，将图 7.5（a）所示的结构简化为图 7.5（b）所示的结构来计算。同时将左端的集中力平行移动到支座 A 上，增加附加力偶矩 $M_0 = 30 \text{ kN} \cdot \text{m}$，如图 7.5（c）所示。

（1）计算分配系数。施加刚性约束，固定结点 B。

① 各杆线刚度：

$$i_{AB} = \frac{2EI}{4} = \frac{EI}{2}, \quad i_{BC} = \frac{2EI}{2} = EI$$

② 转动刚度：

$$S_{BA}=3i_{BA}=\frac{3}{2}EI, \quad S_{BC}=i_{BC}=EI$$

③ 对于结点 B，分配系数为

$$\mu_{BA}=\frac{S_{BA}}{S_{BA}+S_{BC}}=\frac{3EI/2}{3EI/2+EI}=\frac{3}{5}$$

$$\mu_{BC}=\frac{S_{BC}}{S_{BA}+S_{BC}}=\frac{EI}{3EI/2+EI}=\frac{2}{5}$$

(2) 计算固端弯矩。

锁住结点 B，计算各杆的固端弯矩为

$$M_{AB}^F=-M_0+0=-30 \text{ kN}\cdot\text{m}$$

$$M_{BA}^F=+\frac{1}{8}ql^2-\frac{1}{2}M_0=+30-15=+15 \text{ kN}\cdot\text{m}$$

(3) 放松结点进行力矩分配与传递。

① 结点 B 的不平衡力矩为

$$M_B=M_{BA}^F+M_{BC}^F=+15+0=+15 \text{ kN}\cdot\text{m}$$

② 两杆端的分配力矩分别为

$$M_{BA}^\mu=\mu_{BA}\times(-M_B)=\frac{3}{5}\times(-15)=-9 \text{ kN}\cdot\text{m}$$

$$M_{BC}^\mu=\mu_{BC}\times(-M_B)=\frac{2}{5}\times(-15)=-6 \text{ kN}\cdot\text{m}$$

③ 两杆端的传递力矩分别为

$$M_{AB}^C=C_{BA}\times M_{AB}^\mu=0\times M_{AB}^\mu=0$$

$$M_{CB}^C=C_{BC}\times M_{BC}^\mu=-1\times(-6)=+6 \text{ kN}\cdot\text{m}$$

(4) 计算杆端弯矩。具体计算过程如图 7.5（d）所示。

(5) 作弯矩图。

先作出图 7.5（b）所示结构的弯矩图，如图 7.3（e）所示；然后利用对称性作图，即得图 7.5（a）所示结构的弯矩图，如图 7.5（f）所示。

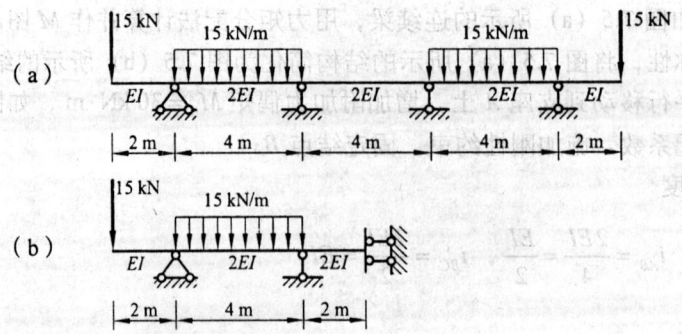

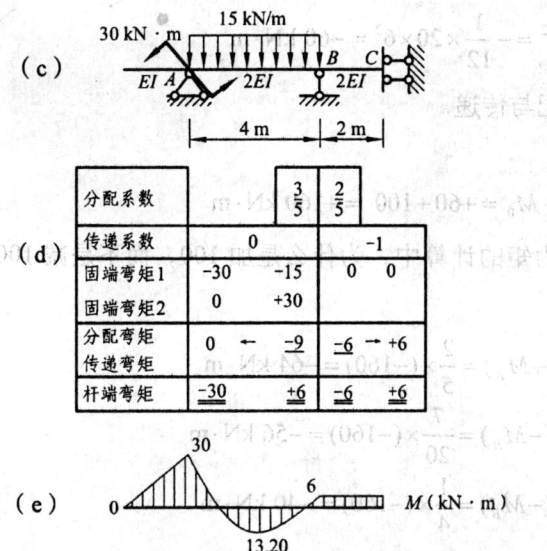

图 7.5

【例 7.6】 如图 7.6（a）所示的结构，$q=20\text{ kN/m}$，$M_0=100\text{ kN}\cdot\text{m}$，用力矩分配法计算并作 M 图。

解：(1) 计算分配系数。施加刚性约束，固定结点 A。

① 各杆线刚度：

$$i_{AB}=\frac{12EI}{6}=2EI,\quad i_{AC}=\frac{7}{4}EI,\quad i_{AD}=\frac{10EI}{6}=\frac{5}{3}EI$$

② 转动刚度：

$$S_{AB}=4i_{AB}=8EI,\quad S_{AC}=4i_{AC}=7EI,\quad S_{AD}=3i_{AD}=5EI$$

③ 对于结点 A，分配系数为

$$\mu_{AB}=\frac{S_{AB}}{S_{AB}+S_{AC}+S_{AD}}=\frac{8}{8+7+5}=\frac{2}{5}=0.40$$

$$\mu_{AC}=\frac{S_{AC}}{S_{AB}+S_{AC}+S_{AD}}=\frac{7}{8+7+5}=\frac{7}{20}=0.35$$

$$\mu_{AD}=\frac{S_{AD}}{S_{AB}+S_{AC}+S_{AD}}=\frac{5}{8+7+5}=\frac{1}{4}=0.25$$

(2) 计算固端弯矩。

锁住结点 A，计算各杆的固端弯矩。

$$M_{AB}^F=+\frac{1}{12}ql^2=+\frac{1}{12}\times 20\times 6^2=+60\text{ kN}\cdot\text{m}$$

$$M_{BA}^F = -\frac{1}{12}ql^2 = -\frac{1}{12} \times 20 \times 6^2 = -60 \text{ kN·m}$$

(3) 放松结点进行力矩分配与传递。

① 结点 A 的不平衡力矩为

$$M_A = +M_{AB}^F + M_0 = +60 + 100 = +160 \text{ kN·m}$$

注意：在结点 B 的不平衡力矩的计算中，为什么是加 100，而不是减 100？

② 杆端的分配力矩分别为

$$M_{AB}^\mu = \mu_{AB} \times (-M_B) = \frac{2}{5} \times (-160) = -64 \text{ kN·m}$$

$$M_{AC}^\mu = \mu_{AC} \times (-M_B) = \frac{7}{20} \times (-160) = -56 \text{ kN·m}$$

$$M_{AD}^\mu = \mu_{AD} \times (-M_B) = \frac{1}{4} \times (-160) = -40 \text{ kN·m}$$

③ 杆端的传递力矩分别为

$$M_{BA}^C = C_{BA} \times M_{AB}^\mu = \frac{1}{2} \times (-64) = -32 \text{ kN·m}$$

$$M_{CA}^C = C_{CA} \times M_{CA}^\mu = \frac{1}{2} \times (-56) = -28 \text{ kN·m}$$

$$M_{DA}^C = C_{DA} \times M_{DA}^\mu = 0 \times (-40) = 0$$

(4) 用叠加法计算各杆端弯矩。

$$M_{BA} = M_{BA}^F + M_{BA}^\mu + M_{BA}^C = -60 + 0 - 32 = -92 \text{ kN·m}$$

$$M_{AB} = M_{AB}^F + M_{AB}^\mu + M_{AB}^C = +60 - 64 + 0 = -4 \text{ kN·m}$$

$$M_{AC} = M_{AC}^F + M_{AC}^\mu + M_{AC}^C = 0 - 56 + 0 = -56 \text{ kN·m}$$

$$M_{AD} = M_{AD}^F + M_{AD}^\mu + M_{AD}^C = 0 - 40 + 0 = -40 \text{ kN·m}$$

(5) 作弯矩图。

根据计算出的各杆端弯矩作弯矩图，如图 7.6 (b) 所示。

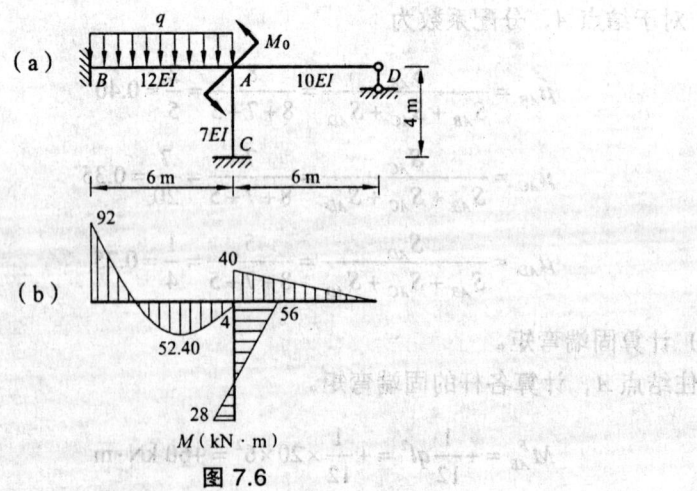

图 7.6

【例 7.7】 如图 7.7（a）所示的对称结构，$q = 80 \text{ kN/m}$，用力矩分配法计算并作 M 图。

解：利用对称性，取半边结构进行计算。对称结构，受反对称荷载作用，因此内力也反对称，故应将对称截面处的支座简化为可动铰支座，如图 7.7（b）所示（如果受对称荷载作用，则支座 D 处应简化为垂直方向的滑动支座）。

（1）计算分配系数。施加刚性约束，固定结点 A。

① 各杆线刚度：

$$i_{AB} = \frac{EI}{l} = i, \quad i_{AC} = \frac{2EI}{2l} = i, \quad i_{AD} = \frac{EI}{l} = i \quad \text{（设 } i = \frac{EI}{l} \text{）}$$

② 转动刚度：

$$S_{AB} = 3i_{AB} = 3i, \quad S_{AC} = 4i_{AC} = 4i, \quad S_{AD} = 3i_{AD} = 3i$$

③ 对于结点 A，分配系数为

$$\mu_{AB} = \frac{S_{AB}}{S_{AB} + S_{AC} + S_{AD}} = \frac{3}{3+4+3} = \frac{3}{10} = 0.30$$

$$\mu_{AC} = \frac{S_{AC}}{S_{AB} + S_{AC} + S_{AD}} = \frac{4}{3+4+3} = \frac{2}{5} = 0.40$$

$$\mu_{AD} = \frac{S_{AD}}{S_{AB} + S_{AC} + S_{AD}} = \frac{3}{3+4+3} = \frac{3}{10} = 0.30$$

（2）计算固端弯矩。

锁住结点 A，计算各杆的固端弯矩。

$$M_{AC}^F = +\frac{1}{12}q(2l)^2 = +\frac{1}{3}ql^2$$

$$M_{CA}^F = -\frac{1}{3}ql^2$$

（3）放松结点进行力矩分配与传递。

① 结点 A 的不平衡力矩为

$$M_A = M_{AC}^F = +\frac{1}{3}ql^2$$

② 杆端的分配力矩分别为

$$M_{AB}^\mu = \mu_{AB} \times (-M_A) = \frac{3}{10} \times \left(-\frac{1}{3}ql^2\right) = -\frac{1}{10}ql^2$$

$$M_{AC}^\mu = \mu_{AC} \times (-M_A) = \frac{2}{5} \times \left(-\frac{1}{3}ql^2\right) = -\frac{2}{15}ql^2$$

$$M_{AD}^\mu = \mu_{AD} \times (-M_A) = \frac{3}{10} \times \left(-\frac{1}{3}ql^2\right) = -\frac{1}{10}ql^2$$

③ 杆端的传递力矩分别为

$$M_{BA}^C = C_{BA} \times M_{AB}^\mu = 0 \times \left(-\frac{1}{10}ql^2\right) = 0$$

$$M_{CA}^C = C_{CA} \times M_{CA}^\mu = \frac{1}{2} \times \left(-\frac{2}{15}ql^2\right) = -\frac{1}{15}ql^2$$

$$M_{DA}^C = C_{DA} \times M_{DA}^\mu = 0 \times \left(-\frac{1}{10}ql^2\right) = 0$$

（4）用叠加法计算各杆端弯矩。

$$M_{BA} = 0$$

$$M_{AB} = M_{AB}^F + M_{AB}^\mu + M_{AB}^C = -\frac{1}{10}ql^2$$

$$M_{AC} = M_{AC}^F + M_{AC}^\mu + M_{AC}^C = +\frac{1}{3}ql^2 - \frac{2}{15}ql^2 + 0 = \frac{1}{5}ql^2$$

$$M_{DB} = 0$$

$$M_{CA} = M_{CA}^F + M_{CA}^\mu + M_{CA}^C = -\frac{1}{3}ql^2 - \frac{1}{15}ql^2 + 0 = -\frac{2}{5}ql^2$$

（5）作弯矩图。

先作出图 7.7（b）所示结构的弯矩图，然后利用反对称性作出整个结构的弯矩图，如图 7.7（c）所示。

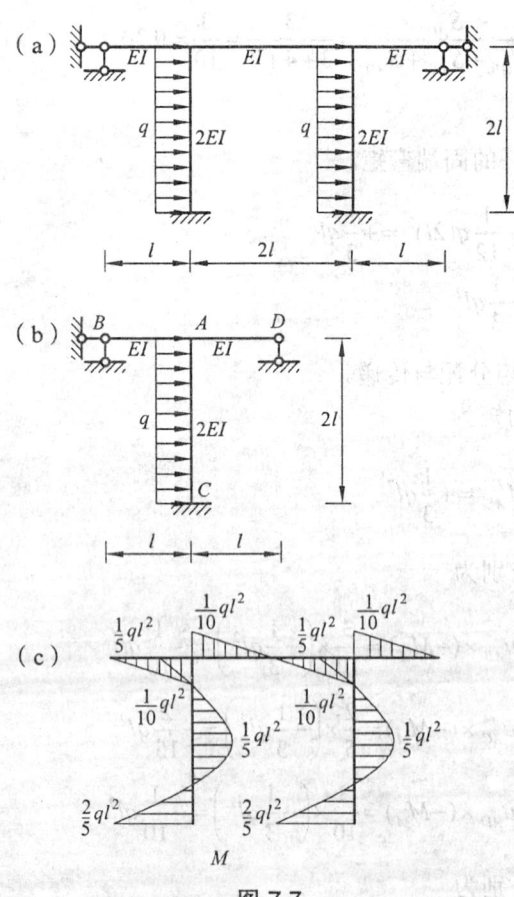

图 7.7

【例 7.8】 如图 7.8（a）所示的结构，$EI =$ 常数，$P = 32$ kN，用无剪力分配法计算并作 M 图。

解：BC 杆两端无相对线位移，且为剪力静定杆，因此可用无剪力分配法计算。

(1) 计算分配系数（将刚结点 B 视为滑动支座）。

① 各杆线刚度：

$$i_{AB} = i_{BC} = \frac{EI}{5} = i \quad (\text{设 } i = \frac{EI}{l})$$

② 各杆转动刚度：

$$S_{BA} = i_{BA} = i, \quad S_{BC} = 3i_{BC} = 3i$$

③ 对于结点 B，分配系数为

$$\mu_{BA} = \frac{S_{BA}}{S_{BA} + S_{BC}} = \frac{i}{i + 3i} = \frac{1}{4}$$

$$\mu_{BC} = \frac{S_{BC}}{S_{BA} + S_{BC}} = \frac{3i}{i + 3i} = \frac{3}{4}$$

(2) 计算固端弯矩。

将结点 B 视为滑动支座，查表 6.1 的类型 6 得固端弯矩为

$$M_{AB}^F = -\frac{3}{8}Pl = -\frac{3}{8} \times 32 \times 5 = -60 \text{ kN·m}$$

$$M_{BA}^F = -\frac{1}{8}Pl = -\frac{1}{8} \times 32 \times 5 = -20 \text{ kN·m}$$

(3) 放松结点进行力矩分配与传递。

① 结点 B 的不平衡力矩为

$$M_B = M_{BA}^F = -20 \text{ kN·m}$$

② 杆端的分配力矩分别为

$$M_{BA}^\mu = \mu_{BA} \times (-M_B) = \frac{1}{4} \times (+20) = +5 \text{ kN·m} \quad \text{kN·m}$$

$$M_{BC}^\mu = \mu_{BC} \times (-M_B) = \frac{3}{4} \times (+20) = +15 \text{ kN·m}$$

③ 杆端的传递力矩分别为

$$M_{AB}^C = C_{BA} \times M_{BA}^\mu = -1 \times (+5) = -5 \text{ kN·m}$$

(4) 用叠加法计算各杆端弯矩。

$$M_{CB} = 0$$

$$M_{BA} = M_{BA}^F + M_{BA}^\mu + M_{BA}^C = -20 + 5 + 0 = -15 \text{ kN·m}$$

$$M_{AB} = M_{AB}^F + M_{AB}^\mu + M_{AB}^C = -60 + 0 - 5 = -65 \text{ kN·m}$$

(5) 作弯矩图，如图 7.8 (b) 所示。

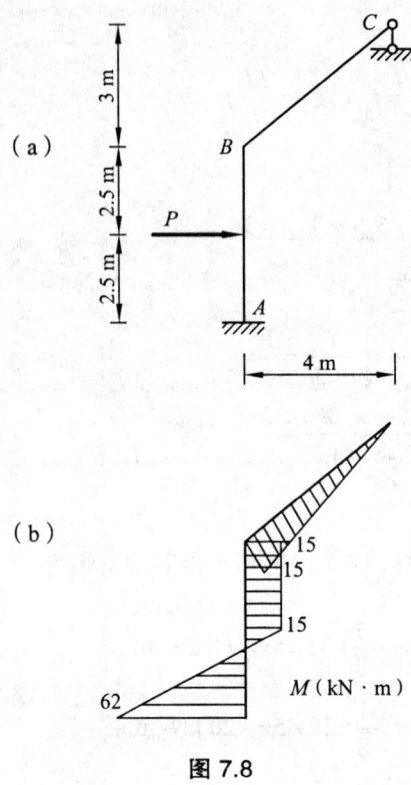

图 7.8

【例 7.9】 如图 7.9 (a) 所示的结构，用无剪力分配法计算并作 M 图。

解：(1) CBD 杆两端无相对线位移，且为剪力静定杆，因此可用无剪力分配法计算。

① 计算分配系数（将结点 B 视为滑动支座）。

a. 各杆线刚度：

$$i_{BC} = i_{BD} = \frac{EI}{l} = i, \quad i_{AB} = \frac{2EI}{l} = 2i \quad (\text{设 } i = \frac{EI}{l})$$

b. 各杆转动刚度：

$$S_{BA} = i_{BA} = 2i, \quad S_{BC} = S_{BD} = 3i_{BC} = 3i$$

c. 对于结点 B，分配系数为

$$\mu_{BA} = \frac{S_{BA}}{S_{BA} + S_{BC} + S_{BD}} = \frac{2i}{2i + 3i + 3i} = \frac{1}{4}$$

$$\mu_{BC} = \frac{S_{BC}}{S_{BA} + S_{BC} + S_{BD}} = \frac{3i}{2i + 3i + 3i} = \frac{3}{8}$$

$$\mu_{BD} = \frac{S_{BD}}{S_{BA} + S_{BC} + S_{BD}} = \frac{3i}{2i + 3i + 3i} = \frac{3}{8}$$

② 计算固端弯矩。

将刚结点 B 视为滑动支座，查表 6.1 的类型 15 得固端弯矩为

$$M_{BA}^F = -\frac{1}{2}Pl$$

$$M_{AB}^F = -\frac{1}{2}Pl$$

③ 放松结点进行力矩分配与传递。

a. 结点 B 的不平衡力矩为

$$M_B = M_{BA}^F = -\frac{1}{2}Pl$$

b. 杆端的分配力矩分别为

$$M_{BA}^\mu = \mu_{BA} \times (-M_B) = \frac{1}{4} \times \left(\frac{1}{2}Pl\right) = \frac{1}{8}Pl$$

$$M_{BC}^\mu = \mu_{BC} \times (-M_B) = \frac{3}{8} \times \left(\frac{1}{2}Pl\right) = \frac{3}{16}Pl$$

$$M_{BD}^\mu = \mu_{BD} \times (-M_B) = \frac{3}{8} \times \left(\frac{1}{2}Pl\right) = \frac{3}{16}Pl$$

c. 杆端的传递力矩分别为

$$M_{AB}^C = C_{BA} \times M_{BA}^\mu = -1 \times \left(\frac{1}{8}Pl\right) = -\frac{1}{8}Pl$$

④ 用叠加法计算各杆端弯矩。

$$M_{CB} = 0$$

$$M_{BC} = M_{BC}^F + M_{BC}^\mu + M_{BC}^C = 0 + \frac{3}{16}Pl + 0 = \frac{3}{16}Pl$$

$$M_{DB} = 0$$

$$M_{BD} = M_{BD}^F + M_{BD}^\mu + M_{BD}^C = 0 + \frac{3}{16}Pl + 0 = \frac{3}{16}Pl$$

$$M_{BA} = M_{BA}^F + M_{BA}^\mu + M_{BA}^C = -\frac{1}{2}Pl + \frac{1}{8}Pl + 0 = -\frac{3}{8}Pl$$

$$M_{AB} = M_{AB}^F + M_{AB}^\mu + M_{AB}^C = -\frac{1}{2}Pl + 0 - \frac{1}{8}Pl = -\frac{5}{8}Pl$$

⑤ 作弯矩图，如图 7.9（e）所示。

（2）采用力矩分配法与位移法联合求解。将图 7.9（a）所示结构分解成图 7.9（b）、（c）的叠加，图 7.9（c）所示结构的弯矩图如图 7.9（d）所示；将 7.9（b）、（d）叠加，即得原结构的弯矩图，如图 7.9（e）所示。具体计算过程读者自行完成。

(a)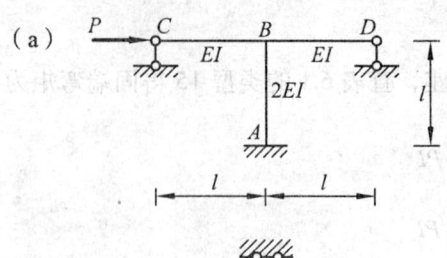

(b)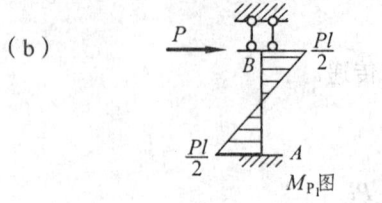

M_{P_1}图

(c)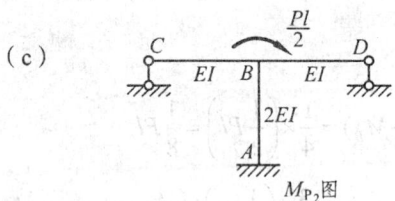

M_{P_2}图

(d)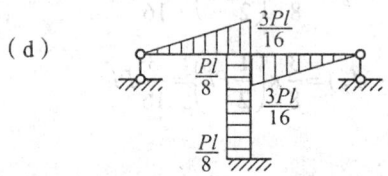

(e)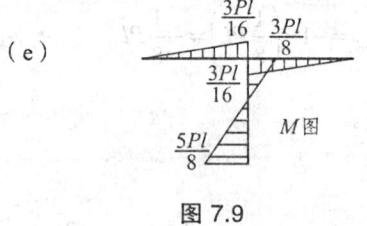

M图

图 7.9

【例 7.10】 如图 7.10（a）所示的结构，$l = 4$ m，B 处弹簧刚度为 $k = \dfrac{3EI}{l^3}$，用力矩分配法计算并作弯矩图。

解：由于支座 B 处水平链杆的约束，刚架无相对线位移，因此可用力矩分配法计算。

(1) 计算分配系数。

① 各杆线刚度：

$$i_{BA} = i_{BC} = i_{BD} = \frac{EI}{4} = i \quad (\text{设 } i = \frac{EI}{4})$$

② 转动刚度：

$$S_{BA} = 4i_{BA} = 4i, \quad S_{BC} = 0,$$

$$S_{BD} = \frac{3}{1+\frac{3EI}{kl^3}}i = \frac{3i}{1+3/3} = \frac{3}{2}i \quad (注意：弹性支座的处理)$$

③ 对于结点 B，分配系数为

$$\mu_{BA} = \frac{S_{BA}}{S_{BA}+S_{BC}+S_{BD}} = \frac{4i}{4i+3i/2+0} = \frac{8}{11}$$

$$\mu_{BC} = \frac{S_{BC}}{S_{BA}+S_{BC}+S_{BD}} = \frac{0}{4i+3i/2+0} = 0$$

$$\mu_{BD} = \frac{S_{BD}}{S_{BA}+S_{BC}+S_{BD}} = \frac{3i/2}{4i+3i/2+0} = \frac{3}{11}$$

(2) 计算固端弯矩。

$$M_{CB}^F = 0$$
$$M_{BC}^F = +Pl = +15 \times 4 = 60 \text{ kN} \cdot \text{m}$$
$$M_{DB}^F = 0$$
$$M_{BD}^F = -\frac{1}{8}ql^2 = -\frac{1}{8} \times 52 \times 4^2 = -104 \text{ kN} \cdot \text{m}$$

(3) 放松结点进行力矩分配与传递。

① 结点 B 的不平衡力矩为

$$M_B = M_{BD}^F + M_{BC}^F = -104 + 60 = -44 \text{ kN} \cdot \text{m}$$

② 杆端的分配力矩分别为

$$M_{BA}^\mu = \mu_{BA} \times (-M_B) = \frac{8}{11} \times (+44) = +32 \text{ kN} \cdot \text{m}$$
$$M_{BC}^\mu = \mu_{BC} \times (-M_B) = 0 \times (+44) = 0$$
$$M_{BD}^\mu = \mu_{BD} \times (-M_B) = \frac{3}{11} \times (+44) = 12 \text{ kN} \cdot \text{m}$$

③ 杆端的传递力矩分别为

$$M_{AB}^C = C_{BA} \times M_{BA}^\mu = \frac{1}{2} \times 32 = 16 \text{ kN} \cdot \text{m}$$

(4) 用叠加法计算各杆端弯矩。

$$M_{CB} = 0$$
$$M_{BC} = M_{BC}^F + M_{BC}^\mu + M_{BC}^C = 60+0+0 = 60 \text{ kN} \cdot \text{m}$$
$$M_{DB} = 0$$
$$M_{BD} = M_{BD}^F + M_{BD}^\mu + M_{BD}^C = -104+12+0 = -92 \text{ kN} \cdot \text{m}$$
$$M_{BA} = M_{BA}^F + M_{BA}^\mu + M_{BA}^C = 0+32+0 = 32 \text{ kN} \cdot \text{m}$$
$$M_{AB} = M_{AB}^F + M_{AB}^\mu + M_{AB}^C = 0+0+16 = 16 \text{ kN} \cdot \text{m}$$

(5) 作弯矩图。

$$M_{BD中} = \frac{1}{16} \times 52 \times 4^2 - 12/2 = 48 \text{ kN} \cdot \text{m}$$

整个结构的弯矩图，如图 7.10（b）所示。

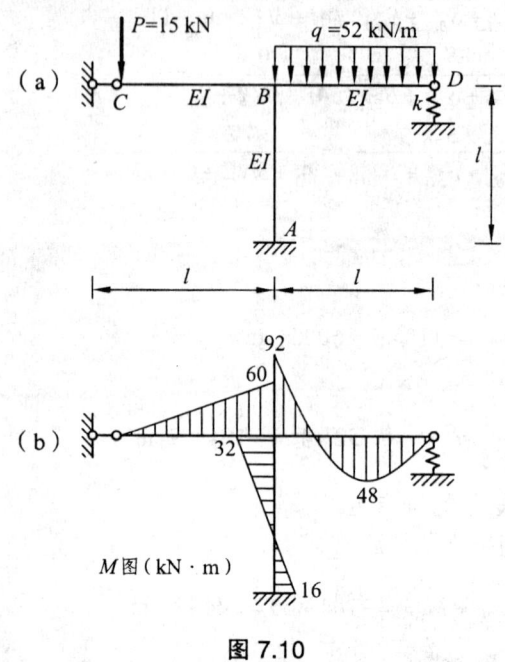

图 7.10

7.4 基础训练与考研辅导

一、判断题

1.（   ）力矩传递系数是杆件两端弯矩的比值。
2.（   ）在任何情况下，力矩分配法的计算结果都是近似的。
3.（   ）力矩分配法就是按分配系数分配结点不平衡力矩到各杆端的一种方法。
4.（   ）有结点线位移的结构，一律不能用力矩分配法进行内力分析。
5.（   ）力矩分配中的传递系数等于传递弯矩与分配弯矩之比，它与外因无关。
6.（   ）用力矩分配法计算结构时，汇交于每一结点各杆端力矩分配系数总和为 1，则表明力矩分配系数的计算绝对无错误。
7.（   ）力矩分配法经一个循环计算后，分配过程中的不平衡力矩（约束力矩）是传递弯矩的代数和。
8.（   ）如图 7.11 所示，结构的力矩分配系数 $\mu_{BA} = \dfrac{3}{4}$，$\mu_{BC} = \dfrac{1}{4}$。

9. ( ) 如图7.12所示，杆AB与CD的EI、l相等，但A端的转动刚度S_{AB}大于C端的转动刚度S_{CD}。

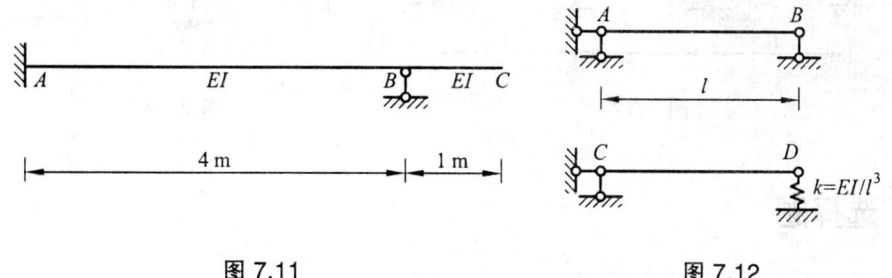

图7.11　　　　　　　　图7.12

10. ( ) 如图7.13所示的结构，EI = 常数，给出的力矩分配系数如图所示。

11. ( ) 用力矩分配法计算图7.14所示的结构时，杆端AC的分配系数$\mu_{AC} = \dfrac{18}{29}$。

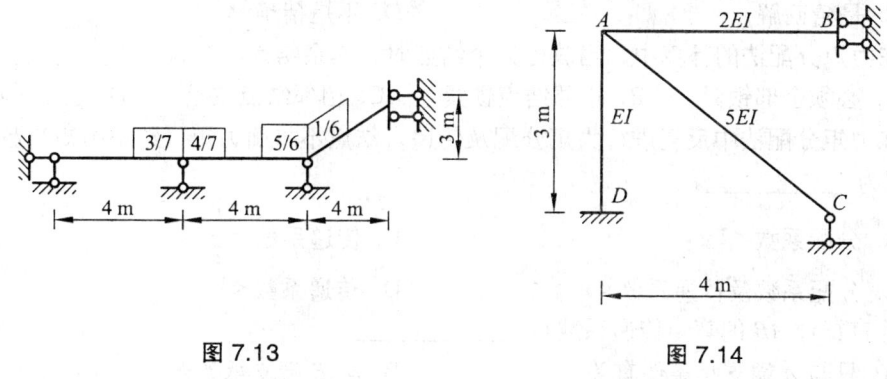

图7.13　　　　　　　　图7.14

12. ( ) 如果要使图7.15所示刚架的结点A处三杆具有相同的力矩分配系数，应使三杆A端的转动刚度之比为1∶1∶1。

13. ( ) 如图7.16所示的连续梁，用力矩分配法求得杆端弯矩$M_{BC} = -\dfrac{1}{2}M$。

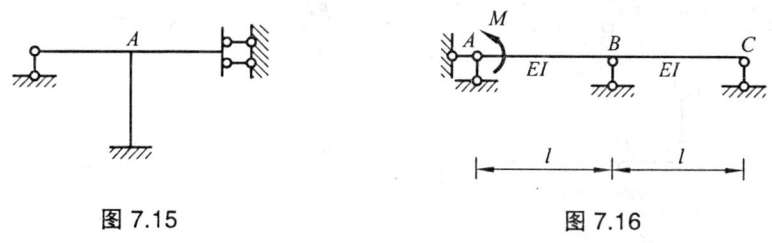

图7.15　　　　　　　　图7.16

14. ( ) 如图7.17所示的结构，EI = 常数，其最后弯矩绝对值关系有$|M_{CB}|∶|M_{BC}| = \dfrac{1}{2}$。

15. ( ) 如图7.18所示的结构，若已知分配系数$\mu_{BA} = \dfrac{3}{4}$，$\mu_{BC} = \dfrac{1}{4}$，力偶矩M = 60 kN·m，则杆端弯矩$M_{BA} = -45$ kN·m，$M_{BC} = -15$ kN·m。

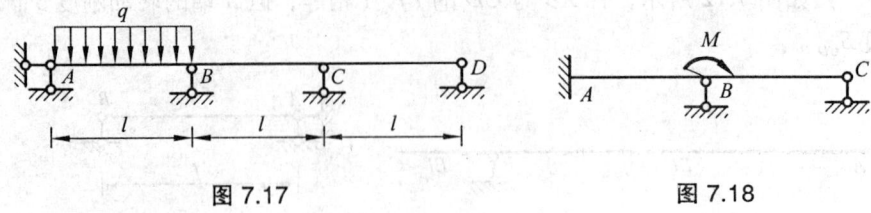

图 7.17　　　　　　　　　　　图 7.18

二、选择题

1. 力矩分配法是以_____为基础的渐近法。
   A. 位移法　　　B. 迭代法　　　C. 力法　　　D. 力法与位移法的联合
2. 力矩分配法计算得出的结果_____。
   A. 可能为近似解，也可能是精确解　　　B. 一定是近似解
   C. 是精确解　　　D. 不是精确解
3. 在力矩分配法的计算中，当放松某个结点时，其余结点所处状态为_____。
   A. 必须全部锁紧　　B. 相邻结点锁紧　　C. 相邻结点放松　　D. 全部放松
4. 在力矩分配法中反复进行力矩分配及传递，结点不平衡力矩（约束力矩）越来越小，主要是因为_____。
   A. 分配系数 < 1　　　　　　　　B. 传递系数 = $\dfrac{1}{2}$
   C. 分配系数及传递系数 < 1　　　D. 传递系数 < 1
5. 等直杆件 AB 的弯矩传递系数 C_{AB} _____。
   A. 只与 A 端支承条件有关　　　　B. 与 B 端支承条件及杆件刚度有关
   C. 与 A、B 端支承条件有关　　　D. 只与 B 端支承条件有关
6. 如图 7.19 所示连续梁用力矩分配法求得 AB 杆 B 端的弯矩是_____ kN·m。
   A. −6　　　B. +15　　　C. −15　　　D. +6
7. 如图 7.20 所示等截面杆 A 端的转动刚度系数是_____。
   A. $3\dfrac{EI}{l}$　　　B. $2\dfrac{EI}{l}$　　　C. $4\dfrac{EI}{l}$　　　D. $\dfrac{EI}{l}$

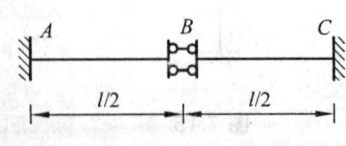

图 7.19　　　　　　　　　　　图 7.20

8. 如图 7.21 所示的连续梁，对结点 B 进行力矩分配的物理意义表示_____。
   A. 同时固定结点 B 和结点 C　　　B. 固定结点 C，放松结点 B
   C. 固定结点 B，放松结点 C　　　D. 同时放松结点 B 和结点 C
9. 如图 7.22 所示杆件 AB 的 A 端转动刚度是_____。

A. 使 B 端转动单位角度时在 A 端所施加的外力矩
B. 使 A 端转动单位角度时在 B 端所施加的外力矩
C. 支座 A 发生单位角位移时引起的在支座 A 的反力矩
D. B 端支座发生单位角位移时引起的在支座 A 的反力矩

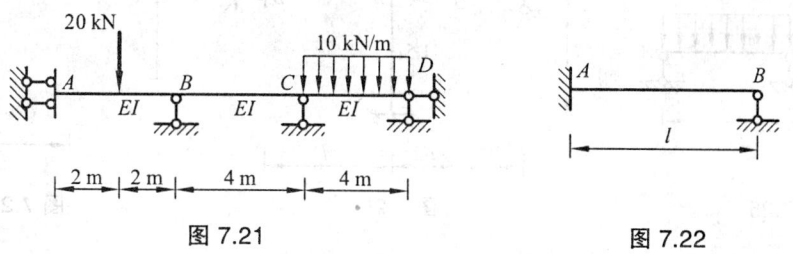

图 7.21   图 7.22

10. 如图 7.23 所示的结构，要使结点 B 产生单位转角，则在结点 B 需施加外力偶为_____。
    A. $10i$ B. $5i$ C. $13i$ D. $8i$

11. 已知如图 7.24 所示结构结点 A 的各杆端力矩分配系数之比为 $\mu_{AB} : \mu_{AC} : \mu_{AD} = 3 : 3 : 1$，则各杆的抗弯刚度之比 $EI_{AB} : EI_{AC} : EI_{AD} = $ _____。
    A. $3 : 3 : 1$ B. $1 : 1 : 3$ C. $1 : 1 : 1$ D. $1 : 1 : 9$

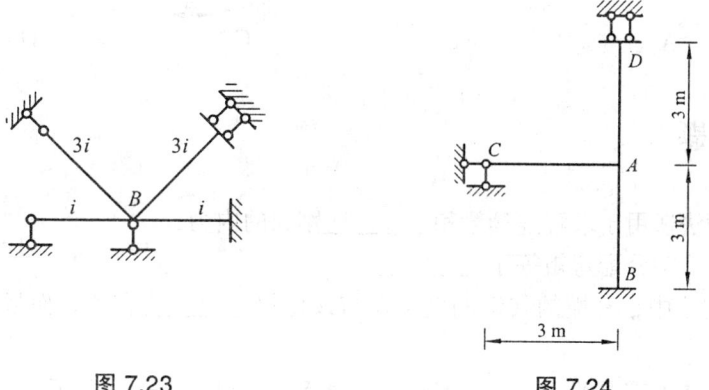

图 7.23   图 7.24

12. 如图 7.25 所示的结构，结点 B 的不平衡力矩等于_____。
    A. $\left(\dfrac{1}{8}ql^2\right) - \left(\dfrac{1}{8}Pl\right)$ B. $\left(-\dfrac{1}{8}ql^2\right) + \left(\dfrac{1}{8}Pl\right)$
    C. $\left(-\dfrac{1}{8}ql^2\right) - \left(\dfrac{1}{8}Pl\right)$ D. $\left(\dfrac{1}{8}ql^2\right) + \left(\dfrac{1}{8}Pl\right)$

13. 若用力矩分配法计算如图 7.26 所示的刚架，则结点 A 的不平衡力矩为_____。
    A. $\dfrac{3}{16}Pl$ B. $-M - \dfrac{3}{16}Pl$ C. $M + \dfrac{3}{16}Pl$ D. $\dfrac{1}{8}Pl$

14. 力矩分配法对如图 7.27 所示的结构能否应用，_____。
    A. 要视具体的荷载情况而定
    B. 不管什么荷载作用均能单独使用
    C. 要视各杆刚度情况和具体荷载情况而定
    D. 根本不能单独使用

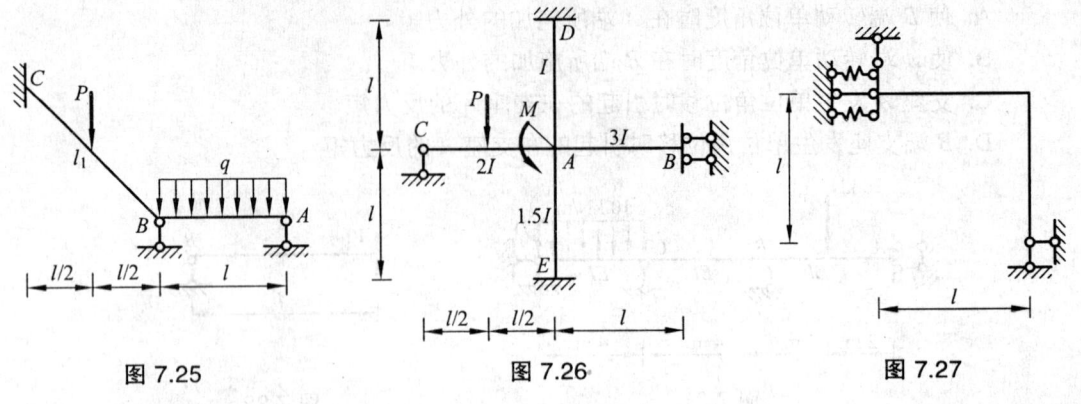

图 7.25　　　　　　　图 7.26　　　　　　　图 7.27

15. 不能用力矩分配法计算的是图_____。

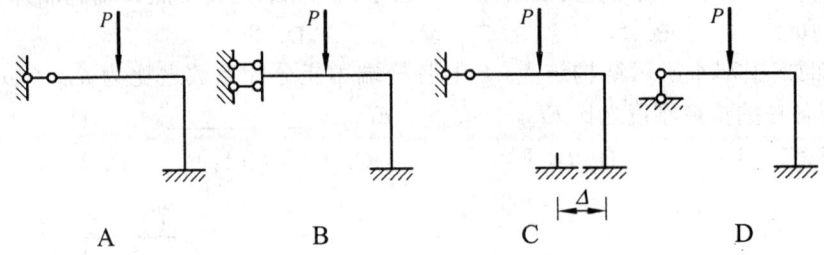

A　　　　　　　B　　　　　　　C　　　　　　　D

三、填空题

1. 力矩分配法适用于求解连续梁和_____刚架的内力。
2. 力矩分配法中分配弯矩等于_____。
3. 力矩分配法中，杆端的转动刚度不仅与该杆的_____有关，而且与该杆另一端的_____有关。
4. 力矩分配法不需要解_____方程，可直接计算出_____弯矩。
5. 在力矩分配法中，传递系数 C 等于_____，对于远端固定杆 C 等于_____，远端滑动杆 C 等于_____。
6. 用力矩分配法计算结构，杆端的最终弯矩等于_____、_____及_____的代数和。
7. 如图 7.28 所示的连续梁，利用力矩分配法可确定结点 B 的转角 φ_B =_____。
8. 如图 7.29 所示的连续梁，EI = 常数，用力矩分配法计算时，结点 C 的不平衡力矩 =_____。

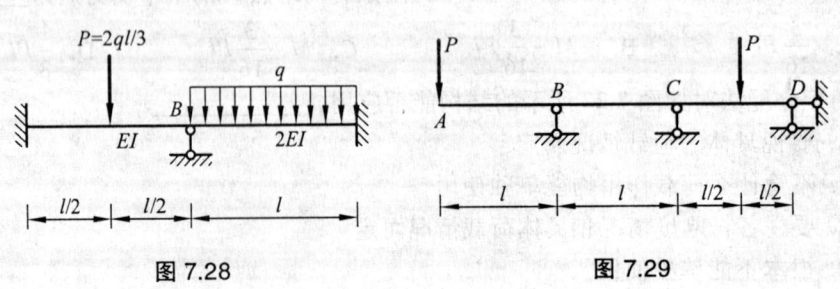

图 7.28　　　　　　　　　　图 7.29

9. 如图 7.30 所示梁 BC 杆 EI = 常数，AB 杆 $EI_1 = \infty$，A 处支座弹簧刚度 $k = \dfrac{6EI}{l^3}$，则力矩分配系数 μ_{BA} = _____，固端弯矩 M_{BA}^F = _____。

10. 如图 7.31 所示的结构，$EI = 8 \times 10^4 \text{ kN} \cdot \text{m}^2$，当支座 B 发生竖向位移 $\Delta_{By} = 0.02 \text{ m}$ 时，固端弯矩 M_{BC}^F = _____ kN·m、M_{BA}^F = _____ kN·m。

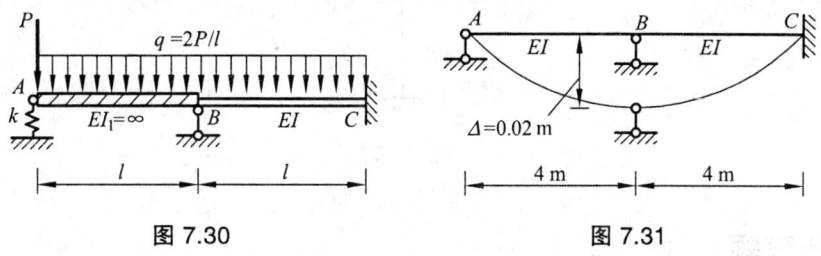

图 7.30   图 7.31

11. 如图 7.32 所示的结构，用力矩分配法计算时的分配系数 μ_{AB} = _____、μ_{AC} = _____、μ_{AE} = _____。

12. 如图 7.33 所示的结构，力矩分配法的分配系数 μ_{12} = _____。

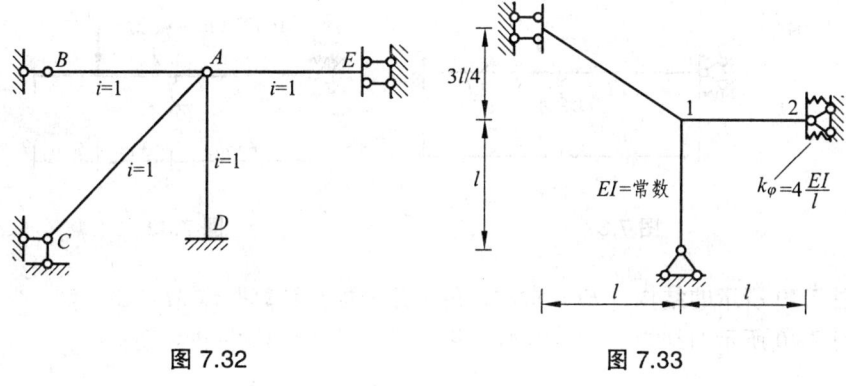

图 7.32   图 7.33

13. 如图 7.34 所示的结构，EI = 常数，用力矩分配法计算时可得 CB、BA、和 BD 三杆在 B 端的分配弯矩分别为_____、_____、_____。

14. 如图 7.35 所示的结构，EI = 常数，截面 C 的转角 $\varphi = 1$，利用力矩分配法可以算出 M_{BA} = _____，M_{CB} = _____。

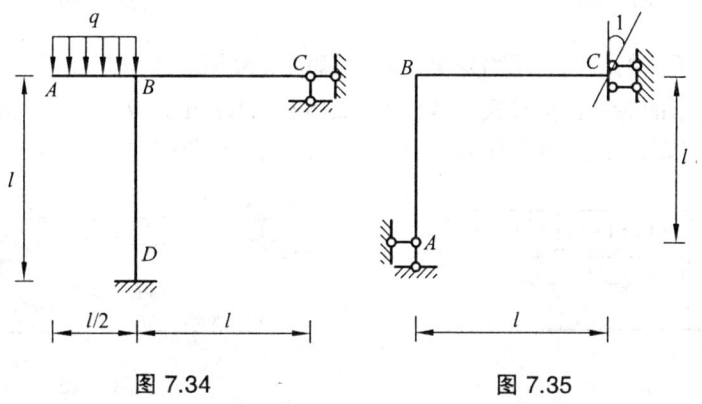

图 7.34   图 7.35

15. 如图 7.36 所示的结构，如果各杆端弯矩分别为 $M_{BA}=0$、$M_{CA}=2\ \text{kN}\cdot\text{m}$、$M_{DA}=-1\ \text{kN}\cdot\text{m}$，则需施加的力偶矩 $M=\underline{\qquad}\ \text{kN}\cdot\text{m}$。

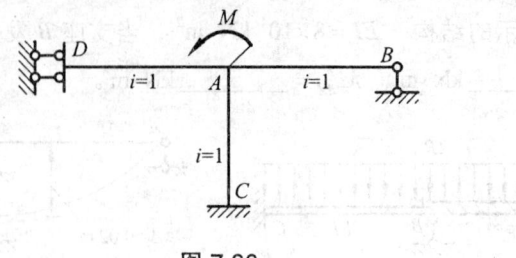

图 7.36

四、计算题

1. 如图 7.37 所示的结构，用力矩分配法计算的并作 M 图。
2. 如图 7.38 所示的结构，EI = 常数，用力矩分配法计算并作 M 图。

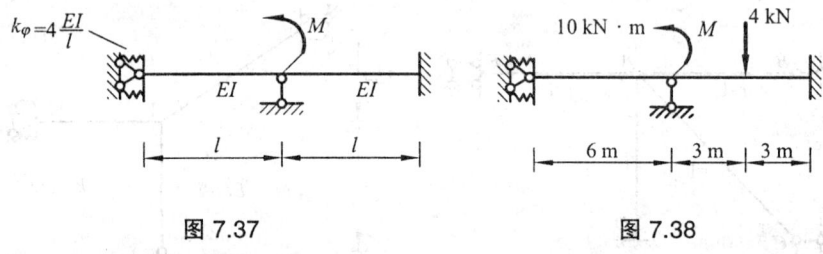

图 7.37　　　　　图 7.38

3. 如图 7.39 所示的结构，EI = 常数，用力矩分配法计算并作 M 图。
4. 如图 7.40 所示的结构，EI = 常数，用力矩分配法计算并作 M 图。

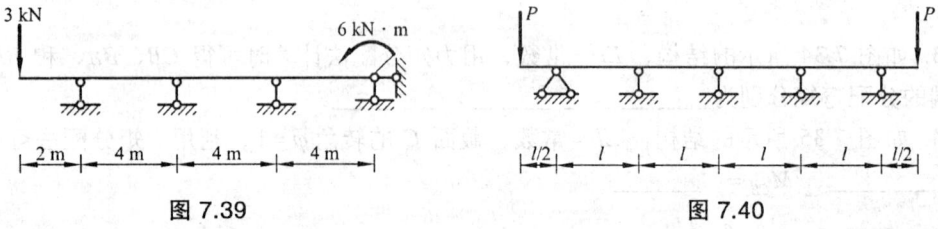

图 7.39　　　　　图 7.40

5. 如图 7.41 所示的结构，用力矩分配法计算并作 M 图。
6. 图 7.42 所示的等截面连续梁，各杆 $E=2.1\times 10^4\ \text{kN}/\text{cm}^2$，$I=2\times 10^4\ \text{cm}^4$，支座 B 下沉 1 cm，支座 C 下沉 2 cm，用力矩分配法计算并作 M 图（计算二轮）。

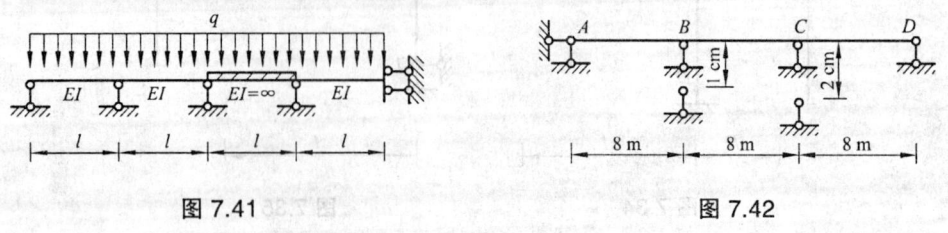

图 7.41　　　　　图 7.42

7. 如图 7.43 所示的梁，EI = 常数，$l = 4$ m，弹簧刚度 $k = \dfrac{6EI}{l^3}$，用力矩分配法并作 M 图。

8. 如图 7.44 所示的连续梁，$EI = 2.0 \times 10^3$ kN·m²，$\varphi_A = 0.06$，用力矩分配法并作 M 图（计算二轮）。

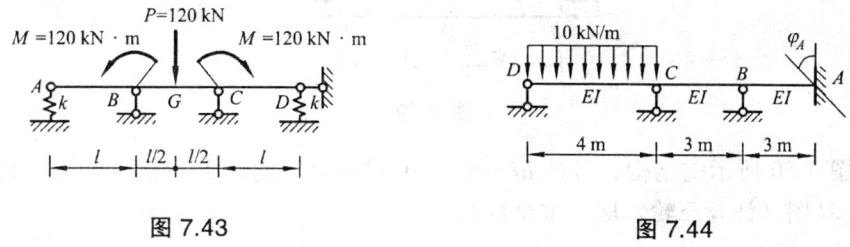

图 7.43　　　　　　　　　　图 7.44

9. 如图 7.45 所示的结构，各杆 EI 相同，$q = 20$ kN/m，求力矩分配系数和固端弯矩。

10. 如图 7.46 所示的对称结构，各杆 EI 相同，$q_1 = 30$ kN/m，$q_2 = 40$ kN/m，用力矩分配法计算并作 M 图（计算二轮）。

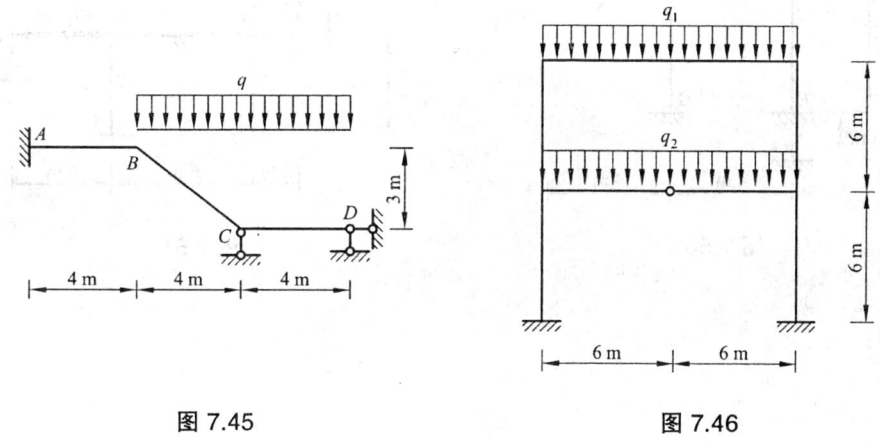

图 7.45　　　　　　　　　　图 7.46

11. 如图 7.47 所示的结构，EI = 常数，用力矩分配法计算并作 M 图。

12. 如图 7.48 所示的结构，用力矩分配法计算并作 M 图。

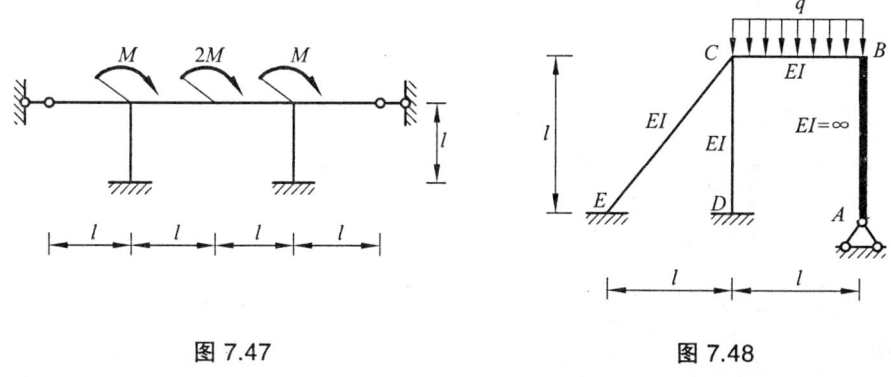

图 7.47　　　　　　　　　　图 7.48

13. 如图 7.49 所示的对称结构，EI = 常数，用力矩分配法计算并作 M 图。

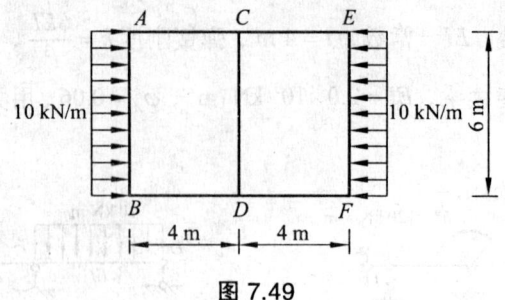

图 7.49

14. 如图 7.50 所示的结构,各杆 $EI = 8.4 \times 10^4 \text{ kN} \cdot \text{m}^2$,支座 E 下沉 0.02 m,用力矩分配法计算并作 M 图(计算三轮,取一位小数)。

15. 如图 7.51 所示的结构,C 处支座弹簧刚度为 $k = \dfrac{EI}{32}$(kN/m),用力矩分配法计算并作 M 图。

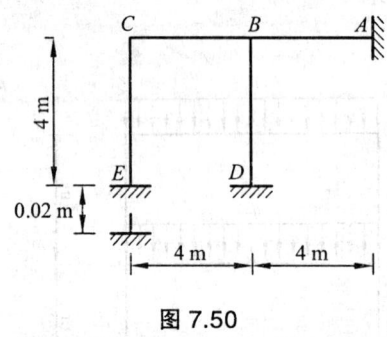

图 7.50

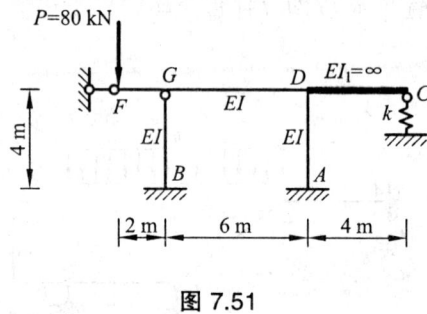

图 7.51

习题答案

第1章

一、判断题

1. ×   2. ×   3. ×   4. ×   5. √   6. √   7. √   8. √   9. ×
10. ×   11. ×   12. ×   13. ×   14. ×   15. ×

二、选择题

1. D   2. D   3. C   4. A   5. B   6. A   7. A   8. A   9. D
10. B   11. C   12. A   13. B   14. A   15. B

三、填空题

1. 应变；不变

2. 不在同一直线上的两根链杆

3. 瞬（虚）铰；不

4. 几何瞬变体系

5. ∞；不定值

6. 两刚片用不完全相交及平行的三根链杆连接而成的体系

7. 机械运动

8. 确定体系平面位置所需的独立坐标数

9. 能减少自由度的装置；几何形状，尺寸不变的体系中的部分

10. 几何不变；无多余约束

11. 连接两个刚片的两根链杆轴线延长线的交点；连接两个以上刚片的铰

12. 几何可变体系

13. 3

14. 几何不变；无；有

15. 计算自由度 $W \leqslant 0$；联系符合几何不变体系组成规则的联系的布置方式

四、几何构造分析题

1. 瞬变体系。

2. 几何不变体系，无多余约束。

3. 几何不变体系，具有一个多余约束。

4. 几何不变体系，无多余约束。

5. 几何不变体系，具有一个多余约束。

6. 几何不变体系，无多余约束。

7. 几何不变体系，具有一个多余约束。

8. 几何不变体系，无多余约束。

9. 几何不变体系，无多余约束。
10. 几何瞬变体系。
11. 几何不变体系，无多余约束。
12. 几何不变体系，无多余约束。
13. 几何不变体系，无多余约束。
14. 几何不变体系，无多余约束。
15. 几何不变体系，无多余约束。

第2章

一、判断题

1. √ 2. × 3. √ 4. × 5. × 6. × 7. √ 8. √ 9. ×
10. √ 11. √ 12. √ 13. × 14. √ 15. ×

二、选择题

1. A 2. C 3. B 4. A 5. C 6. B 7. B 8. C 9. C
10. A 11. A 12. C 13. C 14. A 15. D

三、填空题

1. 18；下   2. 10；↑；4；↓
3. 15   4. 0；P
5. 0；0   6. $\dfrac{3}{4}P$；$-\dfrac{3}{4}P$；$\dfrac{3\sqrt{2}}{4}P$
7. 相同；不同；不同   8. 0；0；-2
9. 20；下
10. B；顺时针向力偶 2 kN·m；向左水平力 2 kN
11. $\dfrac{15}{2}$；下   12. 6；下；70；下
13. 0；0   14. $\dfrac{1}{6}ql$；$\dfrac{1}{2}ql^2$
15. 150；外；50；压

四、作图计算题

1.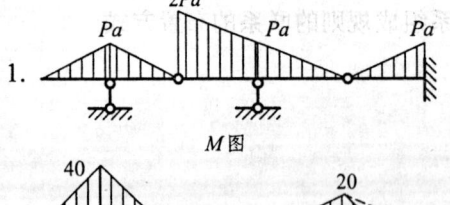

2.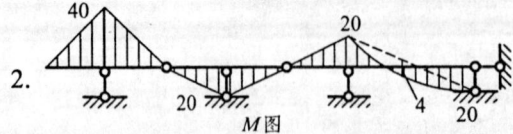

3. $F_{yA} = \dfrac{1}{2}P$，$F_{xA} = 0$，$F_{yB} = \dfrac{1}{2}P$ (↑)

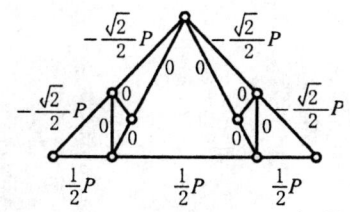

4. $F_{N1}=0$, $F_{N2}=0$, $F_{N3}=\dfrac{\sqrt{2}}{2}P$

5. $F_{N1}=0$, $F_{N2}=\dfrac{2\sqrt{3}}{3}P$

6.

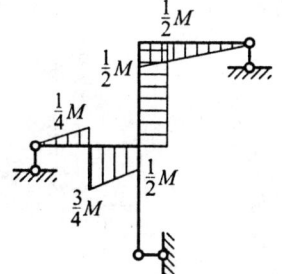

7.

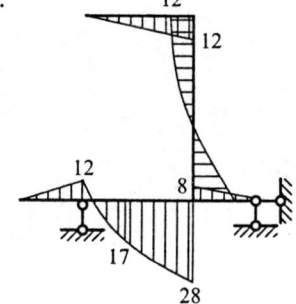

M 图（kN·m）

8.

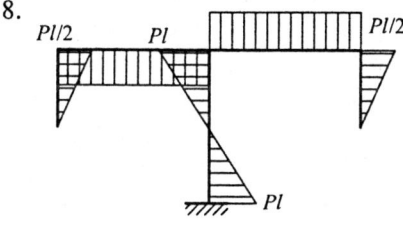

M 图

9.

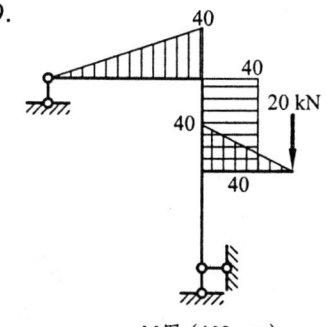

M 图（kN·m）

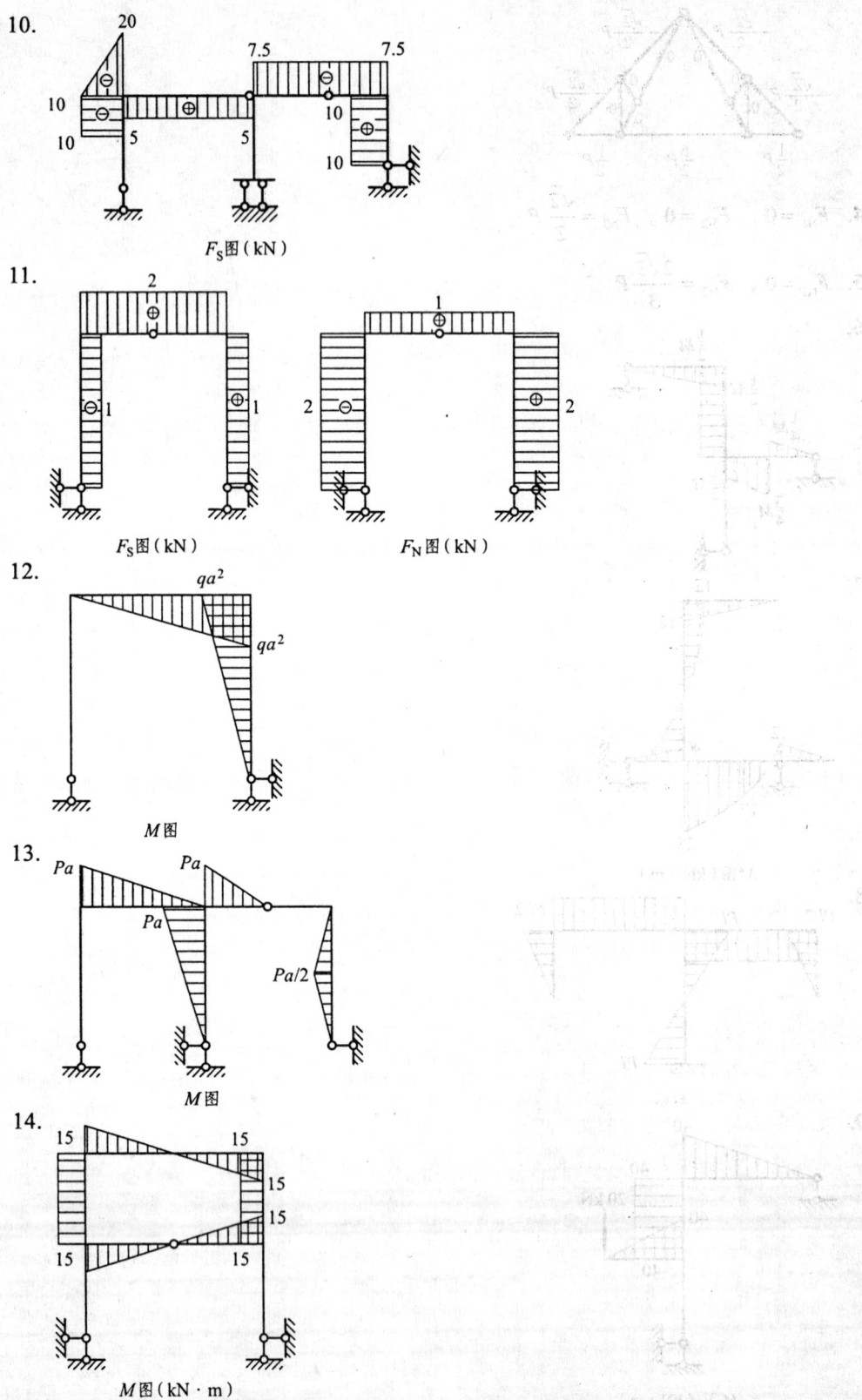

15.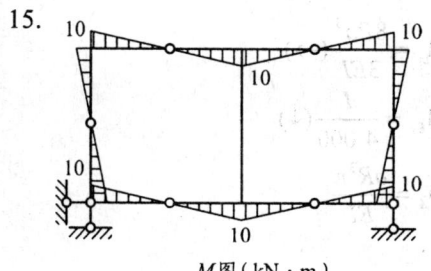

M图（kN·m）

第3章

一、判断题

1. √　2. √　3. ×　4. √　5. √　6. ×　7. ×　8. ×　9. ×
10. ×　11. ×　12. √　13. √　14. √　15. √

二、选择题

1. D　2. C　3. C　4. B　5. C　6. A　7. A　8. B　9. B
10. C　11. B　12. A　13. D　14. C　15. C

三、填空题

1. 线性弹性（或线性变形）；功的互等

2. 变形；内力；刚体位移；变形

3. $EI=$ 常数；杆轴为直线；$\bar{M}$ 图和 M 图中至少有一个为直线图形

4. 虚力；虚位移；虚位移；虚力

5. 虚设位移状态；虚设力状态

6. $\dfrac{l}{6}(2ac+2bd+ad+bc)$

7. $\dfrac{41}{648}\times\dfrac{ql^4}{EI}(\downarrow)$；$\dfrac{7}{81}\times\dfrac{ql^3}{EI}(\downarrow)$

8. $\dfrac{Pd}{EA}$

9. $\dfrac{1}{2}\times\dfrac{Pa}{EA}$

10. $\dfrac{1}{24}\times\dfrac{ql^4}{EI}$；$\rightarrow$

11. $\dfrac{19}{24}\times\dfrac{qa^4}{EI}(\uparrow\downarrow)$

12. $\dfrac{2}{3}\times\dfrac{Pa^3}{EI}+(2+2\sqrt{2})\times\dfrac{Pa}{EA}(\downarrow)$

13. $\dfrac{5}{6}\times\dfrac{Pa^3}{EI}(\leftrightarrow)$

14. $\dfrac{120}{EI}(\rightarrow)$；$\dfrac{120}{EI}(\rightarrow)$

15. $\Delta_{kt}=270\alpha tl(\downarrow\uparrow)$

四、计算题

1. $\Delta_{Ax}=\dfrac{ql^4}{256EI}$

2. $\Delta_{Ay}=-\dfrac{7}{432}\times\dfrac{ql^4}{EI}(\uparrow)$

3. $\Delta_{By}=\dfrac{23ql^4}{24EI}(\downarrow\uparrow)$

4. $\Delta_{Dy}=3$ cm $(\downarrow)$

5. $\Delta_{Cy}=\dfrac{1}{2}\dfrac{Pl^3}{EI}(\downarrow)$

6. $\Delta_{Ay}=\left(\dfrac{5}{3}\dfrac{Ml^2}{EI}+3\dfrac{M}{EA}\right)(\downarrow)$

7. $\Delta_{Dx}=\dfrac{5+8\sqrt{2}}{16}\dfrac{Pl}{EA}+\dfrac{10Pl^3}{192EI}$

8. $\Delta_{Bx}=\dfrac{1+4\sqrt{2}}{2}\times\dfrac{Pa}{EA}(\rightarrow)$

9. $\Delta_{Dy} = \dfrac{250}{9}\dfrac{q}{EA}(\downarrow)$

10. $\Delta_{Ix} = \dfrac{8Pa^3}{3EI}(\rightarrow)$

11. $\Delta_{Cy} = \sum \alpha t_0 \overline{N} l = 0$

12. $\Delta_{Ey} = \dfrac{l}{4\,000}(\downarrow)$

13. $\varphi_B = \dfrac{Pl^2}{6EI}\ (\curvearrowright)$

14. $\varphi_A = \dfrac{qR^3\pi}{EI}$

15. $\Delta_{By} = \dfrac{(\pi+4)qr^4}{8EI}(\uparrow)$

第4章

一、判断题

1. ×　2. ×　3. √　4. √　5. ×　6. ×　7. √　8. ×　9. √
10. √　11. √　12. ×　13. √　14. √　15. √

二、选择题

1. B　2. B　3. A　4. A　5. A　6. C　7. B　8. A　9. A
10. D　11. B　12. C　13. A　14. A　15. B

三、填空题

1. 相邻两结点

2. 结构在恒载及活载作用下，各截面内力最大最小值变化范围图

3. 对称；绝对最大弯矩

4. 顶点

5. 基本部分；附属部分

6. 移动；固定；荷载 $P=1$；某截面

7. $2a$

8. 荷载 P 作用于 K 时 D 截面的弯矩值；单位移动荷载作用在 D 处时 K 截面的弯矩值

9. $3P$　　　　10. $\dfrac{1}{4}ql$

11. 2.25；3.5　　12. $\dfrac{5}{24}$；$-\dfrac{5}{8}$

13. $\sqrt{2}$；$\dfrac{3\sqrt{2}}{2}$；$-\dfrac{3}{2}$　　14. 27

15. $-\dfrac{x}{d} - 2F_{N2}(x) - 3F_{N1}(x)$

四、作图计算题

1.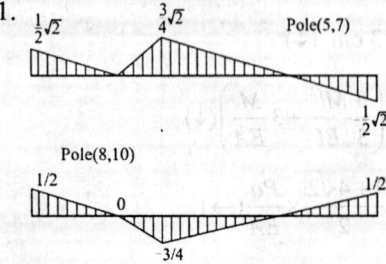

2. Pole(6,8)

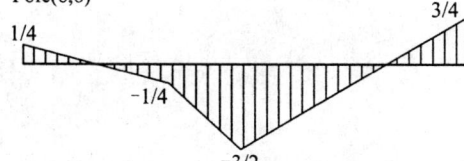

Pole(9,13)

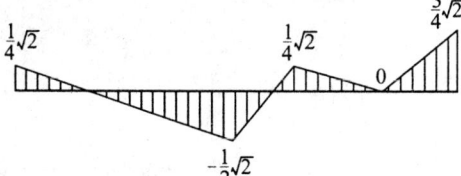

3. Pole(7,8)

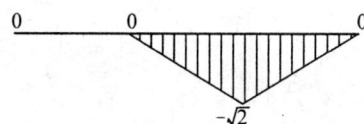

Pole(3,9)

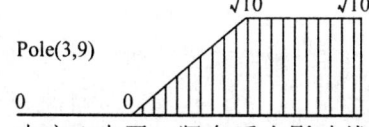

4. 支座 1 水平、竖向反力影响线如图所示，相应的影响线方程为

$$X_1(x) = \frac{1}{16}x \ (0 \leqslant x \leqslant 20), \quad Y_1(x) = 1 - \frac{3}{80}x \ (0 \leqslant x \leqslant 20)$$

$$X_{1\max} = 90 \text{ kN}, \quad Y_{1\max} = 66 \text{ kN}$$

支座反力 X_1 的影响线

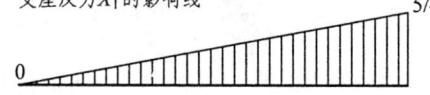

支座反力 Y_1 的影响线

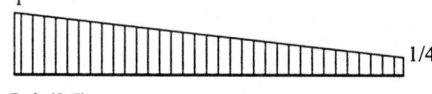

5. Pole(2,7)

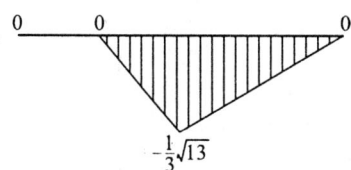

影响线方程：

$$F_{N(2-7)}(x) = \begin{cases} 0 & (0 \leqslant x \leqslant 4) \\ \dfrac{\sqrt{13}}{12}(4-x) & (4 \leqslant x \leqslant 8) \\ \dfrac{\sqrt{13}}{24}(x-16) & (8 \leqslant x \leqslant 16) \end{cases}$$

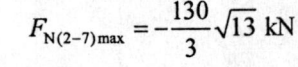

6.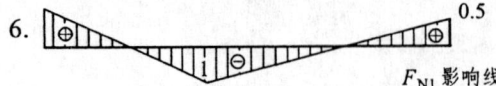

F_{N1} 影响线

$F_{N1} = -1\,541.25$ kN

7. 作 F_{RB} 影响线如图

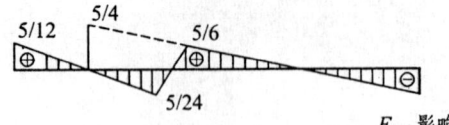

$F_{RB} = 40$ kN

8.

$F_{RB\,\max} = 276$ kN

9.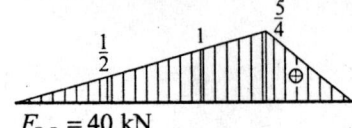

$F_{SC(左)}$ 影响线

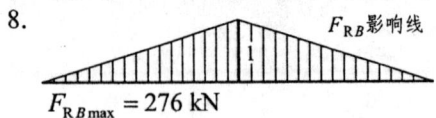

$F_{SC(右)}$ 影响线

10.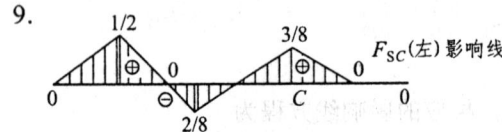

F_{SC} 影响线

$F_{SC} = 70$ kN

11.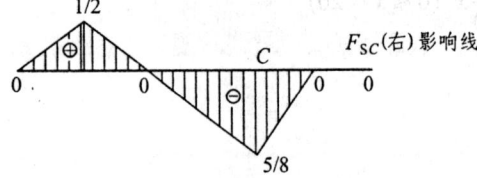

M_A 影响线

M_K 影响线

12. $F_{RD} = \dfrac{x}{3a}$, $F_{RA} = \dfrac{3}{2} F_{RD} = \dfrac{x}{2a}$, $M_C = -\dfrac{x}{6}$

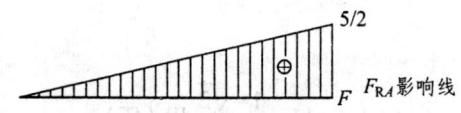

13. $M_B = -\dfrac{Q}{4l^2}[(xl^2 - x^3) + (l-x)l^2 - (l-x)^3]Q$

$x = \dfrac{1}{2}l$, $M_{B\min} = -\dfrac{3}{16}Ql = -0.1875Ql$

14. $F_{RA} = \left(1 - \dfrac{x}{16}\right)(\uparrow)$, $F_{RB} = \dfrac{x}{16}(\uparrow)$

当 $P = 1$ 在 AK 段时，$M_K = \dfrac{x}{4} - 3H$

当 $P = 1$ 在 KB 段时，$M_K = \dfrac{3}{4}(16-x) - 3H$

M_K 影响线

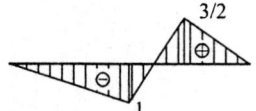

15. $F_{H\max} = 161.67\ \text{kN}$

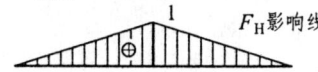

第 5 章

一、判断题

1. ×　2. ×　3. ×　4. √　5. ×　6. ×　7. √　8. ×　9. ×
10. √　11. ×　12. √　13. √　14. √　15. √

二、选择题

1. B　2. B　3. D　4. C　5. B　6. A　7. D　8. B　9. B
10. D　11. A　12. B　13. D　14. B　15. A

三、填空题

1. 基本结构中由于 $X_j = 1$ 引起沿 X_i 方向位移；
   基本结构中由于荷载作用引起沿 X_i 方向的位移

2. 基本结构沿基本未知力方向的位移；原结构沿基本未知力方向的位移。

3. 基本结构由于支座移动引起 X_1 方向的位移

4. 1 次

5. 21 次

6. 减小 n；减小 n；不变

7. 0；0；0

8. $\frac{5}{16}P$

9. 正；正、负或零

10. $\frac{1}{2} \times \frac{P}{k}$

11. $\frac{1-\sqrt{2}}{2}P$（压）

12. $\frac{3}{2} \times \frac{EI\Delta}{h^2}$；外

13. δ_{13}，δ_{31}；Δ_{1P}，Δ_{2P}

14. 140α

15. $\frac{1}{3}\Delta(\downarrow)$

四、计算题

1. $\delta_{11} = \frac{5l}{6EI}$，$\Delta_{1c} = -\frac{c}{l}$，$X_1 = \frac{6EIc}{5l^2}$

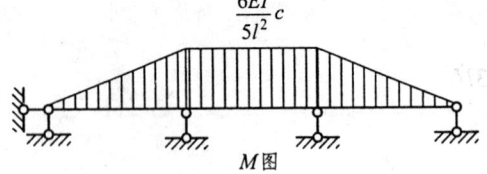

M 图

2. $\delta_{11} = \frac{1}{EI}\left(2 \cdot \frac{1}{2}l^2 \cdot \frac{2}{3}l + l^3\right) = \frac{5l^3}{3EI}$；$\Delta_{1P} = -\frac{Pl^3}{8EI}$

3. $X_1 = \frac{5}{12}ql^2$，M 图

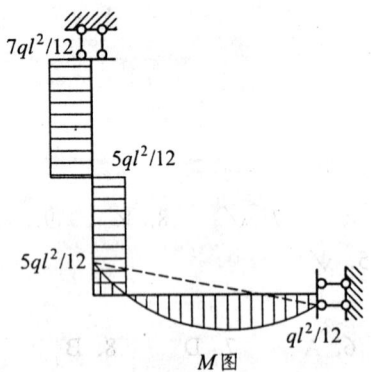

M 图

4. $\delta_{11} = \frac{18}{EI}$，$\delta_{12} = \delta_{21} = -\frac{27}{EI}$，$\delta_{22} = \frac{72}{EI}$，$\Delta_{1P} = -\frac{567}{EI}$，$\Delta_{2P} = \frac{756}{EI}$

$X_1 = 36$，$X_2 = 3$

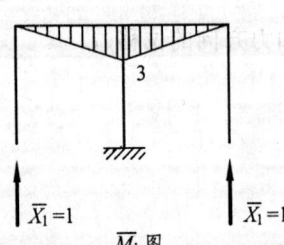

$\overline{M}_1$ 图

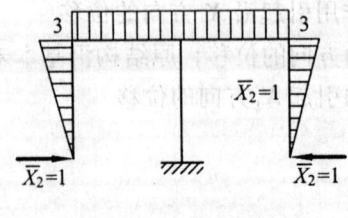

$\overline{M}_2$ 图

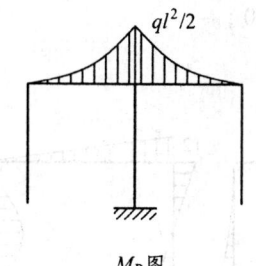
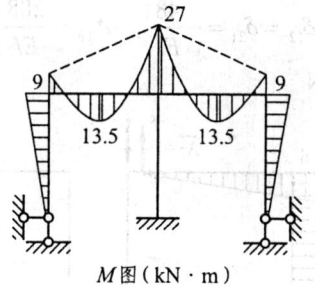

M_P 图 M 图（kN·m）

5. $\delta_{11} = \dfrac{2l^3}{3EI}$； $\Delta_{1P} = \dfrac{Pl^3}{3EI}$； $X_1 = -\dfrac{1}{2}P$

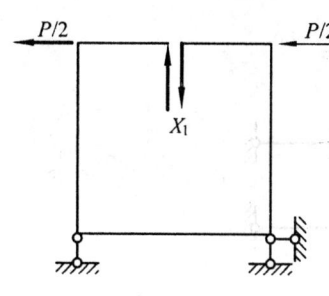
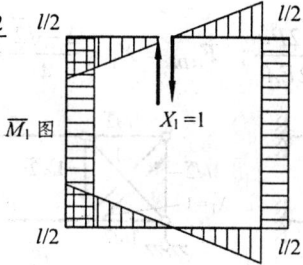

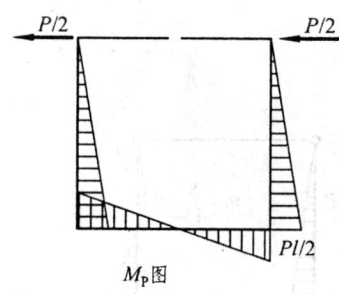
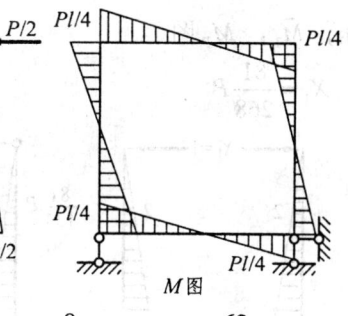

M_P 图 M 图

6. $\delta_{11} = \dfrac{16}{3EI}$，$\delta_{12} = \dfrac{2}{3EI}$，$\delta_{22} = \dfrac{8}{3EI}$，$\Delta_{1P} = -\dfrac{62}{3EI}$，$\Delta_{2P} = -\dfrac{31}{3EI}$；

$X_1 = 3.5$，$X_2 = 3$

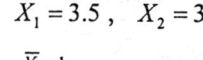
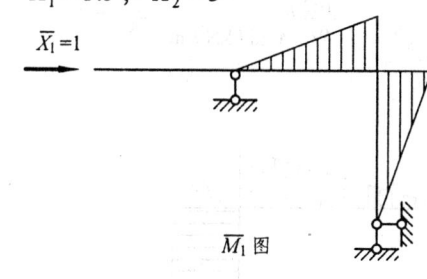
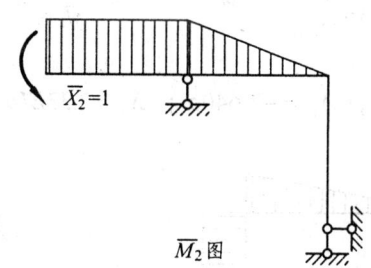

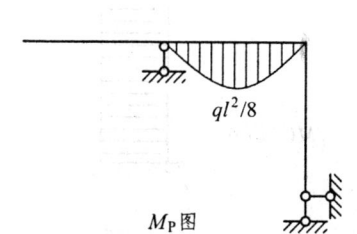
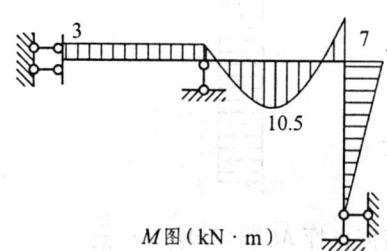

M_P 图 M 图（kN·m）

7. $\delta_{11} = \dfrac{128}{3EI}$, $\delta_{22} = \dfrac{216}{EI}$, $\delta_{12} = \delta_{21} = -\dfrac{48}{EI}$, $\Delta_{1P} = \dfrac{288}{EI}$, $\Delta_{2P} = 0$;

$X_1 = -9$ kN, $X_2 = -2$ kN

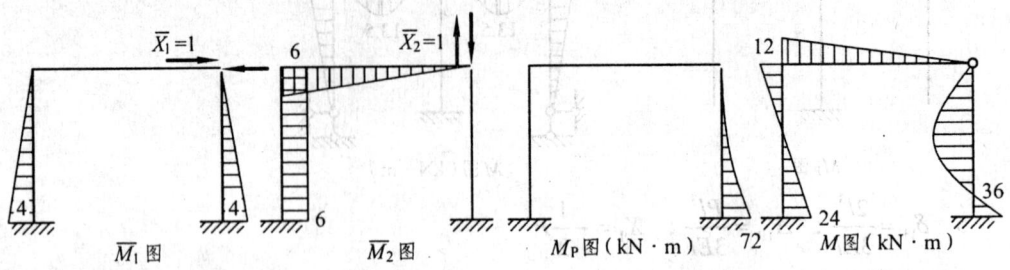

8. $\delta_{11} = \dfrac{2+2\sqrt{2}}{EA}a$; $\Delta_{1P} = -\dfrac{\sqrt{2}Pa}{2EA}$; $F_{NDE} = X_1 = \dfrac{2-\sqrt{2}}{4}P$

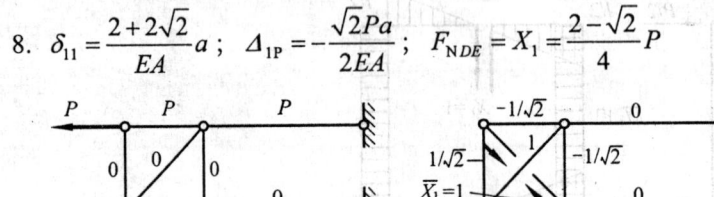

9. 基本结构与力法典型方程；$\overline{M}_1$、M_P 图；

$\delta_{11} = \dfrac{268}{3EI}$, $\Delta_{1P} = \dfrac{-27P}{EI}$；$X_1 = \dfrac{81}{268}P$

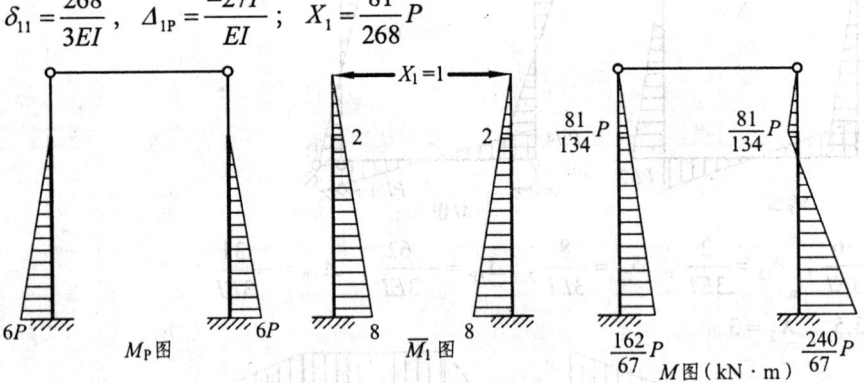

10. $\delta_{11} = \dfrac{360}{EI}$, $\Delta_{1t} = -2\,640\alpha$；$X_1 = 7.33EI\alpha$

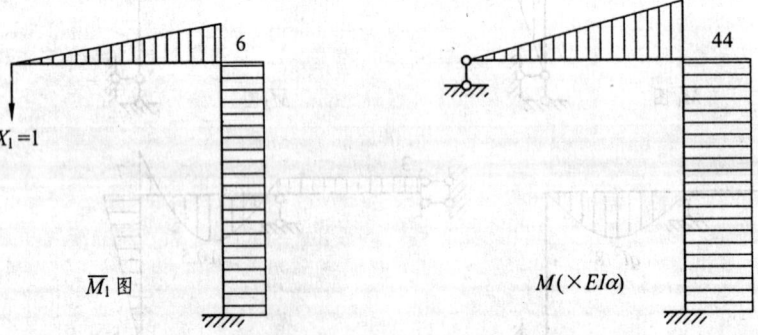

11. 选基本结构；作 $\overline{M}$ 图；$\Delta_{Cy} = -\dfrac{6}{EI}$

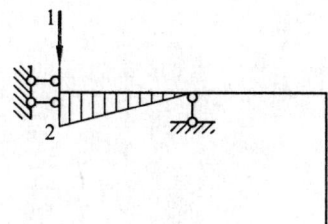

$\bar{M}$ 图（×m）

12. 取 1/4 结构为基本结构。$\delta_{11} = \dfrac{a}{EI}$；$\Delta_{1P} = -\dfrac{qa^3}{12EI}$；$X_1 = \dfrac{qa^2}{12}$

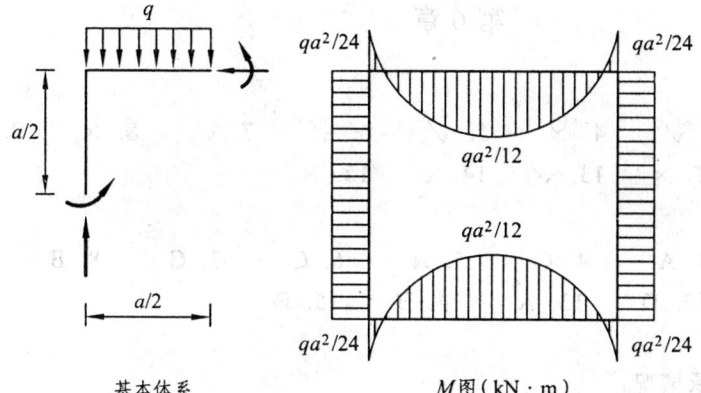

13. $\delta_{11} = \dfrac{144}{EI_1}$；$\Delta_{1P} = -\dfrac{17\,280}{EI_1}$；$X_1 = 120\text{ kN}$

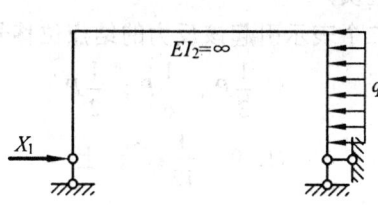

14. $\delta_{11} = \dfrac{32}{3EI}$，$\delta_{22} = \dfrac{6}{EI}$，$\delta_{12} = \delta_{21} = -\dfrac{6}{EI}$，$\Delta_{1P} = -\dfrac{2P}{EI}$，$\Delta_{2P} = \dfrac{P}{EI}$

$X_1 = 0.22P$，$X_2 = 0.05P$

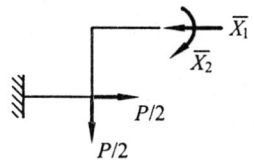

15. $(234EI + f)X_1 - \dfrac{2\,070}{EI} = 0$；$X_1 = 8.15\text{ kN}$

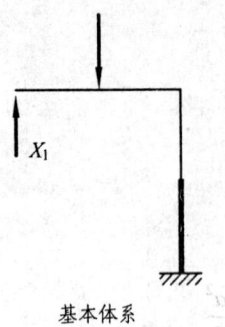

基本体系　　　　　　　　M图（kN·m）

第6章

一、判断题

1. ×　2. ×　3. √　4. ×　5. √　6. √　7. √　8. ×　9. √
10. √　11. √　12. ×　13. √　14. √　15. ×

二、选择题

1. B　2. C　3. A　4. C　5. A　6. C　7. C　8. B　9. C
10. D　11. D　12. D　13. A　14. B　15. B

三、填空题

1. 线刚度 i；远端支承情况

2. 平衡方程

3. 功的互等定理（或反力互等定理）

4. 抗弯刚度及长度（或杆件的几何尺寸和材料性质）

5. 第一个表示该反力的所属的附加联系号；第二个表示引起该反力的结点位移号

6. 0；0　　　　7. $\dfrac{\pi}{18}i$　　　　8. $\dfrac{1}{3}P$；$\dfrac{1}{6}P$；$\dfrac{1}{2}P$

9. $\dfrac{2}{5}Pl$；上　　　10. -10　　　11. 0；$\dfrac{1}{12}ql^2$；上

12. $13i$；$-3\dfrac{i}{l}$；$21\dfrac{i}{l^2}$　　13. $\dfrac{ql^3}{24EI}$　　14. $2\dfrac{EI}{l}\varphi_A$

15. 3；1

四、计算题

1. 取 φ_B、φ_C 为基本未知量建立位移法方程：设 $\dfrac{EI}{l}=1$，

$8\varphi_B+2\varphi_C+117=0$，$2\varphi_B+7\varphi_C-117=0$

解方程：$\varphi_B=-20.25$，$\varphi_C=22.5$

作 M 图

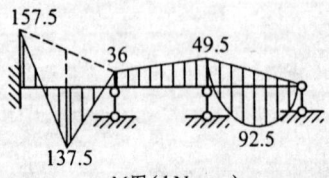

M图（kN·m）

2. 取 φ_B、φ_C（均顺时针）为基本未知量建立位移法方程：

$$8i\varphi_B + 2i\varphi_C = 0, \quad 2i\varphi_B + 8i\varphi_C = -6i\frac{\Delta}{l}$$

解方程：$\varphi_B = \frac{\Delta}{5l}, \quad \varphi_C = -\frac{4}{5} \times \frac{\Delta}{l}$

作 M 图

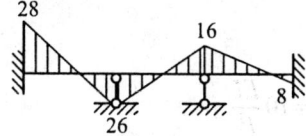

M 图（$\times i\Delta/5l$）

3.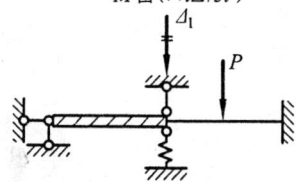

$k_{11} = 30\frac{i}{l^2}, \quad F_{1P} = -\frac{1}{2}P, \quad \Delta_1 = \frac{Pl^2}{60i}$

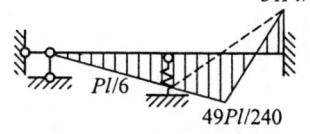

M 图

4.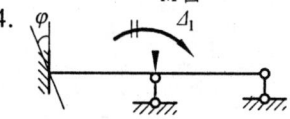

基本结构

$k_{11} = 10i, \quad F_{1P} = 2i\varphi, \quad \Delta_1 = -\frac{\varphi}{5}$

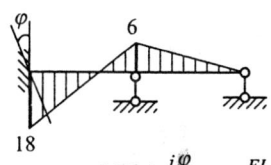

M 图（$\frac{i\varphi}{5}$） $i = \frac{EI}{l}$

5. 取 φ_C 作基本未知量，建立位移方程，求解 $\varphi_C = -\frac{5}{4i}$，作 M 图

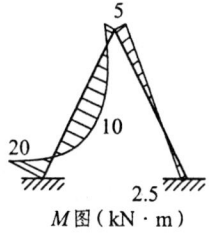

M 图（kN·m）

6. 基本未知量如图所示：$\Delta_1(\varphi_B)$，$\Delta_2(\Delta)$

由于右柱 $EI = \infty$，φ_C 和 φ_B 不取作基本未知量。

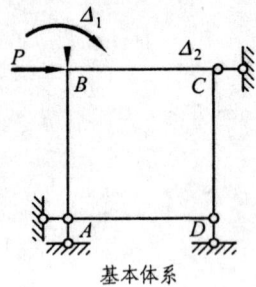
基本体系

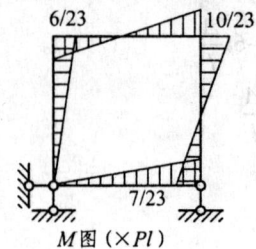
M 图（$\times Pl$）

$F_{1P}=0$, $F_{2P}=-P$, $k_{11}=\dfrac{7EI}{l}$, $k_{12}=k_{21}=-\dfrac{EI}{l^2}$, $k_{22}=10\dfrac{EI}{l^3}$,

$\Delta_1=\dfrac{Pl^2}{69EI}$, $\Delta_2=\dfrac{7Pl^3}{69EI}$

7.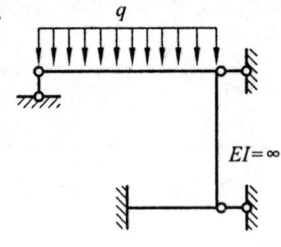
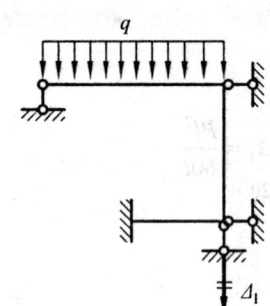

简化图基本体系

$\dfrac{99}{8}\times\dfrac{EI}{l^3}\cdot\Delta_1-\dfrac{5}{4}ql=0$, $\Delta_1=\dfrac{10ql^4}{99EI}$

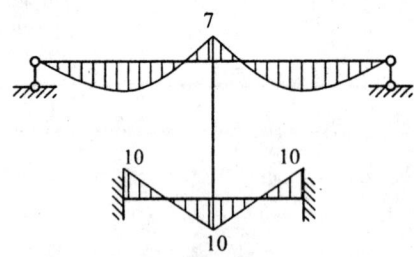

M 图（$\times 2ql^2/33$）

8.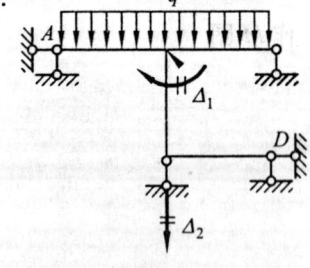
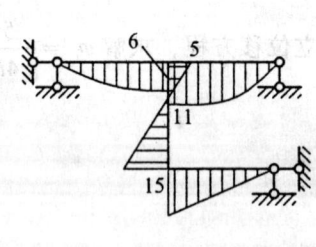

基本体系　　　　　　M 图（$\times ql^2/32$）

$k_{11}=\dfrac{10EI}{l}$, $k_{22}=\dfrac{10EI}{l^3}$, $k_{12}=k_{21}=-\dfrac{2EI}{l^2}$

$F_{1P}=0$, $F_{2P}=-\dfrac{5}{4}ql$, $\Delta_1=\dfrac{5ql^3}{192EI}$, $\Delta_2=\dfrac{25ql^4}{192EI}$

9. 利用对称性，取半结构，

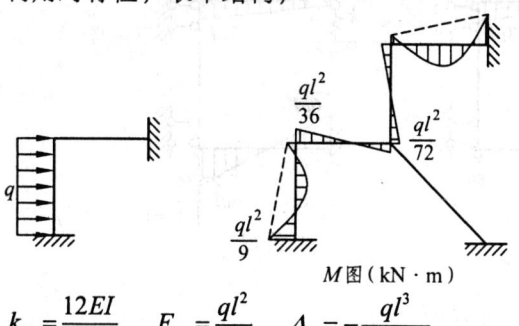

$k_{11}=\dfrac{12EI}{l}$, $F_{1P}=\dfrac{ql^2}{12}$, $\Delta_1=-\dfrac{ql^3}{144EI}$

10. 基本未知量

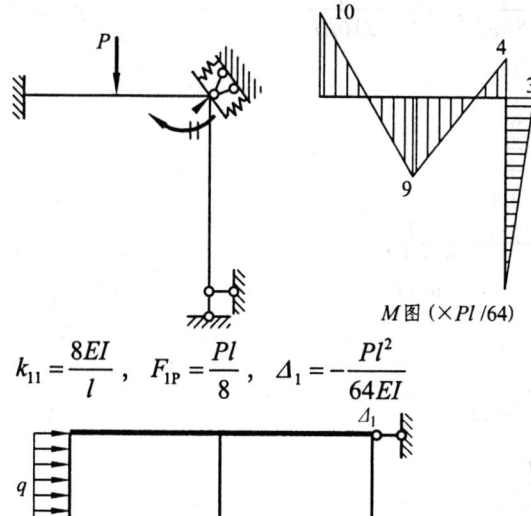

$k_{11}=\dfrac{8EI}{l}$, $F_{1P}=\dfrac{Pl}{8}$, $\Delta_1=-\dfrac{Pl^2}{64EI}$

11.

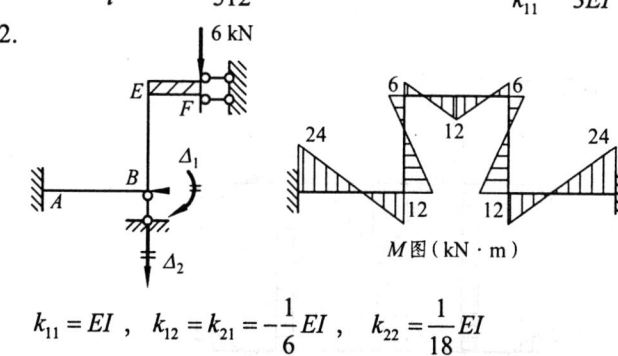

位移法基本结构

由已知

$k_{11}=\dfrac{12EI}{l^3}\times 3=\dfrac{36EI}{512}$, $F_{1P}=-4q$, $\Delta_1=-\dfrac{F_{1P}}{k_{11}}=\dfrac{512}{3EI}$, $\dfrac{512}{3EI}=\dfrac{4q\times 512}{36EI}$, $q=3\,\text{kN/m}$

12.

$k_{11}=EI$, $k_{12}=k_{21}=-\dfrac{1}{6}EI$, $k_{22}=\dfrac{1}{18}EI$

$F_{1P}=0$, $F_{2P}=-6$, $\Delta_1=\dfrac{36}{EI}$, $\Delta_2=\dfrac{216}{EI}$

13.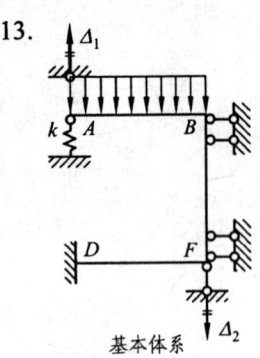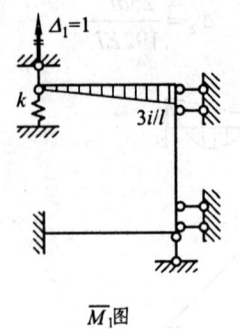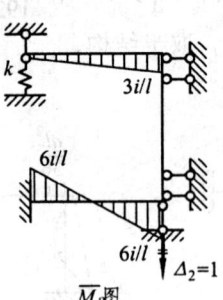

基本体系 $\overline{M}_1$图 $\overline{M}_2$图

未知量

$$k_{11}=\frac{3EI}{l^3}+k, \quad k_{12}=k_{21}=\frac{3EI}{l^3}, \quad k_{22}=\frac{15EI}{l^3}$$

$$F_{1P}=\frac{3}{8}ql, \quad F_{2P}=-\frac{5}{8}ql, \quad \Delta_1=-\frac{5ql^4}{54EI}, \quad \Delta_2=\frac{13ql^4}{216EI}$$

$$F_{RA}=\frac{5}{18}ql \text{（压）}$$

14. $k_{11}=\dfrac{8EI}{l^3}$, $F_{1P}=-\dfrac{6EI}{l^2}\Delta$, $\Delta_1=\dfrac{3}{4}\times\dfrac{\Delta}{l}$

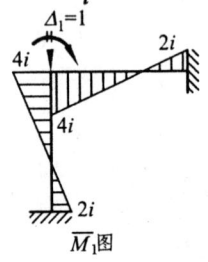   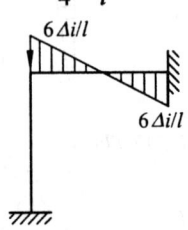

$\overline{M}_1$图 M_C图

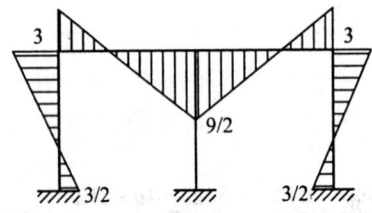

M图（$\times \Delta i/l$）

（利用对称性取半结构）

15. 基本未知量，$k_{11}=\dfrac{9EI}{l}$, $F_{1P}=-\dfrac{3EI}{l^2}\Delta$, $\Delta_1=\dfrac{\Delta}{3l}$

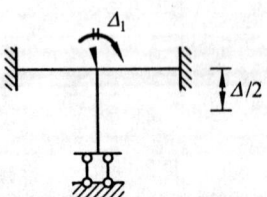 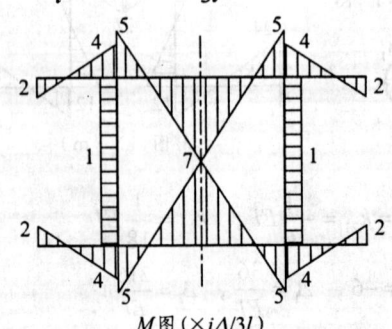

M图（$\times i\Delta/3l$）

第 7 章

一、判断题

1. × 2. × 3. × 4. × 5. √ 6. × 7. √ 8. × 9. √
10. × 11. √ 12. √ 13. × 14. × 15. ×

二、选择题

1. A 2. A 3. B 4. C 5. D 6. D 7. D 8. B 9. C
10. A 11. C 12. B 13. C 14. B 15. D

三、填空题

1. 无侧移（或无结点线位移）

2. 杆端分配系数乘结点不平衡力矩并改变符号

3. 线刚度；支承情况

4. 联立；杆端

5. 当近端转动时，远端弯矩与近端弯矩的比值；$\frac{1}{2}$；-1

6. 固端弯矩；分配弯矩；传递弯矩

7. 0   8. $-\frac{3}{16}Pl$（或 $-\frac{11}{16}Pl$）   9. $\frac{3}{5}$；$+2Pl$

10. $+600$；-300 11. 0；1；0.2   12. $\frac{35}{97}$

13. $-\frac{3}{56}ql^2$；0；$-\frac{1}{14}ql^2$ 14. $\frac{3}{4}\frac{EI}{l}$；$\frac{3}{4}\frac{EI}{l}$ 15. 8

四、计算题

1.
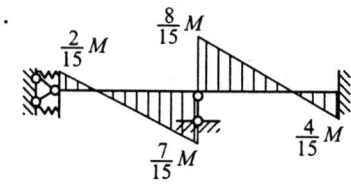

2.
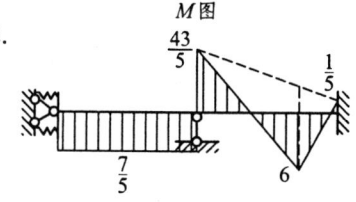

3.
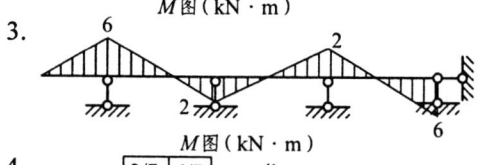

4.
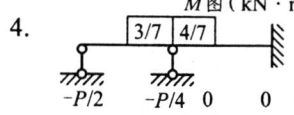

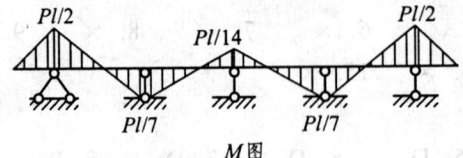

M 图

5.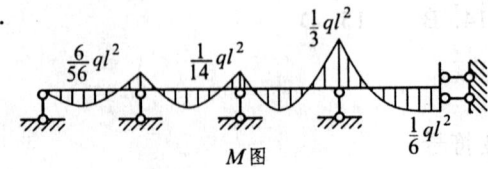

M 图

6.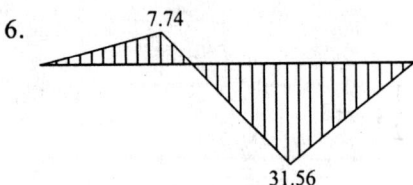

M 图（kN·m）

7.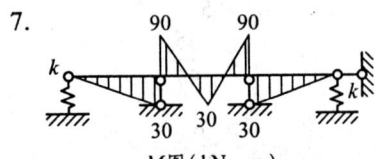

M 图（kN·m）

8.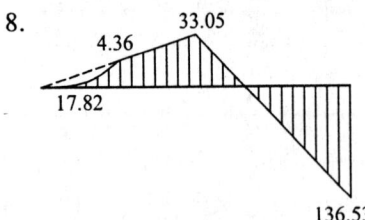

M 图（kN·m）

9. $\mu_{BA}=\dfrac{5}{9}$，$\mu_{BC}=\dfrac{4}{9}$，$\mu_{CB}=\dfrac{16}{31}$，$\mu_{CD}=\dfrac{15}{31}$

$-M_{BC}^{F}=M_{CB}^{F}=26.7\ \text{kN}\cdot\text{m}$，$M_{CD}^{F}=-40\ \text{kN}\cdot\text{m}$

10.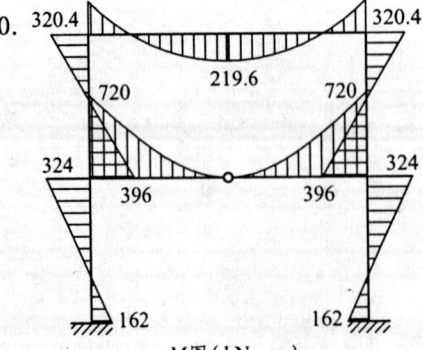

M 图（kN·m）

206

11.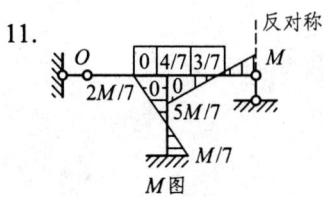

12.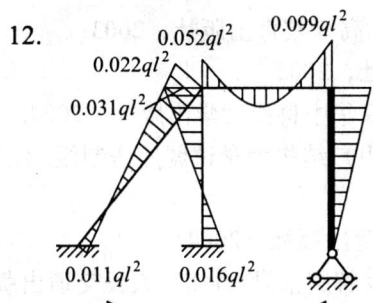

13.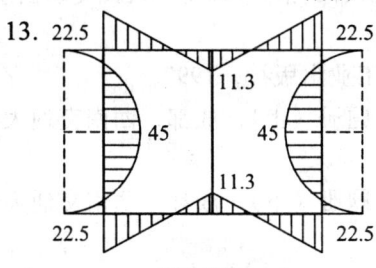

14.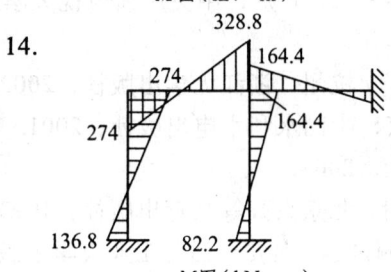

15.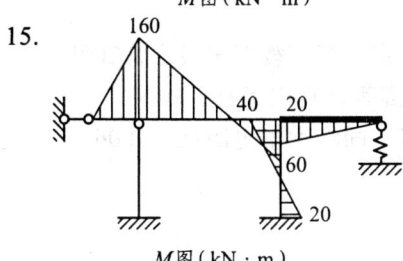

参考文献

[1] 龙驭球,包世华. 结构力学教程（Ⅰ,Ⅱ）. 北京：高等教育出版社，2003.
[2] 雷钟和. 结构力学学习指导. 北京：高等教育出版社，2005.
[3] 金康宁,戴萍,樊剑,等. 结构力学习题详解. 武汉华中科技大学出版社，2007.
[4] （国家教委高等学校工科结构力学课程教学指导小组）结构力学试题库研制组. 结构力学题库. 北京：高等教育出版社，1997.
[5] 李廉锟. 结构力学（上,下）. 4版. 北京：高等教育出版社，2004.
[6] 黄靖,孙跃东. 硕士研究生入学考试结构力学复习及解题指导. 北京：人民交通出版社，2004.
[7] 吕子华,吕令毅. 矩阵结构力学. 北京：中国建筑工业出版社，1997.
[8] 彭俊生,罗永坤,王园园,等. 结构力学指导型习题册（上）. 成都：西南交通大学出版社，2001.
[9] 彭俊生,罗永坤,王园园,等. 结构力学指导型习题册（下）. 成都：西南交通大学出版社，2002.
[10] 《结构力学考试参考书》编写组. 结构力学考试参考书. 北京：中央广播电视大学出版社，1994.
[11] 陈永福,金建明. 结构力学概念、方法及典型解析. 杭州：浙江大学出版社，2002.
[12] 赵更新. 结构力学辅导：概念·方法·题解. 北京：中国水利水电出版社，2001.
[13] 单健,吕令毅. 结构力学. 南京：东南大学出版社，2004.
[14] 王焕定,朱本全,张永山,等. 结构力学程序设计. 北京：高等教育出版社，1993.
[15] 刘鸣,王新华. 结构力学（Ⅱ）典型题解析及自测试题. 西安：西北工业大学出版社，2003.
[16] 湖南大学结构力学教研组编. 结构力学. 5版. 北京：高等教育出版社，2005.
[17] 陈永龙. 建筑力学（多学时）（上,下）. 北京：高等教育出版社，2004.
[18] 周国瑾,施美丽,张景良. 建筑力学. 3版. 上海：同济大学出版社，2006.